实践导向型高职教育系列教材

总主编 丁金昌 谢志远

（经管类）

应用高等数学

YINGYONG GAODENG SHUXUE

主　编　阮　婧
副主编　王新成
　　　　林　斌

大连理工大学出版社

图书在版编目(CIP)数据

应用高等数学：经管类／阮婧主编. — 大连：大
连理工大学出版社，2016.2(2024.1重印)
实践导向型高职教育系列教材
ISBN 978-7-5685-0309-9

Ⅰ.①应… Ⅱ.①阮… Ⅲ.①高等数学－高等职业教
育－教材 Ⅳ.①O13

中国版本图书馆 CIP 数据核字(2016)第 022524 号

大连理工大学出版社出版
地址：大连市软件园路 80 号　邮政编码：116023
发行：0411-84708842　邮购：0411-84708943　传真：0411-84701466
E-mail：dutp@dutp.cn　URL：https://www.dutp.cn
丹东新东方彩色包装印刷有限公司印刷　　大连理工大学出版社发行

幅面尺寸：185mm×260mm　　印张：16.25　　字数：373 千字
2016 年 2 月第 1 版　　2024 年 1 月第 11 次印刷

责任编辑：欧阳碧蕾　　　　　　　　　　责任校对：周双双
封面设计：张　莹

ISBN 978-7-5685-0309-9　　　　　　　　定　价：38.80 元

实践导向型高职教育系列教材
编写指导委员会

总　序

　　教材是教师"教"和学生"学"的重要依据,教材建设是高职院校教学基本建设的重要内容之一,是进一步深化教学改革、巩固教学改革成果、提高教学质量、培养高素质技术技能型人才的重要保障,也是体现高职院校办学水平的重要标志。

　　随着"校企合作、工学结合"人才培养模式的改革与实践不断深化,自 2010 年,温州职业技术学院开始实施"双层次、多方向"人才培养方案,构建以能力为重的课程体系,采用"学中做、做中学"的教学模式。

　　"学中做"完成技术知识的获得和单一技能的训练。通过教学设计,将专业课程的各个知识点和技能点融合起来组织教学,采用边学边做的教学模式来完成。

　　"做中学"完成综合项目训练。综合项目是指每一门专业课程结束前要设计的一个综合性的实训项目,该项目要把该门课程的技能点、知识点串联起来,即"连点成线",通常教师要把企业的真实项目经过教学化改造以后设计成任务驱动的形式,让学生去练习。通过采用"做中学"的教学模式,学生在完成综合项目训练的过程中,既巩固了专业课程的知识点和技能点,又提高了综合运用能力。

　　经过多年的教学改革实践探索和总结,我们积累了一些经验,为了进一步总结"学中做、做中学"教学改革的经验,提炼教学改革成果,把改革的思路和成果固化为教材,我们编写了这套实践导向型高职教育系列教材。

　　这套系列教材以培养学生实践操作的技术技能为目标,既注重一定的技术知识的介绍和技术技能的操作训练,又注重技术知识和技术技能的融合,将二者内化成职业能力的内容,体现出高职教育专业特色、课程特色和校本特色,满足高职教育课堂教学"学中做、做中学"的需求。

　　在教材编写过程中,一方面要求教师具备编写教材所必需的教学经验、实践能力和研究能力;另一方面鼓励行业企业专业技术人员参与,实现教材内容与生产实践对接。我院教师深入到企业中,研究具体的职业岗位能力要求,组织教材内容;行业企业专业技术人员把企业的诉求反馈给教师或者直接参与教材编写。

　　本系列教材均由两部分构成:

　　第一部分:将本课程的知识点与技能点逐一进行梳理、编排并有机结合,适合"学中做"的教学。

第二部分：设计一个综合实训项目覆盖以上知识点与技能点并加以融合，适合"做中学"的教学。

本系列教材的编者在各自的专业领域均有着深入的研究和丰富的实践经验，从而保证了教材的编写质量。

由于时间仓促，本系列教材的不足之处仍可能存在，敬请各位专家、学者和同仁多提宝贵意见，以便进一步修正和完善。

丁金昌

2015 年 4 月

前　言

　　《应用高等数学》(经管类)是实践导向型高职教育系列教材编写指导委员会组编的教材之一,是温州职业技术学院的重点建设教材之一。

　　随着社会经济的迅猛发展,社会中各个行业及高校的各个专业都对数学应用能力提出了新的更高的要求,注重学生用数学的意识,培养学生用数学的能力显得更加紧迫和重要。为了将经济数学的教学变得更实用一些,我们将坚持职业导向、能力本位、学生中心的原则编写本教材,注重理论与实践的统一,着力体现数学在经济管理和实际生活中的应用。

　　本教材是针对高职院校经济管理类各专业学生编写的公共基础课教材,努力在编写思路、教材体例、教材内容、教学形式方面均有所创新,力图把教学内容与专业学习、职业活动和职场能力对数学素质的需求紧密结合,突出数学思想方法在经济量化分析中的应用价值。

　　本教材主要内容包括:函数,极限与连续,经济分析的基本工具——导数、微分,导数在经济中的应用,积分的概念与计算,定积分的应用,Mathematica数学实训及综合实训。

　　本教材是由长期从事高职高专数学教学工作、具有丰富的数学实践经验和对高职高专数学教学理念有深刻认识的一线教师编写而成的。本教材的特色主要体现在以下几个方面:

　　1.每章以"任务驱动"为主线进行编写,即每章按照"教师提出本章任务→学生学习相关数学基础知识→师生合作利用所学数学基本知识解决任务"的教学思路进行编写;每节学习通过引例进行知识导入。

　　2.本书中的任务、引例和案例很多都是来自经济管理中的实例以及生活中的实际问题,突出学生"用数学"能力的培养,使学生在学习的过程中,通过持续地解决经济和实际问题,不断地积累起可迁移的应用于未来工作的经验。

　　3.教材注重数学文化的渗透。在介绍重要概念之前引入相关概念形成与发展的背景知识介绍;每章节后面精选与本章节内容相关的数学文化素材,以此展示数学思想的形成背景和数学对现实世界的影响,有利于发挥数学课程的育人功能。

　　4.注重学生对数学工具软件的使用,提高学生在学习和未来的工作中遇到数学问题解决问题的能力。

　　本教材由阮婧任主编,王新成、林斌任副主编,宣明、项海飞、邱招丰、魏超也参与了教材的编写工作,具体编写分工如下:第1、2、8章由阮婧编写;第3章由宣明编写;第4章由王新成编写;第5章由项海飞编写;第6章由邱招丰编写;第7章由林斌编写;魏超负责全书习题答案的校验工作.

本教材适合作为高等职业院校经管类专业的教材或教学参考书。

在编写本教材的过程中,编者参考、引用和改编了国内外出版物中的相关资料以及网络资源,在此表示深深的谢意!相关著作权人看到本教材后,请与出版社联系,出版社将按照相关法律的规定支付稿酬。

由于时间紧迫,教材中仍可能存在一些不足和缺漏,敬请广大读者批评指正,并将意见和建议及时反馈给我们,以便修订完善。

编　者

2016 年 2 月

所有意见和建议请发往:dutpgz@163.com

欢迎访问职教数字化服务平台:https://www.dutp.cn/sve/

联系电话:0411-84706104　84707492

目　录

第 1 章

函 数

◼本章概要

　　函数是客观世界中变量与变量之间相互联系的一种数学抽象,经济函数是进行经济分析的基础.用数学分析经济问题就是用数学方法研究经济领域中出现的一些函数关系.本章的重点任务是复习函数及其相关概念,并介绍经济管理应用中一些常见的经济函数,为讨论数学在经济中的应用做必要准备.

◼学习目标

- 会用函数关系描述经济问题;
- 掌握基本初等函数的图像;
- 能对初等函数按基本初等函数的四则运算和复合形式进行分解;
- 能建立常用经济量之间的函数关系,并会做简要分析;
- 会两种计息方式,即单利和复利的计算.

◼本章任务提出

　　任务一 ［**用电需求曲线建模**］ 用电需求曲线是建立在广泛的用户调查的基础上的,需要深入调查研究用户对电价的反应,通过调查得到的数据对需求曲线模型中的参数作出估计,对各类用户建立适合各自特点的用电需求曲线模型.

　　在某供电区内选取具有代表性的两个用户 A 和 B.用户 A 每天实行三班制生产;用户 B 负责向市区供水,每天 24 小时运转.他们都是 66 kV 大工业用户,实行峰、平、谷电价(各段电价分别为 0.588 元/kWh、0.392 元/kWh 和 0.196 元/kWh).将谷电价看作最低电价,峰电价看作最高电价,在谷、平、峰电价之间,基本均匀地选取若干个电价点,在这些电价情况下,调查用户的用电需求如表 1-1.

表 1-1　　　　　　　　　　用户 A、B 用电需求调查表

电价(元/kWh)	0.196	0.250	0.300	0.350	0.392	0.450	0.500	0.550	0.588
用户 A 需求电量(万 kWh)	515	435	381	355	335	311	291	275	265
用户 B 需求电量(万 kWh)	320	315	312	305	300	296	290	285	280

根据表 1-1,可粗略绘制出用户用电需求曲线,如图 1-1 所示.

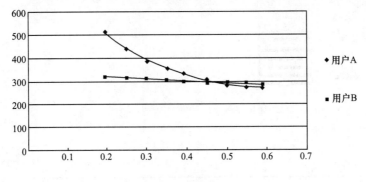

图 1-1

观察图中曲线形状,可以发现随着电价的升高,需求曲线都呈下降趋势.用户 A 的曲线下降幅度相对较大,用户 B 的用电曲线下降幅度很小.这些曲线特征基本上体现了市场需求规律,也体现出不同负荷用户对电价的不同敏感程度.

根据用户用电需求的调查分析,求:

(1)请找出用户用电需求 Q 关于电价 P 的函数表达式 $Q(P)$;

(2)当电价 $P=0.6$ 元时,预测用户 A、B 的用电量.

任务二 ［借贷买房问题］ 报纸刊登一则广告:"现有一栋住宅楼,每套只需首付款三十万元,其余由公司分期分款,年利率为 $R=0.065\,5$,每月只需 3 000 元,二十年还清."

(1)这套房子一次性付清需要多少钱?

(2)某高校教师张某为买房向公司借贷 $A_0=600\,000$ 元,若每月等额还一次钱,需 25 年还清,每月要还多少钱?

(3)如果张老师每半月还一次钱,则能提前三年还完,不过公司要求一次性付 50 000 元作为手续费,问这种方案对谁有利?

问题拓展:

(1)对固定的利率 R,如果张老师想某一时候一次性付清借款需要还多少钱?

(2)某个时间点上,张老师清还了多少本金?

1.1 函数——描述变量关系的数学模型

数形诗

数形本是相依倚,焉能分作两边飞;

数缺形时少直觉,形缺数时难入微;

数形结合百般好,隔裂分家万事休;

几何代数统一体,永远联系莫分离.

——华罗庚(1910~1985)

自然界没有绝对静止或绝对孤立的事物.函数能刻画各事物或各因素之间的相依关系,它提供了进行数量研究的方法.微积分着重研究变量与变量之间的依存关系(函数关系)及其分析性质(微分和积分).微积分学的主要研究对象是函数.

1.1.1 函数概念的起源和发展

函数概念是全部数学概念中最重要的概念之一,纵观 300 年来函数概念的发展,众多数学家从几何、代数直至对应、集合的角度不断赋予函数概念以新的思想,从而推动整个数学的发展.

(1)早期函数概念——几何观念下的函数

十七世纪伽利略(G. Galileo,意,1564~1642)在《两门新科学》一书中,几乎从头到尾包含着函数或称为变量的关系这一概念,用文字和比例的语言表达函数的关系.1673 年前后笛卡尔(Descartes,法,1596~1650)在他的解析几何中,已经注意到了一个变量对于另一个变量的依赖关系,但由于当时尚未意识到需要提炼一般的函数概念,因此直到 17 世纪后期牛顿、莱布尼兹建立微积分的时候,数学家还没有明确函数的一般意义,绝大部分函数被当作曲线来研究.

(2)十八世纪函数概念——代数观念下的函数

1718 年约翰·贝努利(Bernoulli Johann,瑞,1667~1748)才在莱布尼兹函数概念的基础上,对函数概念进行了明确定义:由任一变量和常数的任一形式所构成的量叫"x 的函数".18 世纪中叶欧拉(L. Euler,瑞,1707~1783)给出了非常形象的,一直沿用至今的函数定义.欧拉给出的定义是:一个变量的函数是由这个变量和一些数即常数以任何方式组成的解析表达式.他把约翰·贝努利给出的函数定义称为解析函数,并进一步把它区分为代数函数和超越函数,还考虑了"随意函数".欧拉给出的函数定义比约翰·贝努利的定义更普遍、更具有广泛意义.

(3)十九世纪函数概念——对应关系下的函数

1822 年傅里叶(Fourier,法,1768~1830)发现某些函数可用曲线表示,也可用一个式子表示,或用多个式子表示,从而结束了函数概念是否以唯一一个式子表示的争论,把对函数的认识又推进一个新的层次.1837 年狄利克雷(Dirichlet,德,1805~1859)认为怎样去建立 x 与 y 之间的关系无关紧要,他拓广了函数概念,指出:"对于在某区间上的每一个确定的 x 值,y 都有一个或多个确定的值,那么 y 叫作 x 的函数."狄利克雷的函数定义,出色地避免了以往函数定义中所有的关于依赖关系的描述,简明精确,以完全清晰的方式为所有数学家无条件地接受.至此,我们已可以说,函数概念、函数的本质定义已经形成,这就是人们常说的经典函数定义.维布伦(Veblen,美,1880~1960)用"集合""对应"的概念给出了近代函数定义,打破了"变量是数"的极限,变量可以是数,也可以是其他对象(点、线、面、体、向量、矩阵等).

(4)现代函数概念——集合论下的函数

1914 年豪斯道夫(F. Hausdorff)在《集合论纲要》中用"序偶"来定义函数. 其优点是避开了意义不明确的"变量""对应"概念,其不足之处是又引入了不明确的概念"序偶". 库拉托夫斯基(Kuratowski)于 1921 年用集合概念来定义"序偶",即序偶(a,b)为集合$\{\{a\},\{b\}\}$,这样,就使豪斯道夫的定义很严谨了. 1930 年新的现代函数定义为,若对集合 M 的任意元素 x,总有集合 N 确定的元素 y 与之对应,则称在集合 M 上定义一个函数,记为 $y=f(x)$. 元素 x 称为自变元,元素 y 称为因变元.

函数概念的定义经过三百多年的锤炼、变革,形成了函数的现代定义形式,但这并不意味着函数概念发展的历史终结,20 世纪 40 年代,由于物理学研究的需要发现了一种叫作 Dirac-δ 的函数,它只在一点处不为零,而它在全直线上的积分却等于 1,这在原来的函数和积分的定义下是不可思议的,但由于广义函数概念的引入,把函数、测度及以上所述的 Dirac-δ 函数等概念统一了起来. 因此,随着以数学为基础的其他学科的发展,函数的概念还会继续扩展.

1.1.2 函数的概念

1. 函数的定义

在实际问题中,经常会遇到两类不同的量:在某一过程中始终保持固定数值的量称为**常量**,常用 a、b、c 等符号表示;而在过程进行中可以取不同数值的量称为**变量**,常用 x、y、z 等符号表示. 如某间教室的长、宽、高等都是常量,汽车行驶速度、人的身高等都是变量.

在同一自然现象或技术过程中,往往有多个变量在变化着,一个变量的值常常取决于另一个变量的值,或者说一个量的变化会引起另一个量的变化,函数关系就是描述这种联系的一个法则.

案例 1-1 【银行存款】 你在银行的存款本金 A_0 在一年后的本利和 A 取决于银行的利率 r,$A=A_0(1+r)$.

案例 1-2 【圆的面积】 圆的面积 S 与半径 r 的关系可表示为 $S=\pi r^2$.

定义 1-1 设 x 和 y 是两个变量,D 是一给定数集. 如果对于每个数 $x\in D$,变量 y 按照一定的法则 f 总有确定的数值与之对应,则称 y 是 x 的**函数**,记作 $y=f(x)$,其中 x 称为**自变量**,y 称为**因变量**,数集 D 称为函数的**定义域**,称 $W=\{y\,|\,y=f(x),x\in D\}$ 为函数的**值域**.

2. 函数的定义域

函数 $y=f(x)$ 的定义域 D 是自变量 x 的取值范围. 函数关系 $y=f(x)$ 实质上由其定义域 D 和对应法则 f 所确定.

(1)自然定义域:能使函数的解析式有意义的实数集合;

(2)实际定义域:有实际背景的函数 $y=f(x)$,要依照问题的实际意义加以确定,此时的定义域称为实际定义域.

例如,函数 $y=\pi x^2$,其定义域(自然定义域)为 $D=(-\infty,+\infty)$,而半径为 r 的圆面积 $S=\pi r^2$,其定义域(实际定义域)为 $D=[0,+\infty)$.

【例 1-1】 求下列函数的定义域.

$(1)y=\sqrt{3x-2}$;　　　　　　$(2)y=\ln(x+1)+\dfrac{3}{x-2}$.

解　(1)被开方数非负,所以 $3x-2\geqslant0\Rightarrow x\geqslant\dfrac{2}{3}$,定义域为 $\left[\dfrac{2}{3},+\infty\right)$.

(2)$\ln(x+1)$ 中对数真数大于零,$\dfrac{3}{x-2}$ 中分母不能等于零,两者同时成立,所以

$\begin{cases}x+1>0\\x-2\neq0\end{cases}$,解得定义域为 $(-1,2)\cup(2,+\infty)$.

3. 函数的三种表示方法

函数常用的表示方法有三种:解析法、列表法和图形法.

(1)解析法

用一个或几个数学式子表示函数关系的方法称为解析法,也称**公式法**.例如,$S=\dfrac{1}{2}gt^2$.解析法的优点是便于数学上的分析和计算.本书主要讨论用解析式表示的函数.

(2)列表法

将自变量的取值与对应的函数值列成表格表示函数的方法称为**表格法**.例如,表 1-2 列出了一天中气温与时间的部分数据,由此可以观察出这段时间内该地气温的变化规律.

表 1-2

时间 t(单位:分钟)	10:00	10:20	10:40	11:00	11:20	11:40	12:00
气温 T(单位:℃)	18	18	18.5	19	20	21	23

(3)图形法

图形法的优点是直观、通俗、容易比较.

案例 1-3 【股票曲线】　股票在某天的价格和成交量随时间的变化常用图形直观地表示.图 1-2 为 2014 年 4 月 14 日氯碱化工(600618)的分时图.从曲线可看出该股票当天的价格和成交量随时间的波动情况.

把抽象的"函数"与直观的"图像"结合起来研究函数,是学习数学的方便之门.这种方法不仅直观性强,而且便于观察函数的变化趋势.

4. 函数的四种特性

函数的四种特性是指函数的有界性、单调性、奇偶性和周期性.

(1)有界性

定义 1-2　若存在正数 M,使得函数 $f(x)$ 在某区间 I 上有 $|f(x)|\leqslant M$,则称函数 $f(x)$ 在 I 上**有界**,否则称函数 $f(x)$ 在 I 上**无界**.

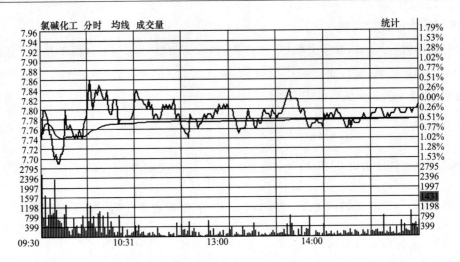

图 1-2

若 $f(x)$ 在 I 上有界，则其图像在直线 $y=-M$ 与 $y=M$ 之间. 例如，$f(x)=\sin x$ 在 $(-\infty,+\infty)$ 上有界，因为 $|\sin x|\leqslant 1$，如图 1-3 所示. $f(x)=\dfrac{1}{x}$ 在 $(0,1)$ 内无界，而在 $(2,+\infty)$ 内有界，如图 1-4 所示.

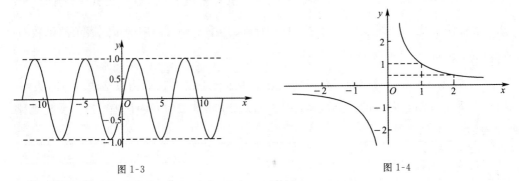

图 1-3　　　　　　　　　　　　　　　　图 1-4

【思考题】　若函数 $f(x)$ 有界，那么 $f(x)$ 的界唯一吗？

（2）单调性

定义 1-3　若对于区间 I 内任意两点 x_1,x_2，当 $x_1<x_2$ 时，有 $f(x_1)<f(x_2)$，则称 $f(x)$ 在 I 上**单调增加**（或**单调减少**），区间 I 称为**单调增区间**（或**单调减区间**）.

例如，图 1-5(a) 为单调增加函数曲线，图 1-5(b) 为单调减少函数曲线；$y=x^2$ 在 $(-\infty,0)$ 上单调下降，在 $(0,+\infty)$ 上单调上升，如图 1-6 所示.

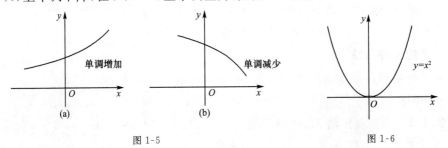

图 1-5　　　　　　　　　　　　　　　　图 1-6

（3）奇偶性

定义 1-4　设函数 $y=f(x)$ 的定义域 D 关于原点对称,对于任意 $x\in D$,满足

①若 $f(-x)=-f(x)$,则 $y=f(x)$ 是 D 上的**奇函数**;

②若 $f(-x)=f(x)$,则 $y=f(x)$ 是 D 上的**偶函数**.

例如,常见的奇函数有 $y=x^3$,$y=\sin x$,$y=\tan x$ 等,常见的偶函数有 $y=x^2$,$y=\cos x$ 等.偶函数的图像关于 y 轴对称,奇函数的图像关于原点对称,如图 1-7 所示.

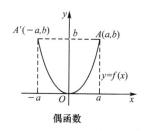
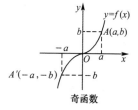

图 1-7

【思考题】　判断函数 $y=\ln(\sqrt{1+x^2}+x)$ 的奇偶性.

（4）周期性

定义 1-5　若存在非零的数 T,使得对于任意 $x\in I$,有 $x+T\in I$,且 $f(x+T)=f(x)$,则称 $f(x)$ 为周期函数.

若 T 为函数 $f(x)$ 的周期,则 $\pm nT$(n 为正整数)都是 $f(x)$ 的周期.通常所说的周期是指函数的最小正周期.例如,常见的周期函数有 $y=\sin x$,$y=\cos x$,其周期为 $2k\pi(k\in \mathbf{Z})$,最小正周期为 2π;$y=\tan x$ 和 $y=\cot x$ 的周期为 $k\pi(k\in \mathbf{Z})$,最小正周期为 π.

【思考题】　常数函数 $y=C$ 的周期是什么?最小正周期是什么?

周期函数的应用是广泛的,许多现象都呈现出明显的周期性特征,如家用的电压和电流、潮汐的涨落、季节和气候的更替以及月相和行星的运动等等都是周期的.

案例 1-4　【潮汐涨落】　假设某日海域在午夜 12 点处于最高位,水平面在最高位时达到 3.01 米,在最低位时为 0.01 米,假定下一个最高位恰在 12 小时之后,且水平面的高度由余弦曲线给出,则海域水平面作为时间的函数表达式为 $y=1.51+1.5\cos\left(\dfrac{\pi}{6}t\right)$.试讨论此函数的有界性、单调性、奇偶性、周期性.

分析和求解　此函数为有界函数;最小正周期为 12 小时;在午夜 12 时至早 6 时,中午 12 时至下午 6 时函数单调递减,此时为落潮;早 6 时至中午 12 时,下午 6 时至午夜 12 时函数单调递增,此时为涨潮(图 1-8);时间是连续不断的,以午夜 12 时定为时间轴的原点,则该函数的图形关于 y 轴对称,为偶函数.

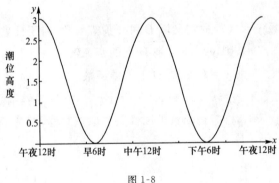

图 1-8

1.1.3 反函数

引例 1-1 【雪树蟋蟀的鸣声】

雪树蟋蟀的鸣声频率(以每分钟鸣叫次数计)近似由公式 $C=7T-35$ 给出,其中 T 是摄氏温度的数值.利用该公式我们可以根据温度预测鸣声频率,请问反过来可以根据蟋蟀的鸣声频率去估计温度吗?

预备知识:反函数的求解.

定义 1-6 设函数 $y=f(x)$,且变量 x,y 是一一对应的.如果把 y 当作自变量,x 当作因变量,则关系式 $x=\varphi(y)$ 称为函数 $y=f(x)$ 的**反函数**,通常我们更习惯记作 $y=f^{-1}(x)$.

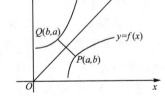

【例 1-2】 求函数 $y=3x+4$ 的反函数.

解 在 $y=3x+4$ 中将 x 反解出来,即 $x=\dfrac{y-4}{3}$,则 $y=3x+4$ 的反函数为 $y=\dfrac{x-4}{3}$.

图 1-9

函数 $y=f(x)$ 与其反函数 $y=f^{-1}(x)$ 的图像关于直线 $y=x$ 对称,如图 1-9 所示.常见函数中互为反函数的函数有指数函数 $y=a^x$ 与对数函数 $y=\log_a x$,三角函数 $y=\sin x$ 与反三角函数 $y=\arcsin x$ 等等.

引例 1-1【雪树蟋蟀的鸣声】的求解

解 根据蟋蟀的鸣声频率去估计温度,即求 $C=7T-35$ 的反函数,即 $T=\dfrac{C}{7}+5$.

【思考题】 (1)函数 $y=f(x)$ 的定义域和值域与反函数 $y=f^{-1}(x)$ 的定义域和值域有何关系?

(2)函数 $y=f(x)$ 具有反函数 $y=f^{-1}(x)$,则函数 $y=f(x)$ 和 $y=f^{-1}(x)$ 图形的单调性有何关联?

1.1.4 基本初等函数

基本初等函数是研究其他复杂函数的基础.常见的基本初等函数有六类:常数函数、

幂函数、指数函数、对数函数、三角函数、反三角函数. 如表 1-3 所示.

表 1-3

函数	解析式	定义域与值域	图 像	性 质
常数函数	$y=C$（C 为常数）	$x\in(-\infty,+\infty)$ $y=C$		$C\neq0$ 时为偶函数；$C=0$ 时为既奇又偶函数；周期函数（任何非零实数都是周期，不存在最小正周期）
幂函数	$y=x^a$（$\alpha\in\mathbf{R}$）	定义域和值域随 α 的改变而改变		不管 α 取何值，所有函数图像都会在第一象限出现，图像均过点 $(1,1)$；$\alpha>0$ 时，在 $[0,+\infty)$ 单调增；$\alpha<0$ 时，在 $(0,+\infty)$ 单调减
指数函数	$y=a^x$（$a>0$，$a\neq1$）	$x\in(-\infty,+\infty)$ $y\in(0,+\infty)$		图像过点 $(0,1)$；$a>1$ 时，单调递增；$0<a<1$ 时，单调递减
对数函数	$y=\log_a x$（$a>0$，$a\neq1$）	$x\in(0,+\infty)$ $y\in(-\infty,+\infty)$		图像过点 $(1,0)$；$a>1$ 时，单调递增；$0<a<1$ 时，单调递减；当 $a=e$ 时，$\log_e x$ 记作 $\ln x$，称为自然对数

（续表）

函数		解析式	定义域与值域	图像	性质
三角函数	正弦函数	$y=\sin x$	$x\in(-\infty,+\infty)$ $y\in[-1,1]$		奇函数；周期为 2π；有界；$x\in\left[2k\pi-\dfrac{\pi}{2},2k\pi+\dfrac{\pi}{2}\right](k\in\mathbf{Z})$ 函数单调递增；$x\in\left[2k\pi+\dfrac{\pi}{2},2k\pi+\dfrac{3\pi}{2}\right](k\in\mathbf{Z})$ 函数单调递减
	余弦函数	$y=\cos x$	$x\in(-\infty,+\infty)$ $y\in[-1,1]$		偶函数；周期为 2π；有界；$x\in[2k\pi-\pi,2k\pi]$ $(k\in\mathbf{Z})$ 函数单调递增；$x\in[2k\pi,2k\pi+\pi]$ $(k\in\mathbf{Z})$ 函数单调递减
	正切函数	$y=\tan x$	$x\neq k\pi+\dfrac{\pi}{2}(k\in\mathbf{Z})$ $y\in(-\infty,+\infty)$		奇函数；周期为 π；无界；$x\in\left(k\pi-\dfrac{\pi}{2},k\pi+\dfrac{\pi}{2}\right)(k\in\mathbf{Z})$ 函数单调递增
	余切函数	$y=\cot x$	$x\neq k\pi(k\in\mathbf{Z})$ $y\in(-\infty,+\infty)$		奇函数；周期为 π；无界；$x\in(k\pi,(k+1)\pi)$ $(k\in\mathbf{Z})$ 函数单调递减

（续表）

函数		解析式	定义域与值域	图　像	性　质
反三角函数	反正弦函数	$y=$ $\arcsin x$	$x \in [-1,1]$ $y \in \left[-\dfrac{\pi}{2}, \dfrac{\pi}{2}\right]$		与 $y=\sin x, x \in$ $\left[-\dfrac{\pi}{2}, \dfrac{\pi}{2}\right]$ 互为反函数; 奇函数; 有界; 单调递增
	反余弦函数	$y=$ $\arccos x$	$x \in [-1,1]$ $y \in [0, \pi]$		与 $y=\cos x, x \in [0, \pi]$ 互为反函数; 有界; 单调递减
	反正切函数	$y=$ $\arctan x$	$x \in (-\infty, +\infty)$ $y \in \left(-\dfrac{\pi}{2}, \dfrac{\pi}{2}\right)$		与 $y=\tan x, x \in$ $\left(-\dfrac{\pi}{2}, \dfrac{\pi}{2}\right)$ 互为反函数; 奇函数; 有界; 单调递增
	反余切函数	$y=$ $\text{arccot} x$	$x \in (-\infty, +\infty)$ $y \in (0, \pi)$		与 $y=\cot x, x \in (0, \pi)$ 互为反函数; 有界; 单调递减

1.1.5　复合函数、初等函数

1. 复合函数

在现实生活中很多函数关系是比较复杂的,两个变量之间的函数关系,往往要通过一个或几个中间变量联系起来.

案例 1-5　【销售利润】　商店销售商品的利润 y 是销售收入 u 的函数,而销售收入 u 又是销售量 x 的函数,销售量 x 通过销售收入 u 间接影响利润,那么利润 y 也可以看作销售量 x 的函数, y 与 x 的这种函数关系称为复合函数关系.

定义 1-7　设 y 是 u 的函数 $y=f(u)$, u 是 x 的函数 $u=\varphi(x)$,当 x 在某一区间上取值,相应 u 的值使 y 有意义,则由 $y=f(u)$ 和 $u=\varphi(x)$ 构成的函数 $y=f[\varphi(x)]$ 称为 x 的**复合函数**,其中 u 称为**中间变量**.

例如, $y=\arcsin\sqrt{x}$ 是由 $y=\arcsin u$, $u=\sqrt{x}$ 构成的; $y=\cos^2(\ln x)$ 是由 $y=u^2$, $u=\cos v$, $v=\ln x$ 构成的.通过图 1-10(a)可以认识复合函数结构,通过图 1-10(b)可以直观认识复合函数的形成过程.

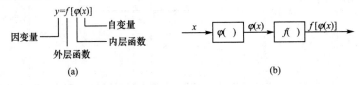

图 1-10

【思考题】　是不是任意两个函数都可以构成一个复合函数?

对复合函数进行分解,通常采取由外层到内层分解的办法,将 $y=f[\varphi(x)]$ 拆分成若干个基本初等函数或基本初等函数的四则运算为止.

【例 1-3】　将下列复合函数进行分解.

(1) $y=(3-4x^2)^5$;　　　　(2) $y=2^{x^3}$;　　　　(3) $y=\sqrt{\tan 2x}$.

解　(1) $y=u^5$, $u=3-4x^2$;　(2) $y=2^u$, $u=x^3$;　(3) $y=\sqrt{u}$, $u=\tan v$, $v=2x$.

2. 初等函数

定义 1-8　由基本初等函数经过有限次四则运算及有限次复合步骤所构成,且可用一个解析式表示的函数,称为**初等函数**,否则为非初等函数.

例如, $y=(5x-4)^7$, $y=\dfrac{1}{x-2}+\sin^3 2x-5$, $y=4\arccos(2x-5)$ 等都是初等函数.而 $y=1+x+x^2+\cdots+x^n+\cdots$ 不是初等函数,分段函数、级数也不是初等函数.

1.1.6　分段函数

定义 1-9　在自变量不同取值范围内,用不同的解析式来表示的函数,称为**分段函数**.

案例 1-6　【携带物品收费标准】　旅客乘坐火车可免费携带不超过 20 kg 的物品,超过 20 kg 而不超过 50 kg 的部分每千克交费 a 元，超过 50 kg 的部分每千克交费 b 元，试表示运费与携带物品重量的函数关系.

解 设携带物品重量为 x（单位：kg），运费为 y（单位：元），

$$y=\begin{cases} 0, & 0\leqslant x\leqslant 20 \\ a(x-20), & 20< x\leqslant 50 \\ a(50-20)+b(x-50), & x>50 \end{cases}.$$

案例 1-7 【工薪人员的纳税额】 工资、薪金所得是指个人因任职或受雇而取得的工资、薪金、奖金、年终加薪、劳动分红、津贴、补贴以及与任职、受雇有关的其他所得. 根据最新修订的《中华人民共和国个人所得税法》规定：个人工资、薪金所得应缴纳个人所得税（从 2011 年 9 月 1 日起，起征点为 3 500 元）. 应纳税所得额的计算为：工资、薪金所得，以每月收入额减去 3 500 元后的余额（注：这里未考虑社会保险、医疗保险、住房公积金），为应纳税所得额. 个人所得税税率表见表 1-4. 若某单位现在员工的月收入都不超过 12 500 元，试确定该单位员工收入与纳税金额间的函数关系.

表 1-4

级数	全月应纳税所得额	税率（%）	级数	全月应纳税所得额	税率（%）	级数	全月应纳税所得额	税率（%）
1	不超过 1 500 元部分	3	2	超过 1 500 元至 4 500 元部分	10	3	超过 4 500 元至 9 000 元部分	20

解 设某人月收入为 x 元，应交纳所得税为 y 元，

①当 $0\leqslant x\leqslant 3\ 500$ 时，$y=0$；

②当 $3\ 500< x\leqslant 5\ 000$ 时，$y=(x-3\ 500)\times 3\%$；

③当 $5\ 000< x\leqslant 8\ 000$ 时，$y=(x-5\ 000)\times 10\%+(5\ 000-3\ 500)\times 3\%=45+(x-5\ 000)\times 10\%$；

④当 $8\ 000< x\leqslant 12\ 500$ 时，$y=(5\ 000-3\ 500)\times 3\%+(8\ 000-5\ 000)\times 10\%+(x-8\ 000)\times 20\%=345+(x-8\ 000)\times 20\%$；

所以，月收入与纳税金额的函数关系为

$$y=\begin{cases} 0, & 0\leqslant x\leqslant 3\ 500 \\ (x-3\ 500)\times 3\%, & 3\ 500< x\leqslant 5\ 000 \\ 45+(x-5\ 000)\times 10\%, & 5\ 000< x\leqslant 8\ 000 \\ 345+(x-8\ 000)\times 20\%, & 8\ 000< x\leqslant 12\ 500 \end{cases}$$

若某员工月收入为 6 700 元，则应该使用公式 $y=45+(x-5\ 000)\times 10\%$ 来求值，所交税为 215 元；若月收入为 4 800 元，则应该使用公式 $y=(x-3\ 500)\times 3\%$ 来求值，所交税为 39 元.

技能训练 1-1

一、基础题

1. 求以下各个函数的定义域：

(1) $y=\dfrac{1}{x^2-3x+2}$；　　　　(2) $y=2\sqrt{x-3}+1$；　　　　(3) $y=\dfrac{2}{\sqrt{x^2+1}}$；

(4)$y=\log_3(1-2x)$;　　　(5)$y=\dfrac{1}{\sqrt{x+1}}$;　　　(6)$y=\arcsin\dfrac{x+2}{7}$.

2.设 $f(x)=\begin{cases}x, & x<0\\2, & x=0\\x^2+1, & x>0\end{cases}$，求 $f(-3),f(0),f(1)$.

3.判断下列函数的奇偶性：

(1)$y=1-x+2x^2$;　　　(2)$y=2x^4-3x^2+5$;　　　(3)$y=\dfrac{\sin x}{2-x^2}$;

(4)$y=x^3\cos x$;　　　(5)$y=x(x-1)(x+1)$;　　　(6)$y=\dfrac{e^x-e^{-x}}{2}$.

4.求下列函数的反函数：

(1)$y=2x^3-5$;　　　(2)$y=2+\ln x$;　　　(3)$y=3^x+1$.

5.构造复合函数：

(1)$y=u^2,u=\cos x$;　　　(2)$y=\tan u,u=2x$;　　　(3)$y=e^u,u=\sin v,v=x^2+1$.

6.将下列函数分解成简单函数的复合：

(1)$y=\cos 3x$;　　　(2)$y=\sqrt{x^3+2}$;　　　(3)$y=\log_2(2x+1)$.

二、应用题

1.图 1-11 给出了 $y=f(x)$ 的图像.

(1)$y=f(x)$ 的定义域可能是什么？

(2)$y=f(x)$ 的值域可能是什么？

2.图 1-12 中哪几个图像与下述三件事分别吻合得最好？为剩下的那个图像写出一件事.

(1)我离开旅馆不久，发现自己把公文夹忘在房间里，于是立刻返回旅馆取了公文夹再上路；

(2)我驾车一路以常速行驶，只是在途中遇到一次交通堵塞，耽搁了一些时间；

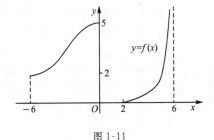

图 1-11

(3)我出发以后，心情轻松，边驾车，边欣赏四周景色，后来为了赶路便开始加速.

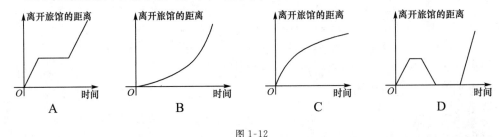

图 1-12

3.某工厂要建立一个容积为 V_0 的有盖圆柱形储油罐，试建立表面积 S 和底半径 r 之间的函数关系.

4.某出租车公司提供的汽车每天租金 320 元，每公里的附加费用为 1.2 元，其竞争对手，另一家出租车公司提供的汽车每天租金 400 元，每公里的附加费用为 0.8 元.

(1)分别写出两公司出租一天汽车的费用函数的表达式；

（2）在同一坐标系上，画出两函数的图像；

（3）你应当如何判断哪一家公司费用较便宜？

5.按某个时期的汇率，若将美元兑换成加拿大元，币面值增加 12%；而将加拿大元兑换成美元，币面值减少 12%.今有一美国人准备到加拿大度假，他将一定数额的美元兑换成了加元，但后来因故未能成行，于是他又将加元兑换成了美元.经过这样一来一回的兑换，结果白白亏损了一些钱，请问亏损了多少钱？

6.某停车场每小时或不到一小时的收费为 1.10 美元，一天最高的收费为 7.25 美元，写出 x 小时（$0 \leqslant x \leqslant 24$）停车的收费公式，并画出函数图形.

1.2　经济函数——经济中常见的数学模型

一门科学，只有当它成功地运用数学时，才能达到真正完善的地步.

——马克思（1818～1883）

在经济管理领域中，很多现象所涉及的关系错综复杂，用数学方法解决经济问题时，首先要将经济问题转化为数学问题，即建立经济数学模型.实际上就是找出经济问题中各种变量之间的函数关系.下面将介绍几种常见的经济函数.

1.2.1　需求量、供给量和价格之间的关系

需求与供给是经济学家最常用的两个词，它们是使市场经济运行的力量.它们决定了每种物品的产量及其出售的价格.如果你想知道，任何一种事件或政策将如何影响经济，你就应该先考虑它将如何影响供给与需求.

引例 1-2　【手机的需求和供给】

当某款手机的价格为 2 000 元/个时，销售量为 10 000 个，若单价每提高 100 元时，则需求量减少 200 个.你能否表示出销售量和销售价格之间的关系？若单价每提高 100 元，生产厂家可以多提供 50 个.你能否表示出供给量与销售价格之间的关系？如果供求达到平衡，试确定这款手机的价格（即均衡价格）和供需量（即均衡量）分别是多少？

了解商品的需求量和供给量随价格变化的规律，可以帮助生产和销售双方及时掌握市场动向，并作出相应合理的决策.

预备知识：需求量和需求函数，供给量和供给函数，市场均衡与均衡价格.

1. 需求函数（demand function）

在经济活动中,市场是联系生产者与消费者的桥梁.需求是消费者在一定价格条件下对商品的需求,消费者愿意购买而且有支付能力的有效需求.需求价格是指消费者对所需要的一定量的商品所愿意支付的价格.

影响消费者需求的因素很多,如该商品的市场价格、消费者的购买能力、季节、区域以及消费者的偏好等等,但是商品的价格是影响消费者的主要因素,而且需求量随着价格的提高而减少.为了使研究的问题简化,我们假定除商品的价格之外的因素都保持不变,只有商品的价格影响需求.设商品的需求量为 Q,市场价格为

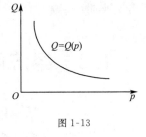

图 1-13

p,则**需求函数**为 $Q=Q(p)$.其图像称为**需求曲线**,如图 1-13所示.一般来说,需求函数满足**需求定理**（law of demand）:在其他条件不变时,商品的价格上升,该商品的需求量减少;商品的价格下降,该商品的需求量增加.当然也有例外,比如某些低档商品、炫耀性商品和投资性商品不满足需求定理.一般来说,需求函数为价格的单调递减函数.实际生活中各商家经常通过降低价格,增加商品的销售量(需求量)的营销策略,增加销售收入.

在经济与管理学中,常见的需求函数有以下几种类型:

线性需求函数: $Q=a-bp(a>0,b>0)$,一般适用于非必需品或存在替代品的商品.

二次需求函数: $Q=a-bp-cp^2(a>0,b>0,c>0)$.

指数需求函数: $Q=ae^{-bp}(a>0,b>0)$,一般适用于奢侈品.

需求函数式根据市场以往的数据进行经验回归得到的,上面的 a,b 为待定系数.

消费者对某种商品的需求量受该商品市场价格的影响,反过来,生产者对某种商品的定价也受到消费者对该商品需求量的影响,也就是说,商品的市场价格 P 可以看作是市场需求量 q 的函数,则价格函数（price function）为 $P=P(q)$.

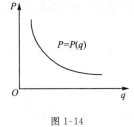

图 1-14

需求函数 $Q=Q(p)$ 的反函数 $P=P(q)$ 也反映了需求量与价格之间的内在关系,如图1-14所示.

注意:当价格为因变量时,用大写 P 来表示,而当它为自变量时,则用小写 p 来表示;同理,需求量为因变量时,用大写 Q 来表示,而当它为自变量时,则用小写 q 来表示.

2. 供给函数（supply function）

供给是指在某一时期内,生产者在一定价格条件下,愿意并可能出售的产品.**供给价格**是指生产者为提供一定量商品所愿意接受的价格.

商品供给量的大小受多种因素影响,如该商品的市场价格、原材料价格及生产成本等等.在市场经济规律的作用下,商品价格是影响商品供给量多与少的重要因素.为了使研究的问题简化,我们假定除商品的价格之外的因素都保持不变,只有商品的价格影响供给.假设商品的供给量为 S,市场价格为 p,则**供给函数**为 $S=S(p)$.其图像称为**供给曲线**,如图1-15所示.通常,供给函数为价格的单调增函数,即价格越高,

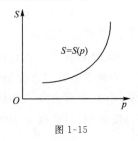

图 1-15

厂商越愿意供给商品;价格太低,厂商不会供给商品;现实中有的商家往往会因此囤积商品,等待时机再销售.

在经济与管理学中,常见的供给函数有以下几种类型:

线性供给函数:$S=c+dp(c>0,d>0)$

二次供给函数:$S=a+bp+cp^2(a>0,b>0,c>0)$

指数供给函数:$S=ae^{bp}(a>0,b>0)$

3. 市场均衡(market equilibrium)

需求函数与供给函数可以帮助我们分析市场规律,二者密切相关.假定其他条件不变,某商品的价格只取决于它本身的供求情况,这时,使某商品的市场需求量与供给量相等的价格 p_0 称为**均衡价格**(equilibrium price),此时需求关系和供给关系达到某种平衡,即需求量 Q 和供给量 S 相等,即

$$Q(p_0)=S(p_0)=q_0$$

市场需求量与供给量一致时的商品数量 q_0 称为**均衡数量**(equilibrium quantity).显然,(p_0,q_0) 是需求曲线 $Q=Q(p)$ 和供给曲线 $S=S(p)$ 的交点,如图 1-16 所示.

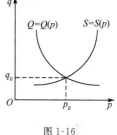

当市场价格 p 高于均衡价格 p_0 时,供给量将增加而需求量相应地减少,"供过于求"的现象必然使价格 p 下降;当市场价格 p 低于均衡价格 p_0 时,供给量将减少而需求量增加,"供不应求"的现象又使得价格 p 上升,市场价格的调节就是这样实现的.

图 1-16

引例 1-2 的分析和求解

分析　设需求量为 Q,供给量为 S,市场价格为 p.由"单价每提高 100 元,则需求量减少 200 个"和"单价每提高 100 元,生产厂家可以多提供 50 个",可知需求量 Q 与价格 p 之间、供给量 S 与价格 p 之间都是线性函数关系.

解　①设需求量 Q 与价格 p 之间的单调递减关系为:$Q=a-bp$,由题意可得:

$$\begin{cases}10\,000=a-2\,000b\\9\,800=a-2\,100b\end{cases}$$

由此可得 $a=14\,000,b=2$,即 $Q=14\,000-2p$.

②同理,可得供给量与价格 p 之间的单调递增关系为:$S=c+dp$,由题意可得:

$$\begin{cases}10\,000=c+2\,000d\\10\,050=c+2\,100d\end{cases}$$

由此可得 $c=9\,000,d=\dfrac{1}{2}$,即 $S=9\,000+\dfrac{1}{2}p$.

③供求平衡时,$Q=S$,即 $14\,000-2p=9\,000+\dfrac{1}{2}p$,可得均衡价格 $p_0=2\,000$ 元/个,均衡量为 $q_0=10\,000$ 个.

1.2.2 盈亏平衡函数

盈亏平衡分析是在一定的市场、生产能力的条件下,研究成本与收益平衡关系的方法.对于一个项目而言,盈利与亏损之间一般至少有一个转折点,在这个点上,销售收入与生产支出相等,我们称这个转折点为盈亏平衡点.盈亏分析常用于企业经营管理中各种定价或生产决策.

引例 1-3 【寻找汽车发动机的盈亏平衡点】

隆达公司生产别克汽车的发动机,在市场上的需求函数为 $Q = 1\,200 - 5p$(单位:Q—套,p—元).公司的固定成本为 14 000 元,每生产一套产品,需要增加 80 元的成本,该公司的最大生产能力为 600 套,则该公司的盈亏平衡点是多少? 此时价格为多少? 公司的盈亏情况如何?

预备知识:收益函数,总成本函数,平均成本函数,利润函数.

从经济学角度来看,"盈亏平衡"就是总成本与收益大致相等,所以盈亏平衡点就是"成本=收益"时的产量. 因此,此问题可以转化为求成本与收益所涉及的利润的问题.当我们认识了成本、收益和利润的相关知识,就能很好地理解此类问题.

1. 收益函数(revenue function)

销售者销售 q 单位商品所得的全部销售收入,称为收益函数,用 $R = R(q)$ 表示.

注意:当销售量为因变量时用大写 Q 来表示,而当它为自变量时,则用小写 q 来表示. 一般情况下,认为销售量即需求量.

一般来说,销售某种商品的收益取决于该商品的销售量 q 和市场价格 p,则收益函数表示为

$$R(q) = p \cdot q$$

若已知需求函数 $Q = Q(p)$,则总收益函数可记作

$$R = R(q) = P \cdot q = Q^{-1}(q) \cdot q.$$

其中 $P = Q^{-1}(q)$ 为价格函数.

平均收益(average revenue)是指出售一定量的产品后,将总收益均摊在每个出售产品的收益,记为 $\bar{R}$.平均收益等于总收益除以销售量,即 $\bar{R} = \dfrac{R(q)}{q}$. 显然,平均收益是产品销售的平均价格,当销售价格固定时,平均收益就是产品的销售价格.

【例 1-4】 已知某种商品的需求函数是 $Q = 500 - 2p$,试求该商品的收益函数,并求出售 30 件该商品的总收益和平均收益.

解 ①由需求量 $Q = 500 - 2p$,则 $p = 250 - \dfrac{Q}{2}$,由此可得价格函数为 $P = 250 - \dfrac{q}{2}$,所以

$$R(q) = P \cdot q = \left(250 - \frac{q}{2}\right) \cdot q = 250q - \frac{q^2}{2}.$$

②$R(30) = 250 \times 30 - \dfrac{30^2}{2} = 7\,500 - 450 = 7\,050.$

③ $\overline{R}(30)=\dfrac{7050}{30}=235.$

2. 成本函数（cost function）

成本存在于一切经济活动中,正如"凡事总是要付出代价的"一样.

总成本(total cost function)是指生产一定数量产品所需的费用总额.在生产过程中,生产某种产品的总成本是产量 q 的函数,记作 $C=C(q)$.

一般而言,产品的总成本包括两部分:**固定成本**（fixed cost）和**变动成本**（variable cost）.

固定成本是指在短期内不发生变化,即不随产品数量的变化而变化,支付固定生产要素的费用,包括厂房、设备或其他管理费用等.实际上,固定成本就是产量为零时的成本,通常用 C_0 表示,即 $C_0=C(0)$.

变动成本随产量的变化而变化,包括原材料和能源费用、劳动者的工资等,它是产量 q 的函数,通常用 $V(q)$ 表示,则总成本函数表示为

$$C(q)=C_0+V(q).$$

生产 q 件产品时,考察每个单位产品的成本时可用**平均成本**（average cost functions）,记为 $\overline{C}(q)$,即

$$\overline{C}(q)=\frac{C(q)}{q}=\frac{C_0+V(q)}{q}.$$

平均成本是产品定价的参考依据,加上单位产品的利润就是产品的单价.

成本函数通常所具有的一般形状如图 1-17 所示. C 轴上的截距表示固定成本.成本函数最初增长很快,然后就渐渐慢下来,因为生产产品的数量较大时要比生产数量较小时的效率更高——这称为规模经济.当产量保持较高水平时,随着资源的逐渐匮乏,成本函数再次开始较快增长.当不得不更新厂房、设备时,成本函数就会急速增长.因此, $C(q)$ 开始时是凸的,后来就变成凹的.

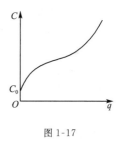

图 1-17

【例 1-5】　设某企业生产某种产品的固定成本为 100 万元,每生产一单位产品需增加成本 8 万元,求总成本函数、平均成本函数,并指出平均成本函数的单调性.

解　因为 $C_0=100,V(q)=8q$,所以

$$C(q)=C_0+V(q)=100+8q,\quad \overline{C}(q)=\frac{100+8q}{q}=\frac{100}{q}+8.$$

平均成本是产量 q 的单调减函数,即随产量的增加,平均成本越来越小.

3. 利润函数（profit function）

利润是收益扣除成本后剩余的部分,用 L 表示,是产量 q 的函数.假设产量与销量一致,则利润函数记为

$$L(q)=R(q)-C(q).$$

利润函数有三种情况:

(1)当 $L(q)>0$ 时,此时生产者盈利;

(2)当 $L(q)<0$ 时,此时生产者亏损;

(3)当 $L(q)=0$ 时，此时生产者既没有盈利，也没有亏损.

将满足 $L(q)=0$ 的点称为**盈亏平衡点**（又称**保本点**）.盈亏分析在企业经营管理和经济领域中分析各种定价及生产决策中经常应用.

引例 1-3 的求解

解　①由需求函数 $Q=1\,200-5p$，得价格函数 $P=240-0.2q$，则收益函数为
$$R(q)=P(q)\cdot q=(240-0.2q)\cdot q=240q-0.2q^2$$

②成本函数为 $C(q)=14\,000+80q$，则利润函数为
$$L(q)=R(q)-C(q)=240q-0.2q^2-(14\,000+80q)=-0.2(q-700)(q-100)$$

由 $L(q)=0$，得均衡量为 $q_0=100$（根据最大生产量 600 套，将 $q=700$ 舍去），此时的价格为 220 元.

③ 当 $100<q<600$ 时，$L(q)>0$，此时盈利；当 $q<100$ 时，$L(q)<0$，此时亏损.

【例 1-6】　设生产某商品 q 件时的固定成本为 100 万元，可变成本为 $3q+q^2$ 万元，销售每件商品的价格为 43 万元.求：

(1)销售 30 件该商品的利润是多少？

(2)若每天至少销售 50 件产品，为了不亏本，销售单价应定为多少？

解　(1)生产该商品的总成本函数为 $C(q)=100+3q+q^2$，收益为 $R(q)=43q$，所以利润为
$$L(q)=R(q)-C(q)=43q-(100+3q+q^2)=-q^2+40q-100$$

则生产 30 件该商品的利润为 $L(30)=200$ 万元.

(2)设定价为 p 万元/件，则利润函数为
$$L(q)=R(q)-C(q)=pq-(100+3q+q^2)$$

为使生产经营不亏本，须有 $L(50)\geqslant0$，即
$$50p-2750\geqslant0\Rightarrow p\geqslant55.$$

所以，为了不亏本，销售单价应该不低于 55 万元.

1.2.3　单利与复利

资金具有时间价值，资金时间价值是指资金在生产和流通过程中随着时间推移而产生的增值.经历的时间不同，资金金额的变化也不同，我们可以将某一时间点的资金金额折算为其他时间点的金额.

尽管现在银行还提供大量的其他服务，但存贷款业务始终是其基本业务，存贷款业务都涉及利息的问题，银行对所有的贷款（loan）业务收取利息，对存款支付利息.

大多数企业和个人在购买某些资产时并不是立刻付清所有款项，而是在之后的某一段时间内付清即可.卖方给予买方的这种赊销有时会收取一定的费用，所收取的费用就是**利息**（interest）.如果卖方收取过高的利息，买方就会向包括银行在内的第三方借款，借取的款项称为**本金**（capital）；借款方会在借款日和偿还日之间收取利息，这段时间叫作**计息期**（interest period）.

引例 1-4　【贷款的还款总额】

某厂家 2014 年 3 月 15 日购买一台机器生产设备,向银行贷款 80 万,以复利计息,年利率为 8%,2024 年 3 月 15 日到期一次还本付息. 若一年计息 2 次,试确定贷款到期时的还款总额.

预备知识:现值(present value),终值(future value),单利,复利.

终值(future value)又称为将来值,是现在一定量的资金折算到未来某一时点所对应的金额. **现值**(present value)是指未来某一时点上的一定量的资金折算到现在所对应的金额. 现实生活中计算利息时的本利和就是本金的终值,与终值相对应的初始本金就是该终值的现值. 比如,银行年利率为 2%,100 元本金一年后的本利和是 102 元,那么 100 元一年后的终值就是 102 元,而一年后的 102 元的现值就是 100 元.

如果年利率为常数 r,最初资本现值(即本金)记为 PV_0,考虑 n 年后的资本的终值记为 FV_n(即本利和). 反过来,在同样的利率 r 下,要保证资金在 n 年后的资本终值 FV_n,那么最初的本金 PV_0 应是多少? 以上提出的问题是十分重要的,它为我们提供了一笔资金按固定利率的允诺回报和其他形式之间的比较标准,也促使我们考虑资金的"时间价值"(the time value of money)问题.

1. 单利计息

单利(simple interest)是指获利不滚入本金,每次都以原有的本金计息. 单利的特点是无论存期有多长,利息都不加入本金. 比如,加入某项投资每年有 10% 的获利,若以单利计算,投资 100 万元,每年可赚 10 万元,十年可以赚 100 万元,多出一倍.

设有一笔存款的现值为 PV_0,年利率为 r,若每年结息一次,则一年后的终值为
$$FV_1 = PV_0 + r \cdot PV_0 = PV_0(1+r)$$
两年后的终值为
$$FV_2 = FV_1 + r \cdot PV_0 = PV_0(1+r) + r \cdot PV_0 = PV_0(1+2r)$$
依次计算则 n 年后的终值为
$$FV_n = PV_0(1+nr).$$

2. 复利计息

银行按规定在一定时间结息一次,结息后即将利息并入本金,也就是将前一期的本金与利息的和作为后一期的本金来计算利息,逐期滚动计算,俗称"利滚利",这种计算方法叫作**复利**(compound interest). 比如,设某投资年利率 10%,若以复利计算,每年实际赚取的"金额"会不断增加,投资 100 万,第一年赚 10 万,第二年赚的却是 110 万的 10%,即 11 万,第三年赚的则是 12.1 万,第十年投资获得的利润是将近 160 万元,是第一年的 1.6 倍,这就是所谓的"复利的魔力".

设有一笔存款的现值为 PV_0,年利率为 r,分别按以下几种计息方式计算终值.

(1)若每年结息一次,则一年后的终值为
$$FV_1 = PV_0 + r \cdot PV_0 = PV_0(1+r)$$
两年后的终值为
$$FV_2 = FV_1 + r \cdot FV_1 = FV_1(1+r) = PV_0(1+r)^2$$
依次计算 n 年后的终值为

$$FV_n = PV_0(1+r)^n$$

这是一年计息 1 期, n 年后的终值 FV_n 的复利公式.

（2）若半年结息一次,相当于一年结算两次利息,则一年后的终值为

$$FV_1 = PV_0\left(1+\frac{r}{2}\right)^2$$

n 年后的终值为

$$FV_n = PV_0\left(1+\frac{r}{2}\right)^{2n}$$

这是一年计息 2 期, n 年后的终值 FV_n 的复利公式.

（3）若每月结算一次,相当于一年结算 12 次利息,则一年后的终值为

$$FV_1 = PV_0\left(1+\frac{r}{12}\right)^{12}$$

n 年后的终值为

$$FV_n = PV_0\left(1+\frac{r}{12}\right)^{12n}$$

这是一年计息 12 期, n 年后的终值 FV_n 的复利公式.

（4）若一年均匀分 m 期计息,年利率仍为 r,则每期以 $\dfrac{r}{m}$ 为利率来计算,于是一年后的终值为

$$FV_1 = PV_0\left(1+\frac{r}{m}\right)^m$$

n 年后的终值为

$$FV_n = PV_0\left(1+\frac{r}{m}\right)^{m\cdot n}$$

这是一年均匀计息 m 期, n 年后的终值 FV_n 的复利公式.

【例 1-7】 某人购买了价值 1 000 元的债券,年利率为 8%,一年后的价值是多少? 按复利计算 5 年后的价值是多少?

解 ① $PV_0 = 1\,000, r = 8\%$,则一年后的价值为
$$FV_1 = PV_0(1+r) = 1\,000 \times (1+8\%) = 1\,080(元)$$

②按复利计算,5 年后债券的价值为
$$FV_5 = PV_0(1+r)^5 = 1\,000 \times (1+8\%)^5 \approx 1\,469.33(元)$$

【例 1-8】 设有 100 元,年利率为 7%,按一年 1 期、2 期、4 期、12 期、100 期复利计算一年后的终值.

解 $PV_0 = 100, r = 7\%$,则

一年计息 1 期, $FV_1 = 100 \times (1+7\%) = 107(元)$

一年计息 2 期, $FV_1 = 100 \times \left(1+\dfrac{7\%}{2}\right)^2 \approx 107.123(元)$

一年计息 4 期, $FV_1 = 100 \times \left(1+\dfrac{7\%}{4}\right)^4 \approx 107.186(元)$

一年计息 12 期, $FV_1 = 100 \times \left(1+\dfrac{7\%}{12}\right)^{12} \approx 107.229(元)$

一年计息 100 期，$FV_1 = 100 \times \left(1 + \dfrac{7\%}{100}\right)^{100} \approx 107.248$（元）

引例 1-4 的求解

解　$PV_0 = 80, r = 8\%, m = 2, n = 10$，可知 2024 年 3 月 15 日到期一次还本付息的还款总额为

$$FV_{10} = 80 \times \left(1 + \frac{8\%}{2}\right)^{2 \times 10} \approx 175.29（万元）$$

■ 技能训练 1-2

应用题

1. 生产者向市场提供某种商品的供给函数为 $S(p) = \dfrac{p}{2} - 96$，而商品的需求量 Q 满足 $Q(p) = 204 - p$，试求该种商品的均衡价格和均衡数量．

2. 某厂生产某种产品 1 000 吨，定价为 130 元/吨．若一次性购买不超过 700 吨时，按原价支付；超过 700 吨，超过部分按原价 9 折支付．试将销售收益表示成销售量的函数．

3. 某工厂生产某种产品，固定成本为 2 000 元，每生产一台产品，成本增加 5 元，若该产品销售单价为 9 元/台，试求：(1)总成本函数，平均成本函数；(2)200 台的总成本和平均成本；(3)收益函数；(4)利润函数，并确定盈亏平衡的产量．

4. 某家长计划存一笔钱，3 年后儿子读大学用．已知存款的年利率为 3%，按单利计息，若 3 年后所需费用为 60 000 元，问现在应该存多少钱？

5. 已知年利率为 5%，按单利计算，想要把 8 000 元变为 10 000 元，需要存款多少年？

6. 某人四年前在一项目里投资了一笔钱，年利率为 9%，这笔钱现在的价值为 70 582 元，问他当初存了多少钱？（按复利计算）

7. 通货膨胀率很高的国家常常每月而不是每年发布通货膨胀数字，因为每月数字引起的惊恐要小些．1989 年美国通货膨胀率为每年 4.6%，同年阿根廷的通货膨胀率大约为每月 3.3%．

(1)阿根廷 3.3% 的月通货膨胀率相当于多少的年通货膨胀率？

(2)美国 4.6% 的年通货膨胀率相当于多少的月通货膨胀率？

8. 某矿业公司决定将其一处矿产开采权公开拍卖，甲公司和乙公司都参与投标．甲公司的投标书显示，从获得开采权的第 1 年开始，每年末向矿业公司交纳 10 亿美元的开采费，直到 10 年后开采结束．乙公司的投标书表示，直接付给矿业公司 40 亿美元，在第 8 年开采结束，再付 60 亿美元．如果矿业公司要求的年投资回报率达到 15%，问应该接受哪个公司的投标？

9. 张先生看中一套 100 平方米的住房，现在市场价格为 2 000 元/平方米．若分期付款，要求首期支付 10 万元，然后分 6 年每年年末支付 3 万元．现在银行利率为 6%，问：张先生是分期付款好些，还是一次性付清好些？

本章任务解决

任务一 ［用电需求曲线建模］

解 采用 excel 软件可以拟合出用户用电需求函数表达式,操作过程如下:

1.先将调查数据表拷贝到 excel,选择调查数据表里的三行数据,然后点击"插入"菜单里的"图表",打开图表向导.

2.图表向导步骤 1 里,"标准类型"选择"XY 散点图",然后点击完成.这样就创建了用电需求数据的散点图,接下来拟合出需求函数表达式.

(1)鼠标左键选中系列 1 的数据点,右键点击"添加趋势线".

(2)"类型"里选择"多项式","阶数"里选择 2 表示二次曲线.

(3)"选项"里勾选"显示公式",最后点击确定.

这样就在散点图上显示出需求曲线的函数表达式,结果如图 1-18 所示.

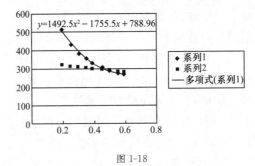

图 1-18

任务二 ［借贷买房问题］

(1)假设房子的总价为 M 元,买房者需借 A_0 元,年利率为 $R=0.0655$,月利率为 $r=R/12=0.0054583$,借期为 N 个月,每月付 x 元,到第 n 个月欠款 A_n 元,则第 $n+1$ 个月末(含利息)欠款(贷款付息方式通常为复利)

$$A_{n+1}=(1+r)A_n-x,\quad n=0,1,2,\cdots,$$

由递推关系可得

$$A_n=A_0(1+r)^n-x\frac{(1+r)^n-1}{r},n=0,1,\cdots, \tag{1}$$

即可得 A_n,A_0,x,r,N 之间的关系.

已知 $N=20$ 年$=240$ 个月,$x=3000$ 元,$A_0=(M-300000)$ 元,则要求 20 年还清,即 $A_{240}=0$,由式(1)可得

$$A_0=\frac{x[(1+r)^N-1]}{r(1+r)^N} \tag{2}$$

代入数据可算出 $A_0=400792$ 元.房子总价 $M=700792$ 元.

(2)根据前面的讨论,由式(2)可得

$$x=\frac{A_0r(1+r)^N}{(1+r)^N-1} \tag{3}$$

可求解得 $x=4070$ 元.

（3）如果张老师每半月还一次钱，每次还 $x = \dfrac{4\,070}{2} = 2\,035$ 元，半月利率 $r = R/24$，表面上看这种方案，张老师在交 50 000 元手续费后，每月不多还钱的条件下提前三年还清，对张老师十分有利，而公司没有多赚钱。

实际上，稍作分析可知，由于张老师先预付了 50 000 元，则事实上相当于张老师只借了 $A_0 = 600\,000 - 50\,000 = 550\,000$ 元。

根据前面的讨论，由式（2）可得

$$N = \frac{\ln\left(\dfrac{x}{x - A_0 r}\right)}{\ln(1 + r)} \tag{4}$$

可解得 $N = 491$（半月）≈ 20.45 年，即提前 4.55 年张老师就已还清了借款，即该公司至少从中多赚了 $4\,070 \times 18 = 73\,260$ 元。（思考：这 73 260 元是现值吗？）

本章小结

1. 本章知识结构导图

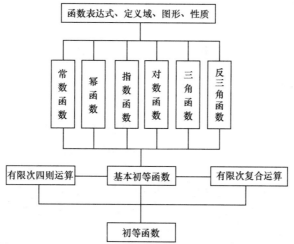

2. 本章知识总结

（1）关于函数概念的理解

本章的中心内容是函数概念，对于函数概念的理解程度将会影响到微积分的学习。掌握函数概念的关键在于理解函数关系 $y = f(x)$，在本质上函数关系 $y = f(x)$ 是两个变量相互依存的运算模式（运算结构），而自变量的变化影响着因变量的变化。自变量可以是一个变量，也可以是函数形式，因此就有了基本初等函数和复合函数。

（2）学习经济中常用的函数，要注意它们之间的内在联系

①需求函数和供给函数

需求函数和供给函数是销售量与价格以及生产量与价格之间的关系，通过市场将两个函数联系在一起，由此可得市场均衡函数和均衡价格。

②价格函数是需求函数的反函数。

③平均成本函数是成本函数的平均。

④收益函数的建立主要由价格的变化而确定.

⑤利润函数有盈利、亏损和盈亏平衡三种情况.

综合技能训练 1

一、基础题

1.求以下各个函数的定义域:

(1)$y=\ln(x-1)+\sqrt{x^2-6x+8}$;   (2)$y=\dfrac{1}{\ln(x+2)}$;

(3)$y=\begin{cases}2x-1, & -1\leqslant x<3 \\ \sin x+1, & 3\leqslant x<5\end{cases}$.

2.设 $f(x+1)=x^2-x+1$,求 $f(x)$.

3.判断下列函数的奇偶性:

(1)$y=\lg\dfrac{1+x}{1-x}$;   (2)$y=\ln(x+\sqrt{1+x^2})$.

4.构造复合函数:

(1)$f(x)=\dfrac{x}{x-1}$,求 $f[f(x)]$;

(2)$f(x)=x^2+1,g(x)=\dfrac{1}{x}$,求 $f[g(x)],g[f(x)]$.

5.将下列函数分解成简单函数的复合:

(1)$y=\ln^2(\sin x)$;   (2)$y=e^{\tan(3x+1)}$;

(3)$y=\cos\sqrt{2x+3}$;   (4)$y=\ln(\ln(\ln x))$;

(5)$y=[\arccos(1-x^2)]^3$;   (6)$y=\ln(x+\sqrt{1+x^2})$.

二、应用题

1.设某产品的需求函数为 $Q(p)=60\,000-1\,000p$,其中 p 为价格(单位:元),Q 是产品销售量.又设产品的固定成本为 60 000 元,变动成本为 20 元/件,求:(1)总成本函数;(2)收益函数;(3)利润函数.

2.小王连续 6 年在每年年初存入银行 3 000 元,若银行存款利率为 5%,问:小王在第 6 年末能一次性取出本利和多少钱?

3.现有初始本金 10 000 元,假设银行年储蓄利率为 4%,(1)按单利计算,3 年末的本利和为多少? (2)按复利计算,3 年末的本利和为多少?

4.某人从银行贷款 10 000 元,贷款期限为 2 年,年利率为 8%,计算到期后,此人应偿还银行多少?

5.A 君和 B 君都欲向 C 君租房.A 君打算租一年的房子,租金在租前一次性付清;B 君同样打算租一年的房子,但租金在一年后支付.A 君愿意付 10 000 元,B 君愿意付 11 000 元.假设 B 君信誉良好,年利率为 15%,请问:C 君应该把房子租给谁?

6.郑先生下岗获得 50 000 元现金补助,他决定存起来以解决自己的养老问题,先找工作糊口.若银行存款复利年利率为 3%,那么 20 年后这笔款项连本带利是多少?

7.设某一商品房价值 100 万元,王某自筹了 40 万元,要购房还得向银行贷款 60 万元,贷款月利率 $i=4.8‰$(千分之四点八),采用复利计息,贷款的偿还方式采用等额还款(即每月还的钱都一样多),20 年内还清.问王某每月应还多少钱?

■数学文化视野

数学在经济中的应用

数学在经济学中的最早应用,可以追溯到 17 世纪晚期,英国古典经济学家创始人威廉·配第在《政治算术》中,通过引入算术、量化等手段对经济结构和政治事件进行分析,进而得出英国有可能成为世界贸易霸主的结论,这通常被认为是经济学者首次将数学方法应用到经济学中.

17 世纪末到 19 世纪初,数学被引入到经济研究中,经济学者开始初步尝试与数学结合,实现经济研究方法上的新突破.这一期间的应用主要以初级数学为主,经济学家开始用初等函数构建最基础、最简单的模型视图来解决、发现经济问题.此外,他们还通过曲线运动、表格、等式等形式来表达经济变量.这一时期比较典型的代表人物是魁奈、李嘉图和亚当·斯密.他们开创了将数学应用到经济学中的先河,这一阶段被认为是数学在经济学中应用的萌芽时期.

19 世纪 20 年代到 40 年代是数学在经济学中应用的形成时期.在这一时期,高等数学被广泛地应用到经济学中,如微积分、概率论、线性代数等.深刻社会变革,方法论的改进促进了这一时期经济学的发展.经济学家借助数学解决了一些实际问题的同时,开拓了新的研究领域,为新的研究方法的诞生奠定了基础.

20 世纪 40 年代开始至今是数学在经济学中应用的全面发展时期.大量的数学思想应用到经济研究中,产生了很多新的研究理论,出现了很多成果,也因此衍生出不同的学派.研究的问题从最初简单的变为复杂的,更贴近于现实.边际分析、回归分析、博弈论分析、均衡分析、经济增长模型都广泛地被作为解释、研究经济问题的数学工具.

第 2 章

极限与连续

■本章概要

  极限概念产生于求某些实际问题的精确解.极限的思想和分析方法广泛地应用于社会生活和科学研究的各个方面.在研究复杂问题时,常先用简单算法(如以常代变、以直代曲等)求出近似值,通过取极限得到精确值.还可以用极限对事物的发展做某种预测(包括中长期分析和远期预测),如极限可应用于研究事物的运动、发展规律,传染性疾病的传播规律,产品销售量的中长期分析,以及投入与产出的中长期分析等.

  在对社会经济现象的研究中,常常要分析经济变量的变化规律,如,从企业的发展趋势来判断它的前途,从市场变化趋势来预测产品的需求状况等等,从数学上看这就是函数极限问题.极限是研究变量变化趋势的基本工具,是人们由有限认识无限,由近似认识精确,由量变认识质变的辩证思想和数学方法.极限方法是研究函数的一种最基本的方法,微积分中许多基本概念,如连续、导数、定积分等都是用极限来定义的.

■学习目标

- 能利用函数图形和极限定义计算简单函数的极限;
- 会用极限基本方法求极限;
- 能运用初等函数的连续性进行相关的计算与判断;
- 掌握无穷大和无穷小的概念;
- 能运用极限计算连续复利和经济中的其他极限问题.

■本章任务提出

  任务一 [循环贷款问题] 国家向某企业投资 50 万元,这家企业将投资作为抵押品向银行贷款,得到相当于抵押品价值 75% 的贷款,该企业将此贷款再次进行投资,并将投资作为抵押品又向银行贷款,仍得到相当于抵押品价值 75% 的贷款,企业又将此贷款再进行投资,贷款－投资—再贷款－再投资,如此反复进行扩大再生产,问该企业共投资多少万元?

  任务二 [游戏销售问题] 当推出一种新的电子游戏程序时,在短期内其销售量会迅速增加,然后开始下降,函数关系为 $s(t) = \dfrac{200t}{t^2 + 100}$,其中 t 为月份.

(1)请计算游戏推出后第 6 个月、第 12 个月和第三年的最末一个月的销售量;

(2)如果要对该产品的长期销售作出预测,请建立相应的表达式,并作出分析.

任务三 [连续复利问题] 假定你为了孩子的教育,打算在一家投资担保证券公司(GIC)投入一笔资金.你需要这笔投资 10 年后价值为 12 000 美元.如果 GIC 以年率 9%、每年支付四次的方式付息,你应该投资多少美元? 如果以年率 9%、连续复利的方式付息,你应该投资多少美元?

2.1 极限的概念

2.1.1 极限思想概述

1. 极限思想的产生与发展

(1)极限思想的由来

与一切科学的思想方法一样,极限思想也是社会实践的产物.极限的思想可以追溯到古代,刘徽的割圆术就是建立在直观基础上的一种原始的极限思想的应用;古希腊人阿基米德的穷竭法也蕴含了极限思想.

(2)极限思想的发展

极限思想的进一步发展是与微积分的建立紧密联系的.16 世纪的欧洲处于资本主义萌芽时期,生产力得到极大的发展,生产和技术中大量的问题,只用初等数学的方法已无法解决,要求数学突破只研究常量的传统范围,而提供能够用以描述和研究运动、变化过程的新工具,这是促进极限发展、建立微积分的社会背景.

起初牛顿和莱布尼兹以无穷小概念为基础建立微积分,后来因遇到了逻辑困难,所以在他们的晚期都不同程度地接受了极限思想.牛顿用路程的改变量 Δs 与时间的改变量 Δt 之比 $\Delta s / \Delta t$ 表示运动物体的平均速度,让 Δs 无限趋近于零,得到物体的瞬时速度,并由此引出导数概念和微分学理论.

(3)极限思想的完善

极限思想的完善与微积分的严格化密切联系.在很长一段时间里,微积分理论基础的问题,许多人都曾尝试解决,但都未能如愿以偿.这是因为数学的研究对象已从常量扩展到变量,而他们都证明不了这种"零"与"非零"相互转化的辩证关系.

到了 18 世纪,罗宾斯、达朗贝尔与罗依里埃等人先后明确地表示必须将极限作为微积分的基础概念,并且都对极限作出过各自的定义.其中达朗贝尔的定义是:"一个量是另一个量的极限,假如第二个量比任意给定的值更为接近第一个量",它接近于极限的正确定义;然而,这些人的定义都无法摆脱对几何直观的依赖.

首先用极限概念给出导数正确定义的是捷克数学家波尔查诺,他把函数 f 的导数定

义为差商 $\Delta y/\Delta x$ 的极限 $f'(x)$,他强调指出 $f'(x)$ 不是两个零的商.波尔查诺的思想是有价值的,但关于极限的本质他仍未说清楚.

到了 19 世纪,法国数学家柯西在前人工作的基础上,比较完整地阐述了极限概念及其理论,他在《分析教程》中指出:"当一个变量逐次所取的值无限趋于一个定值,最终使变量的值和该定值之差要多小就多小,这个定值就叫作所有其他值的极限值,特别地,当一个变量的数值(绝对值)无限地减小使之收敛到极限 0,就说这个变量成为无穷小".

为了排除极限概念中的直观痕迹,维尔斯特拉斯提出了极限的静态定义,给微积分提供了严格的理论基础.所谓 $n=A$,就是指:"如果对任何 $\varepsilon>0$,总存在自然数 N,使得当 $n>N$ 时,不等式 $|n-A|<\varepsilon$ 恒成立".

这个定义,借助不等式,通过 ε 和 N 之间的关系,定量地、具体地刻画了两个"无限过程"之间的联系.因此,这样的定义是严格的,可以作为科学论证的基础,至今仍在数学分析书籍中使用.在该定义中,涉及的仅仅是数及其大小关系,此外只是给定、存在、任取等词语,已经摆脱了"趋近"一词,不再求助于运动的直观.

2. 建立概念的极限思想

极限的思想方法贯穿于数学分析课程的始终.可以说数学分析中的几乎所有的概念都离不开极限.在几乎所有的数学分析著作中,都是先介绍函数理论和极限的思想方法,然后利用极限的思想方法给出连续函数、导数、定积分、级数的敛散性、多元函数的偏导数,广义积分的敛散性、重积分和曲线积分与曲面积分的概念.

3. 解决问题的极限思想

极限思想方法是数学分析乃至全部高等数学必不可少的一种重要方法,也是数学分析与初等数学的本质区别之处.数学分析之所以能解决许多初等数学无法解决的问题(例如求瞬时速度、曲线弧长、曲边形面积、曲面体体积等问题),正是由于它采用了极限的思想方法.

有时我们要确定某一个量,首先确定的不是这个量的本身而是它的近似值,而且所确定的近似值也不仅仅是一个而是一连串越来越准确的近似值;然后通过考察这一连串近似值的趋向,把那个量的准确值确定下来,这就是运用了极限的思想方法.

2.1.2　数列的极限

引例 2-1　【圆面积的计算方法】

很长一段时间,人们试图采用各种方法去近似计算圆的面积.我国魏晋时期的刘徽注解《九章算术》,提出了"割圆术",利用圆的内接正多边形运用穷竭方法求圆的面积."割之弥细,所失弥少,割之又割,以至于不可割,则与圆周合体而无所失矣."请利用割圆术的思想推导圆的面积公式.

预备知识:数列极限.

案例 2-1　【一尺之棰】　庄子在《天下篇》中记载:"一尺之棰,日取其半,万世不竭".这句话反映了两千多年前,我国古人就有了初步的极限观念.

假设木棰的长度是 1 尺,天数为 n,从第一天开始,每天取前一天的一半,则第 n 天后

余下木棰的长度可以表示成数列:

$$\frac{1}{2},\frac{1}{4},\frac{1}{8},\cdots,\left(\frac{1}{2}\right)^n,\cdots 或 \left\{\left(\frac{1}{2}\right)^n\right\}.$$

随着 n 的无限增大,剩下的木棰越来越短,甚至接近于 0,然而"万世不竭"说明木棰的长度永远不会为 0.

定义 2-1 【数列 $\{a_n\}$ 的极限】　对于数列 $\{a_n\}$,当 n 无限增大(即 $n\to\infty$)时,通项 a_n 无限趋近于某一个确定的常数 A,则称 A 为 $n\to\infty$ 时数列 $\{a_n\}$ 的极限,或称数列 $\{a_n\}$ 收敛于 A. 记作

$$\lim_{n\to\infty}a_n=A 或 a_n\to A(n\to\infty).$$

否则,称 $n\to\infty$ 时数列 $\{a_n\}$ 没有极限或发散,记作 $\lim_{n\to\infty}a_n$ 不存在.

案例 2-1 中,数列 $\left\{\left(\frac{1}{2}\right)^n\right\}$ 是收敛的,且 $\lim_{n\to\infty}\left(\frac{1}{2}\right)^n=0$.

【例 2-1】　观察下列数列的变化趋势,指出它们的敛散性.

(1) $\left\{\dfrac{1}{n}\right\}:1,\dfrac{1}{2},\dfrac{1}{3},\cdots,\dfrac{1}{n},\cdots$;

(2) $\{2\}:2,2,2,\cdots,2,\cdots$;

(3) $\{(-1)^n\}:-1,1,-1,\cdots,(-1)^n,\cdots$;

(4) $\left\{\left(-\dfrac{2}{3}\right)^n\right\}:-\dfrac{2}{3},\left(-\dfrac{2}{3}\right)^2,\left(-\dfrac{2}{3}\right)^3,\cdots,\left(-\dfrac{2}{3}\right)^n,\cdots$;

(5) $\left\{\dfrac{n}{n+1}\right\}:\dfrac{1}{2},\dfrac{2}{3},\dfrac{3}{4},\cdots,\dfrac{n}{n+1},\cdots$;

(6) $\{\sqrt{n}\}:1,\sqrt{2},\sqrt{3},\cdots,\sqrt{n},\cdots$.

解　(1)当 n 无限增大时,$\dfrac{1}{n}$ 无限趋近于 0,即 $\lim_{n\to\infty}\dfrac{1}{n}=0$,所以数列 $\left\{\dfrac{1}{n}\right\}$ 收敛于 0;

(2)该数列为常数列,它的每一项都是常数 2,当 n 无限增大时,其值保持不变,即 $\lim_{n\to\infty}2=2$,所以数列 $\{2\}$ 收敛于 2;

(3)当 n 无限增大时,数列 $\{(-1)^n\}$ 的各项在 -1 和 1 之间摆动,没能接近一个确定的常数,因此 $\lim_{n\to\infty}(-1)^n$ 不存在,数列 $\{(-1)^n\}$ 发散;

(4)各项在 0 的两侧摆动,越来越接近于 0,即 $\lim_{n\to\infty}\left(-\dfrac{2}{3}\right)^n=0$,所以数列 $\left\{\left(-\dfrac{2}{3}\right)^n\right\}$ 收敛于 0;

(5)当 n 无限增大时,$\dfrac{n}{n+1}$ 无限趋近于 1,即 $\lim_{n\to\infty}\dfrac{n}{n+1}=1$,所以数列 $\left\{\dfrac{n}{n+1}\right\}$ 收敛于 1;

(6)当 n 无限增大时,通项 $\sqrt{n}$ 无限增大,即 $\lim_{n\to\infty}\sqrt{n}$ 不存在,所以数列 $\{\sqrt{n}\}$ 发散.

引例 2-1【圆面积的计算方法】的分析和求解

分析　"割圆术"求圆面积的思路如图 2-1 所示,做圆的内接正四边形、正八边形和正十六边形,从图形的几何直观上不难看出:随着圆内接正多边形边数 n 的增加,圆内接正多边形的面积与圆的面积越来越接近.

解　如图 2-2,设圆的内接正 n 边形的边长为 a_n,边心距为 h_n,面积为 S_n,则有

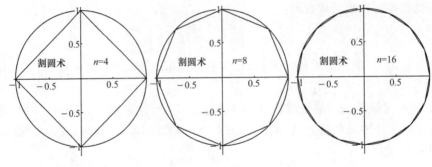

图 2-1

$$S_n = \left(\frac{1}{2}a_n h_n\right) \cdot n = \frac{1}{2}(na_n) \cdot h_n = \frac{1}{2}l_n h_n.$$

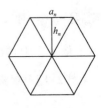

图 2-2

其中 l_n 为圆内接正 n 边形的周长.随着正多边形边数 n 的无限增加,正多边形的周长 l_n 越来越趋向于圆的周长 $2\pi r$,边心距 h_n 越来越趋向于圆的半径 r.所以,正多边形的面积 S_n 越来越趋向于 $\frac{1}{2} \cdot 2\pi r \cdot r = \pi r^2$.即圆的面积为

$$S = \lim_{n\to\infty}S_n = \lim_{n\to\infty}\frac{1}{2}l_n h_n = \frac{1}{2} \cdot 2\pi r \cdot r = \pi r^2$$

案例 2-2 【循环贷款问题】 国家向某企业投资 50 万元,这家企业将投资作为抵押品向银行贷款,得到相当于抵押品价值 75% 的贷款,该企业将此贷款再次进行投资,并将投资作为抵押品又向银行贷款,仍得到相当于抵押品价值 75% 的贷款,企业又将此贷款进行投资,贷款—投资—再贷款—再投资,如此反复进行扩大再生产,问该企业共投资多少万元?

该案例即为【本章任务提出】部分的任务一,详解请参考【本章任务解决】.

2.1.3 函数的极限

在经济实际和社会生活中,常常要分析变量的变化规律,如,从企业的发展趋势来判断它的前途,从市场变化趋势来预测产品的需求状况,我国人口的变化趋势,某种传染病的传播趋势等等,而这些问题都涉及函数的极限问题.

在理解了"无限接近、无限逼近"的基础上,本节将沿着数列极限的思路,讨论函数的极限.

讨论函数极限时,自变量的变化过程有以下两种:

(1)自变量的绝对值无限增大,即 $x \to \infty$;

(2)自变量 x 任意地趋近于某一确定点 x_0,即 $x \to x_0$;

1. $x \to \infty$ 时 $f(x)$ 的极限

案例 2-3 【水温的变化趋势】 将一盆 80℃ 的热水放在一间室温恒为 20℃ 的房间里,水温 T 将逐渐降低,随着时间 t 的推移,水温 T 会越来越接近室温 20℃.

案例 2-4 【自然保护区中的动物数量】 在某一自然保护区中生长的一群野生动物,其群体数量 N 会逐渐增长,但随着时间 t 的推移,由于自然保护区内各种资源的限制,这一动物群体不可能无限地增大,会达到某一饱和状态,如图 2-3 所示,饱和状态就是 $t \to +\infty$ 时野生动物群的数量.

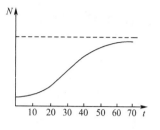

图 2-3

这两个问题都有一个共同的特征:当自变量逐渐增大时,相应的函数值趋于某一常数.

定义 2-2 【$x \to \infty$ 时,$f(x)$ 的极限】 当 x 的绝对值 $|x|$ 无限增大(即 $|x| \to +\infty$)时,函数 $f(x)$ 无限趋近于某一确定的常数 A,则称 A 为 $x \to \infty$ 时 $f(x)$ 的极限,或称 $f(x)$ 收敛于 A. 记作

$$\lim_{x \to \infty} f(x) = A \quad 或 \quad f(x) \to A(x \to \infty).$$

否则,称 $x \to \infty$ 时 $f(x)$ 没有极限或发散,记作 $\lim\limits_{x \to \infty} f(x)$ 不存在.

如果在上述定义中,限制 x 只取正值或只取负值,即有

$$\lim_{x \to +\infty} f(x) = A \quad 或 \quad \lim_{x \to -\infty} f(x) = A$$

则称常数 A 为函数 $f(x)$ 当 $x \to +\infty$ 或 $x \to -\infty$ 时的极限.

从几何意义上看,极限 $\lim\limits_{x \to \infty} f(x) = A$ 表示:随着 $|x|$ 无限增大,曲线 $f(x)$ 上对应的点与直线 $y = A$ 的距离无限变小,即曲线 $f(x)$ 以直线 $y = A$ 为渐近线.

要注意 $x \to \infty$ 意味着同时考虑 $x \to +\infty$ 与 $x \to -\infty$,可以得到下面的定理:

定理 2-1 $\lim\limits_{x \to \infty} f(x) = A$ 的充分必要条件是 $\lim\limits_{x \to +\infty} f(x) = \lim\limits_{x \to -\infty} f(x) = A$.

【例 2-2】 考察 $f(x) = \left(\dfrac{1}{2}\right)^x$ 在 $x \to +\infty$ 时的变化趋势.

解 (1)数值代入法:让自变量 x 取值越来越大,来观察 $f(x)$ 的变化趋势(见表2-1),可知 $\lim\limits_{x \to +\infty} \left(\dfrac{1}{2}\right)^x = 0$;

表 2-1

x	1	2	3	4	5	⋯	10	⋯	100	⋯
$f(x)$	$\dfrac{1}{2}$	$\dfrac{1}{4}$	$\dfrac{1}{8}$	$\dfrac{1}{16}$	$\dfrac{1}{32}$	⋯	$\dfrac{1}{2^{10}}$	⋯	$\dfrac{1}{2^{100}}$	⋯

(2)作图观察法:作 $f(x) = \left(\dfrac{1}{2}\right)^x$ 的图像,由图 2-4 可知 $\lim\limits_{x \to +\infty} \left(\dfrac{1}{2}\right)^x = 0$.

【例 2-3】 考察 $y = \sin x$ 在 $x \to \infty$ 时的极限.

解 作 $y = \sin x$ 的图形,如图 2-5 所示,可知:当自变量 x 的绝对值 $|x|$ 无限增大时,对应的函数值 y 在区间 $[-1, 1]$ 上震荡,不能无限接近于任何常数,所以 $\lim\limits_{x \to \infty} \sin x$ 不存在.

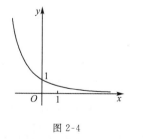

图 2-4

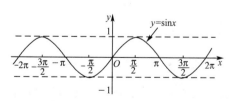

图 2-5

【例 2-4】　考察 $y=\dfrac{1}{x}$ 在 $x\to\infty$ 时的极限.

解　如图 2-6 所示,可知:当 x 的绝对值 $|x|$ 无限增大,相应的函数值 $f(x)=\dfrac{1}{x}$ 无限接近于 0,即有 $\lim\limits_{x\to-\infty}\dfrac{1}{x}=0$,$\lim\limits_{x\to+\infty}\dfrac{1}{x}=0$,根据定理 2-1,可得 $\lim\limits_{x\to\infty}\dfrac{1}{x}=0$.

【例 2-5】　求 $\lim\limits_{x\to-\infty}\arctan x$,$\lim\limits_{x\to+\infty}\arctan x$,$\lim\limits_{x\to\infty}\arctan x$.

解　作函数 $y=\arctan x$ 的图形,如图 2-7 所示,可知:当 $x\to-\infty$ 时,曲线 $y=\arctan x$ 无限接近于直线 $y=-\dfrac{\pi}{2}$,即对应函数值 y 无限接近于常数 $-\dfrac{\pi}{2}$,所以 $\lim\limits_{x\to-\infty}\arctan x=-\dfrac{\pi}{2}$;同理可得 $\lim\limits_{x\to+\infty}\arctan x=\dfrac{\pi}{2}$;由于 $\lim\limits_{x\to-\infty}\arctan x\neq\lim\limits_{x\to+\infty}\arctan x$,所以根据定理 2-1,可得 $\lim\limits_{x\to\infty}\arctan x$ 不存在.

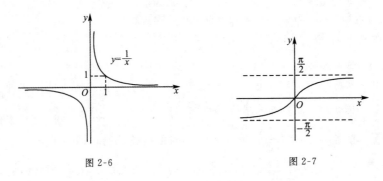

图 2-6　　　　　　　　　　　　　　　图 2-7

2. $x\to x_0$ 时 $f(x)$ 的极限

案例 2-5　**【人影长度】**　若一个人走向路灯正下方的那一点,如图 2-8 所示,由常识可知,人越接近目标,其影子的长度越短,当人越来越接近于目标($x\to0$)时,其影子的长度趋于 $0(y\to0)$.

注意 1:【记号 $x\to x_0$ 的含义】 $x\to x_0$(读作"x 趋近于 x_0")是 $|x-x_0|\to0$,但 $x\neq x_0$,表示动点 x 无限接近于点 x_0,但永远不等于 x_0 的过程,如图 2-9 所示.

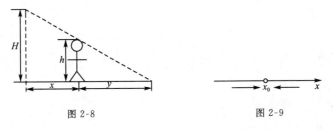

图 2-8　　　　　　　　　　　　　　图 2-9

【例 2-6】　当 $x\to1$ 时,考察 $f(x)=x+1$ 和 $g(x)=\dfrac{x^2-1}{x-1}$ 的变化趋势.

解　函数 $f(x)$ 在 $x_0=1$ 处有定义,而 $g(x)$ 在 $x_0=1$ 处无定义.如图 2-10 和图 2-11,当 $x\to1$ 时,函数值 $f(x)=x+1\to2$,函数值 $g(x)=\dfrac{x^2-1}{x-1}\to2$,所以我们说,当 $x\to1$ 时,

$f(x)$和 $g(x)$均以 2 为极限. 就是说,当 $x \to 1$ 时,$f(x)$ 和 $g(x)$ 的极限与它们在 $x=1$ 处是否有定义无关.

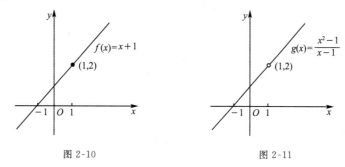

图 2-10　　　　　　　　　　图 2-11

定义 2-3　【$x \to x_0$ 时,$f(x)$ 的极限】　设函数 $f(x)$ 在点 x_0 附近有定义(x_0 可以除外),当自变量 x 无限趋近于 $x_0(x \neq x_0)$ 时,相应的函数值 $f(x)$ 无限趋于常数 A,则称 A 为当 x 趋近于 x_0 时 $f(x)$ 的极限,或称 $f(x)$ 收敛于 A. 记作

$$\lim_{x \to x_0} f(x) = A \quad 或 \quad f(x) \to A(x \to x_0)$$

否则,称 $x \to x_0$ 时 $f(x)$ 没有极限或发散,记作 $\lim\limits_{x \to x_0} f(x)$ 不存在.

注意 2:从定义 2-3 可知,$\lim\limits_{x \to x_0} f(x)$ 是否存在与 $f(x)$ 在点 $x=x_0$ 处有没有定义无关.

由定义 2-3 可知,例 2-6 可记为 $\lim\limits_{x \to 1}(x+1)=2,\lim\limits_{x \to 1}\dfrac{x^2-1}{x-1}=2$.

注意 3:从几何意义上看极限 $\lim\limits_{x \to x_0} f(x)=A$:随着动点 x 无限逼近定点 x_0(但 $x \neq x_0$),曲线 $y=f(x)$ 上的点 $(x,f(x))$ 沿着曲线无限靠近点 (x_0,A),如图 2-12 所示.

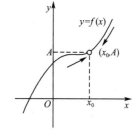

【例 2-7】　求极限:$(1)\lim\limits_{x \to 2}(x+3)$;　$(2)\lim\limits_{x \to 1}\dfrac{2}{x-1}$.

解　(1)当 $x \to 2$ 时,$x+3 \to 5$,所以 $\lim\limits_{x \to 2}(x+3)=5$;

(2)当 $x \to 1$ 时,$x-1 \to 0$,$\dfrac{2}{x-1}$ 绝对值无限增大,不趋近于

图 2-12

一个确定的常数,所以 $\lim\limits_{x \to 1}\dfrac{2}{x-1}$ 不存在.

有时候,我们还会遇到只需考虑 x 从 x_0 的某一侧趋近于 x_0 的函数极限问题,如 $y=\ln x$,只能考察 x 从 0 的右侧趋近于 0 时函数的变化趋势.

定义 2-4　【$x \to x_0$ 时,$f(x)$ 的左(右)极限】　设函数 $f(x)$ 在点 x_0 左侧(右侧)附近 $(x \neq x_0)$ 有定义,当自变量 x 从 x_0 的左(右)侧趋近于 x_0 时,相应的函数值 $f(x)$ 无限趋于常数 A,则称 A 为当 x 趋近于 x_0 时的左(右)极限.

①左极限 $x \to x_0^-$ 时 $f(x)$ 的极限,记作

$$\lim_{x \to x_0^-} f(x) = A \quad 或 \quad f(x) \to A(x \to x_0^-)$$

②右极限 $x \to x_0^+$ 时 $f(x)$ 的极限,记作

$$\lim_{x \to x_0^+} f(x) = A \quad 或 \quad f(x) \to A(x \to x_0^+)$$

【例 2-8】 求极限:(1) $\lim\limits_{x\to 2^-}\sqrt{2-x}$; (2) $\lim\limits_{x\to 0^+}\ln x$.

解 (1)当 $x\to 2^-$ 时,$\sqrt{2-x}\to 0$,所以 $\lim\limits_{x\to 2^-}\sqrt{2-x}=0$;

(2)当 $x\to 0^+$ 时,$\ln x$ 绝对值无限增大,不趋近于一个确定的常数,所以 $\lim\limits_{x\to 0^+}\ln x$ 不存在.

案例 2-6 【成本-效益模型】 设清除费用 $C(x)$(单位:元)与清除污染成分的 $x\%$ 之间的函数模型为 $C(x)=\dfrac{7\,300x}{100-x}$,求:(1)$\lim\limits_{x\to 80}C(x)$;(2) $\lim\limits_{x\to 100^-}C(x)$.

解 (1) $\lim\limits_{x\to 80}C(x)=\lim\limits_{x\to 80}\dfrac{7\,300x}{100-x}=29\,200$(元),即清除污染成分的 80%,需要费用 $29\,200$ 元.

(2) $\lim\limits_{x\to 100^-}C(x)=\lim\limits_{x\to 100^-}\dfrac{7\,300x}{100-x}=+\infty$,即不能 100% 地清除污染.

要注意 $x\to x_0$ 意味着同时考虑 $x\to x_0^+$ 与 $x\to x_0^-$,可以得到下面的定理:

定理 2-2 $\lim\limits_{x\to x_0}f(x)=A$ 的充分必要条件是 $\lim\limits_{x\to x_0^-}f(x)=\lim\limits_{x\to x_0^+}f(x)=A$.

由于分段函数在分段点 x_0 的两侧往往有不同的函数表达式,因此在讨论分段函数 $f(x)$ 当 $x\to x_0$ 时的极限时,常常需要先讨论函数点 x_0 的左、右极限,然后利用函数极限与函数左右极限的关系判定函数的极限是否存在.

【例 2-9】 讨论函数

$$f(x)=\begin{cases} x^2+1, & x<0 \\ 1-x, & 0\leqslant x<1 \\ x, & x>1 \end{cases}$$

当 $x\to 0$ 和 $x\to 1$ 时的极限.

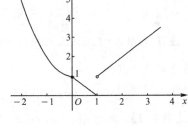

图 2-13

解 因为 $\lim\limits_{x\to 0^-}f(x)=\lim\limits_{x\to 0^-}(x^2+1)=1$,

$\lim\limits_{x\to 0^+}f(x)=\lim\limits_{x\to 0^+}(1-x)=1$,所以 $\lim\limits_{x\to 0}f(x)=1$;因为

$\lim\limits_{x\to 1^-}f(x)=\lim\limits_{x\to 1^-}(1-x)=0$,$\lim\limits_{x\to 1^+}f(x)=\lim\limits_{x\to 1^+}x=1$,所以 $\lim\limits_{x\to 1}f(x)$ 不存在.(图 2-13)

技能训练 2-1

一、基础题

1.观察下列数列的变化趋势,若有极限,写出它们的极限:

(1)$x_n=2+\dfrac{1}{2^n}$;   (2)$x_n=(-1)^n\dfrac{1}{n}$;   (3)$x_n=\dfrac{1}{\sqrt{n+1}}$.

2.函数 $f(x)$ 由图 2-14 给出,求下列函数值和极限:

(1)$f(-3)$;   (2)$\lim\limits_{x\to -3}f(x)$;

(3)$f(-1)$;   (4)$\lim\limits_{x\to -1}f(x)$;

(5)$f(1)$;   (6)$\lim\limits_{x\to 1^-}f(x)$;

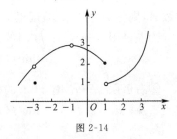

图 2-14

$(7) \lim\limits_{x \to 1^+} f(x)$；　　　　$(8) \lim\limits_{x \to 1} f(x)$.

3.已知函数 $f(x) = \begin{cases} x-2, & x<0 \\ 0, & x=0 \\ x+2, & x>0 \end{cases}$，讨论函数 $f(x)$ 当 $x \to 0$ 时的极限.

二、应用题

1.【洗涤效果分析】洗衣机的洗衣过程为以下几次循环:加水—漂洗—脱水.假设洗衣机每次加水量为 C(单位:L),衣物的污物质量为 A(单位:kg),衣物脱水后含水量为 m(单位:kg),问:经过 n 次循环后,衣物的污物浓度为多少(污物浓度为污物的质量与水量之比)? 能否 100% 地清除污物? (提示:洗涤第 1、2 次后污物浓度为 $\rho_1 = \dfrac{A}{C}, \rho_2 = \dfrac{\rho_1 m}{C+m}$,洗涤 n 次以后污物浓度为 $\rho_n = \dfrac{\rho_{n-1} m}{C+m}$).

2.图 2-15 的第一个(最大)三角形是边长为 1 的等边三角形,第二个三角形的顶点为第一个三角形各边的中点,$\cdots$,依次下去,写出第 n 个三角形的面积 S_n 的表达式,并计算 $\lim\limits_{n \to \infty} S_n$.

3.用极限思想方法计算单位圆周长.

图 2-15

2.2　无穷小量与无穷大量

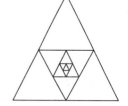

没有任何问题可以像无穷那样深深触动人的情感,很少有别的观念能像无穷那样激励理智产生富有成果的思想,然而也没有任何其他的概念能像无穷那样需要加以阐明.

——希尔伯特(David Hilbert,1982~1943)

2.2.1　无穷小量

引例 2-2　【弹球模型】

一只球从 100 m 的高空掉下,每次弹回的高度为上次高度的 $\dfrac{2}{3}$.这样一直运动下去,用球第 $1,2,\cdots,n,\cdots$ 次的高度来表示球的运动规律.

预备知识:无穷小量,无穷小量的性质.

1.无穷小量的概念

定义 2-5　【无穷小量】　在自变量 x 的某一变化过程中,函数 $f(x)$ 的绝对值越来越小,极限为零,即 $\lim f(x) = 0$,则称 $f(x)$ 为自变量 x 这一变化过程中的**无穷小量**,简称**无穷小**.

因为 $\lim\limits_{x\to\infty}\dfrac{1}{x}=0,\lim\limits_{x\to\infty}\dfrac{1}{x^2-x+1}=0$，所以 $\dfrac{1}{x}$、$\dfrac{1}{x^2-x+1}$ 都是 $x\to\infty$ 时的无穷小量；

因为 $\lim\limits_{x\to0}x^2=0,\lim\limits_{x\to0}\sin x=0,\lim\limits_{x\to0}(1-\cos x)=0$，所以 x^2、$\sin x$、$1-\cos x$ 都是 $x\to0$ 时的无穷小量；

因为 $\lim\limits_{x\to1}\ln x=0,\lim\limits_{x\to1}(x-1)=0$，所以 $\ln x$、$x-1$ 都是 $x\to1$ 时的无穷小量.

注意："无穷小"表示以零为极限的量，即绝对值越来越小的量，不能与"很小的数"混淆，例如：$10^{-1\,000}$ 绝对值很小，离 0 很近，但是它不以零为极限，所以不是无穷小量. 显然，零是唯一可以作为无穷小量的常数.

案例 2-7 【残留在餐具上的洗涤剂】 洗刷餐具时要使用洗涤剂,漂洗次数越多,餐具上残留的洗涤剂就越少,当清洗次数无限增多时,餐具上残留的洗涤剂就趋于零. 当然,为了保护您的身体健康,健康专家建议我们少用或者最好不使用洗涤剂.

【例 2-10】 讨论自变量 x 在怎样的变化过程中,下列函数为无穷小量.

(1) $y=3x+1$；　　　　(2) $y=\dfrac{1}{x+2}$；　　　　(3) $y=2^x$.

解　(1) 因为 $\lim\limits_{x\to-\frac{1}{3}}(3x+1)=0$，所以当 $x\to-\dfrac{1}{3}$ 时,$3x+1$ 为无穷小量；

(2) 因为 $\lim\limits_{x\to\infty}\dfrac{1}{x+2}=0$，所以当 $x\to\infty$ 时,$\dfrac{1}{x+2}$ 为无穷小量；

(3) 因为 $\lim\limits_{x\to-\infty}2^x=0$，所以当 $x\to-\infty$ 时,2^x 为无穷小量.

2. 无穷小的性质

性质 1　有限个无穷小的代数和是无穷小.

例如,$x\to0$ 时,x 和 $\sin x$ 都是无穷小量,故 $x+\sin x$ 也是无穷小量.

性质 2　有限个无穷小的乘积是无穷小量.

例如,$x\to0$ 时,x 和 $\sin x$ 都是无穷小量,故 $x\cdot\sin x$ 也是无穷小量.

性质 3　无穷小与有界函数之积是无穷小量.

【思考题】　(1) 无限个无穷小的代数和仍是无穷小吗？

(2) 无限个无穷小的乘积仍是无穷小吗？

(3) 两个无穷小的商仍是无穷小吗？

【例 2-11】　求 $\lim\limits_{x\to0}x\cdot\sin\dfrac{1}{x}$.

解　$x\to0$ 时,x 为无穷小量,又因为 $\left|\sin\dfrac{1}{x}\right|\leqslant1$，即 $\sin\dfrac{1}{x}$ 为有界函数,由性质 3 可知 $x\cdot\sin\dfrac{1}{x}$ 仍为 $x\to0$ 时的无穷小量,即 $\lim\limits_{x\to0}x\cdot\sin\dfrac{1}{x}=0$.

引例 2-2【弹球模型】的分析与求解

分析　一只球从 100 m 的高空掉下,每次弹回的高度为上次高度的 $\dfrac{2}{3}$. 这样一直运动下去,用球第 $1,2,\cdots,n,\cdots$ 次的高度来表示球的运动规律,得到数列

$$100,100\times\dfrac{2}{3},100\times\left(\dfrac{2}{3}\right)^2,\cdots,100\times\left(\dfrac{2}{3}\right)^{n-1},\cdots\quad 或\quad\left\{100\times\left(\dfrac{2}{3}\right)^{n-1}\right\}.$$

解 此数列为公比小于 1 的等比数列,其极限为

$$\lim_{n\to\infty}100\times\left(\frac{2}{3}\right)^{n-1}=0$$

即当弹回次数 n 无限增大时,球弹回的高度无限接近于 0.

2.2.2 无穷大量

引例 2-3 【速度问题】

一个人开汽车从 A 地出发,以 30 km/h 的速度到达 B 地,问他从 B 地回到 A 地的速度要达到多少时,才能使得往返路程的平均速度为 60 km/h?

预备知识:无穷大量,无穷小量与无穷大量的关系.

1. 无穷大量的概念

定义 2-6 【无穷大量】 在自变量 x 的某一变化过程中,函数 $f(x)$ 的绝对值无限增大,则称 $f(x)$ 为自变量 x 这一变化过程中的**无穷大量**,简称**无穷大**.

注意:无穷大量表示绝对值无限增大的变量,它是极限不存在的一种情形,我们借用极限的记号 $\lim\limits_{x\to x_0}f(x)=\infty$ 来表示"当 $x\to x_0$ 时,$f(x)$ 是无穷大量".

由无穷大的定义可知,$-x^2$ 是 $x\to\infty$ 时的负无穷大量;$\ln x$ 是 $x\to+\infty$ 时的正无穷大量;$\dfrac{1}{x-1}$ 是 $x\to1$ 时的无穷大量.

【例 2-12】 讨论自变量 x 在怎样的变化过程中,下列函数为无穷大量.

(1)$y=3x+1$;   (2)$y=\dfrac{1}{x+2}$;   (3)$y=2^x$;   (4)$y=\ln x$.

解 (1)因为 $\lim\limits_{x\to\infty}(3x+1)=\infty$,所以当 $x\to\infty$ 时,$3x+1$ 为无穷大量;

(2)因为 $\lim\limits_{x\to-2}\dfrac{1}{x+2}=\infty$,所以当 $x\to-2$ 时,$\dfrac{1}{x+2}$ 为无穷大量;

(3)因为 $\lim\limits_{x\to+\infty}2^x=+\infty$,所以当 $x\to+\infty$ 时,2^x 为无穷大量.

(4)因为 $\lim\limits_{x\to0^+}\ln x=-\infty$,$\lim\limits_{x\to+\infty}\ln x=+\infty$,所以当 $x\to0^+$ 时,$\ln x$ 为负无穷大量;当 $x\to+\infty$ 时,$\ln x$ 为正无穷大量.

2. 无穷小和无穷大的关系

无穷小和无穷大在一定条件下能相互转换,它们有以下关系:

定理 2-3 在自变量的同一变化过程中,若 $f(x)$ 是无穷大,则 $\dfrac{1}{f(x)}$ 为无穷小;反之,若 $f(x)(x\neq0)$ 是无穷小,则 $\dfrac{1}{f(x)}$ 为无穷大.

例如:$\lim\limits_{x\to0}x=0$,则有 $\lim\limits_{x\to0}\dfrac{1}{x}=\infty$,即 x 为 $x\to0$ 时的无穷小量,而 $\dfrac{1}{x}$ 为 $x\to0$ 时的无穷大量.

【思考题】 有人说 $y=\dfrac{1}{x}$ 是无穷大量,也有人说 $y=\dfrac{1}{x}$ 是无穷小量,对不对?为什么?

引例 2-3【速度问题】的分析和求解

分析　假设 A、B 两地的距离为 s,从 B 地到 A 地的速度为 v,往返的平均速度为 $\bar{v}$,根据条件,他从 A 地到 B 地的时间 t_1 以及从 B 地回到 A 地的时间 t_2 分别为

$$t_1 = \frac{s}{30}, \quad t_2 = \frac{s}{v}$$

往返路程所花费的时间一共为

$$t_1 + t_2 = \frac{s}{30} + \frac{s}{v}$$

则他往返 A、B 两地的平均速度为

$$\bar{v} = \frac{2s}{t_1 + t_2} = \frac{2s}{\dfrac{s}{30} + \dfrac{s}{v}}$$

解　由于往返路程的距离为 $2s$,而平均速度要达到 60 km/h,然而由 A 地到 B 地的速度是 30 km/h,所以 $v > 60$.

经过计算不难发现,只有当 $v \to +\infty$ 时,才可能有

$$\lim_{v \to +\infty} \frac{2s}{\dfrac{s}{30} + \dfrac{s}{v}} = 60$$

所以这是做不到的.

技能训练 2-2

一、基础题

1. 下列叙述是否正确,说明理由.

(1)一纳米是一米的十亿分之一(即 10^{-9} 米),则一纳米是无穷小;

(2)无穷小是零;

(3)零是唯一可作为无穷小的常数;

(4)无穷小是以零为极限的变量.

2. 当 $x \to 0$ 时,下列变量中哪些是无穷小量:

(1)$\dfrac{x}{x+1}$; 　　(2)$(x-1)(x-2)$; 　　(3)$2^x - 1$; 　　(4)$\dfrac{\sin x}{x} - 1$.

3. 函数 $f(x) = \dfrac{x+1}{x-1}$ 在什么变化过程中是无穷小量? 又在什么变化过程中是无穷大量?

二、应用题

1.【放射物衰减】一放射性材料的衰减模型为 $N = 100 \mathrm{e}^{-0.026t}$(单位:mg).求:

(1)该放射性材料最初有多少?

(2)衰减 10% 所需要的时间?

(3)给出 $t \to +\infty$ 时的衰减规律?

2.【水箱中盐的浓度】一水箱中装有 5 000 L 的纯水,每升含盐 30 g 的盐水以

25 L/min的速度注入这水箱,求 t min时水箱中盐的浓度.并分析当 $t \to +\infty$ 时水箱中盐的浓度有何变化?

2.3　极限运算

2.3.1　极限的四则运算法则

定理 2-4　【极限的四则运算法则】　若在同一变化过程中, $\lim_{\cdots} f(x) = A$, $\lim_{\cdots} g(x) = B$,则

(1) $\lim_{\cdots}[f(x) \pm g(x)] = \lim_{\cdots} f(x) \pm \lim_{\cdots} g(x) = A \pm B$;

(2) $\lim_{\cdots}[f(x) \cdot g(x)] = \lim_{\cdots} f(x) \cdot \lim_{\cdots} g(x) = A \cdot B$;

推论 1　$\lim_{\cdots} kf(x) = k \lim_{\cdots} f(x) = kA$ (k 为常数).

推论 2　$\lim_{\cdots}[f(x)]^n = [\lim_{\cdots} f(x)]^n = A^n$ (n 为自然数).

(3) $\lim_{\cdots} \dfrac{f(x)}{g(x)} = \dfrac{\lim_{\cdots} f(x)}{\lim_{\cdots} g(x)} = \dfrac{A}{B}$ ($B \neq 0$).

注意:上述极限中的"$\cdots$"表示自变量 $x \to x_0$, $x \to x_0^+$, $x \to x_0^-$, $x \to \infty$, $x \to +\infty$, $x \to -\infty$ 等各种情况.

结论(1)和(2)对于有限个函数的情形也成立.

2.3.2　计算极限的基本方法

【类型 1:直接代入法】　当 $f(x)$ 、$g(x)$ 在 x_0 处连续且有意义时,

$$\lim_{x \to x_0} \frac{f(x)}{g(x)} = \frac{f(x_0)}{g(x_0)} (\lim_{x \to x_0} g(x) = g(x_0) \neq 0);$$

【例 2-13】　计算 $\lim\limits_{x \to 2} \dfrac{x^2 - 3x + 1}{x + 1}$.

解　因为 $\lim\limits_{x \to 2}(x + 1) = 3 \neq 0$,所以根据极限四则运算法则有

$$\lim_{x \to 2} \frac{x^2 - 3x + 1}{x + 1} = \frac{2^2 - 3 \times 2 + 1}{2 + 1} = -\frac{1}{3}.$$

【类型 2:倒数法】　当 $\lim\limits_{\cdots} f(x) \neq 0$,且 $\lim\limits_{\cdots} g(x) = 0$ 时,有 $\lim\limits_{\cdots} \dfrac{f(x)}{g(x)} = \infty$;

【例 2-14】　计算 $\lim\limits_{x \to -1} \dfrac{x^2 - 3x + 1}{x + 1}$.

解　因为 $\lim\limits_{x \to -1}(x + 1) = 0$,所以不能用直接代入法,而 $\lim\limits_{x \to -1} \dfrac{x + 1}{x^2 - 3x + 1} = \dfrac{0}{5} = 0$,由无

穷小与无穷大的关系,可得 $\lim\limits_{x \to -1} \dfrac{x^2-3x+1}{x+1}=\infty$.

【类型 3："$\dfrac{0}{0}$"因式分解法】 当 $\lim\limits_{\cdots} \dfrac{f(x)}{g(x)}$ 为 $\dfrac{0}{0}$ 类型极限,且 $f(x)$ 和 $g(x)$ 为多项式时,可以考虑通过因式分解,找到 $f(x)$ 和 $g(x)$ 共同含有的零因式并消去,再用直接代入法求解.

【例 2-15】 计算 $\lim\limits_{x \to 3} \dfrac{x^2-5x+6}{x^2-4x+3}$.

解 当 $x \to 3$ 时,分子、分母的极限均为零,该极限为"$\dfrac{0}{0}$"未定型,不能采用直接代入法,可将分母因式分解,分子与分母约去零因式 $(x-3)$,再用直接代入法求解.

$$\lim\limits_{x \to 3} \dfrac{x^2-5x+6}{x^2-4x+3} \quad \left(\dfrac{0}{0}型\right)$$
$$=\lim\limits_{x \to 3} \dfrac{(x-3)(x-2)}{(x-3)(x-1)} \quad （因式分解）$$
$$=\lim\limits_{x \to 3} \dfrac{x-2}{x-1} \quad （化为类型1）$$
$$=\dfrac{1}{2}$$

【类型 4："$\dfrac{0}{0}$"有理化法】 当 $\lim\limits_{\cdots} \dfrac{f(x)}{g(x)}$ 为 $\dfrac{0}{0}$ 类型极限,且 $f(x)$ 或 $g(x)$ 含有根式时,可以考虑通过"有理化"找出隐含的零因式,然后将分子、分母中的零因式消去,再用直接代入法求解.

【例 2-16】 计算 $\lim\limits_{x \to 4} \dfrac{x-4}{\sqrt{x}-2}$.

解 当 $x \to 4$ 时,分子、分母的极限均为零,该极限为"$\dfrac{0}{0}$"未定型,不能采用直接代入法,可将分母中的无理式进行有理化,分子、分母同乘有理化因式 $(\sqrt{x}+2)$,

$$\lim\limits_{x \to 4} \dfrac{x-4}{\sqrt{x}-2} \quad \left(\dfrac{0}{0}型\right)$$
$$=\lim\limits_{x \to 4} \dfrac{(x-4)(\sqrt{x}+2)}{(\sqrt{x}-2)(\sqrt{x}+2)} \quad （分母有理化）$$
$$=\lim\limits_{x \to 4} \dfrac{(x-4)(\sqrt{x}+2)}{x-4} \quad （隐含的零因式 (x-4) 通过有理化显现）$$
$$=\lim\limits_{x \to 4} (\sqrt{x}+2) \quad （化为类型1）$$
$$=4$$

【类型 5："$\dfrac{\infty}{\infty}$"无穷小因子析出法】 当

$$\lim\limits_{x \to \infty} \dfrac{f(x)}{g(x)}=\lim\limits_{x \to \infty} \dfrac{a_m x^m + a_{m-1} x^{m-1} + \cdots + a_1 x + a_0}{b_n x^n + b_{n-1} x^{n-1} + \cdots + b_1 x + b_0}$$

为"$\dfrac{\infty}{\infty}$"类型极限时,分子、分母同时除以分母的最高次幂 x^n,再利用无穷小求极限.

【例 2-17】　计算 $\lim\limits_{x\to\infty}\dfrac{4x^2-x+1}{3x^2-4x+1}$.

解　当 $x\to\infty$ 时,分子、分母均趋于 ∞,这时极限为"$\dfrac{\infty}{\infty}$"未定型,不能采用直接代入法,可以分子、分母同时除以分母的最高次幂 x^2,再计算.

$$\lim\limits_{x\to\infty}\frac{4x^2-x+1}{3x^2-4x+1}=\lim\limits_{x\to\infty}\frac{4-\dfrac{1}{x}+\dfrac{1}{x^2}}{3-\dfrac{4}{x}+\dfrac{1}{x^2}}=\frac{4}{3}.$$

【例 2-18】　计算 $\lim\limits_{x\to\infty}\dfrac{4x^3-x+1}{3x^2-4x+1}$.

解　当 $x\to\infty$ 时,分子、分母均趋于 ∞,这时极限为"$\dfrac{\infty}{\infty}$"未定型,不能采用直接代入法,可以分子、分母同时除以分母的最高次幂 x^2,再计算.

$$\lim\limits_{x\to\infty}\frac{4x^3-x+1}{3x^2-4x+1}=\lim\limits_{x\to\infty}\frac{4x-\dfrac{1}{x}+\dfrac{1}{x^2}}{3-\dfrac{4}{x}+\dfrac{1}{x^2}}=\infty.$$

【类型 6:"$\dfrac{\infty}{\infty}$"抓大放小法】　当 $x\to\infty$ 时,

$$\lim\limits_{x\to\infty}\frac{f(x)}{g(x)}=\lim\limits_{x\to\infty}\frac{a_mx^m+a_{m-1}x^{m-1}+\cdots+a_1x+a_0}{b_nx^n+b_{n-1}x^{n-1}+\cdots+b_1x+b_0}$$

为"$\dfrac{\infty}{\infty}$"类型极限,根据"抓大放小"思想,则有

$$\lim\limits_{x\to\infty}\frac{f(x)}{g(x)}=\lim\limits_{x\to\infty}\frac{a_mx^m}{b_nx^n}=\begin{cases}0, & m<n\\[2mm]\dfrac{a_m}{b_n}, & m=n\\[2mm]\infty, & m>n\end{cases}$$

【例 2-19】　计算 $\lim\limits_{x\to\infty}\dfrac{4x^2-x+1}{3x^2-4x+1}$.

解　当 $x\to\infty$ 时,分子、分母均趋于 ∞,这时极限为"$\dfrac{\infty}{\infty}$"未定型,利用"抓大放小"思想,得

$$\lim\limits_{x\to\infty}\frac{4x^2-x+1}{3x^2-4x+1}=\lim\limits_{x\to\infty}\frac{4x^2}{3x^2}=\frac{4}{3}.$$

【例 2-20】　计算 $\lim\limits_{x\to\infty}\dfrac{4x^3-x+1}{3x^2-4x+1}$.

解　当 $x\to\infty$ 时,分子、分母均趋于 ∞,这时极限为"$\dfrac{\infty}{\infty}$"未定型,利用"抓大放小"思想,得

$$\lim_{x\to\infty}\frac{4x^3-x+1}{3x^2-4x+1}=\lim_{x\to\infty}\frac{4x^3}{3x^2}=\lim_{x\to\infty}\frac{4x}{3}=\infty.$$

【类型 7：重要极限公式 1】　$\lim\limits_{x\to0}\dfrac{\sin x}{x}=1\left(\dfrac{0}{0}\text{型}\right)$（图 2-16）

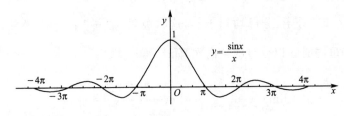

图 2-16

重要极限公式 1 的运算模式：当 $\lim\limits_{x\to*}\square=0$ 时，$\lim\limits_{x\to*}\dfrac{\sin\square}{\square}=1$.

注意：当 $x\to0$ 时，$\dfrac{\sin x}{x}$ 呈"$\dfrac{0}{0}$"的极限结构，因此重要极限公式 1 常用来求"$\dfrac{0}{0}$"型并含有三角函数的极限.

【例 2-21】　计算 $\lim\limits_{x\to0}\dfrac{\tan x}{x}$.

解　$\lim\limits_{x\to0}\dfrac{\tan x}{x}=\lim\limits_{x\to0}\dfrac{\sin x}{\cos x}\cdot\dfrac{1}{x}=\lim\limits_{x\to0}\dfrac{\sin x}{x}\cdot\lim\limits_{x\to0}\dfrac{1}{\cos x}=1.$

【例 2-22】　计算 $\lim\limits_{x\to0}\dfrac{\sin2x}{x}$.

解　$\lim\limits_{x\to0}\dfrac{\sin2x}{x}=2\lim\limits_{x\to0}\dfrac{\sin2x}{2x}=2\times1=2.$

【例 2-23】　计算 $\lim\limits_{x\to0}\dfrac{1-\cos x}{x^2}$.

解　$\lim\limits_{x\to0}\dfrac{1-\cos x}{x^2}=\lim\limits_{x\to0}\dfrac{2\sin^2\dfrac{x}{2}}{x^2}=\dfrac{1}{2}\lim\limits_{x\to0}\left(\dfrac{\sin\dfrac{x}{2}}{\dfrac{x}{2}}\right)^2=\dfrac{1}{2}.$

【思考题】　下列极限你能用无穷小与无穷大的概念、性质及极限公式解释清楚吗？

(1) $\lim\limits_{x\to0}\dfrac{\sin x}{x}$；　　(2) $\lim\limits_{x\to\infty}\dfrac{\sin x}{x}$；　　(3) $\lim\limits_{x\to0}x\sin\dfrac{1}{x}$；　　(4) $\lim\limits_{x\to\infty}x\sin\dfrac{1}{x}$.

【类型 8：重要极限公式 2】　$\lim\limits_{x\to\infty}\left(1+\dfrac{1}{x}\right)^x=\mathrm{e}(1^\infty\text{型})$（图 2-17）

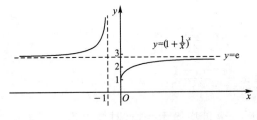

图 2-17

其中, e 是无理数, 其值为 e＝2.718 28….

注意: 当 $x \to \infty$ 时, $\left(1+\dfrac{1}{x}\right)^{x}$ 呈 "1^{∞}" 的极限结构, 因此重要极限公式 2 常用来求 "1^{∞}" 型幂指函数的极限.

重要极限公式 2 的运算模式: $\lim\limits_{\square \to \infty}\left(1+\dfrac{1}{\square}\right)^{\square}=e$, $\lim\limits_{\square \to 0}(1+\square)^{\frac{1}{\square}}=e$.

【例 2-24】 计算 $\lim\limits_{x \to \infty}\left(1+\dfrac{1}{2x}\right)^{3x}$.

解　根据同底数幂的乘法公式 $a^{mn}=(a^m)^n$, 则有

$$\lim\limits_{x \to \infty}\left(1+\dfrac{1}{2x}\right)^{3x}=\lim\limits_{x \to \infty}\left[\left(1+\dfrac{1}{2x}\right)^{2x}\right]^{\frac{3}{2}}=e^{\frac{3}{2}}.$$

【例 2-25】 计算 $\lim\limits_{x \to \infty}\left(1+\dfrac{1}{2x}\right)^{3x+4}$.

解　根据同底数幂的乘法公式 $a^{m+n}=a^m \cdot a^n$, 则有

$$\begin{aligned}\lim\limits_{x \to \infty}\left(1+\dfrac{1}{2x}\right)^{3x+4}&=\lim\limits_{x \to \infty}\left(1+\dfrac{1}{2x}\right)^{3x} \cdot \left(1+\dfrac{1}{2x}\right)^{4}\\&=\lim\limits_{x \to \infty}\left[\left(1+\dfrac{1}{2x}\right)^{2x}\right]^{\frac{3}{2}}\lim\limits_{x \to \infty}\left(1+\dfrac{1}{2x}\right)^{4}\\&=e^{\frac{3}{2}} \times 1=e^{\frac{3}{2}}.\end{aligned}$$

【例 2-26】 计算 $\lim\limits_{x \to 0}(1-3x)^{\frac{2}{x}}$.

解　$\lim\limits_{x \to 0}(1-3x)^{\frac{2}{x}}=\lim\limits_{x \to 0}\left[1+(-3x)\right]^{-\frac{1}{3x} \cdot (-6)}=e^{-6}.$

【类型 9: 等价无穷小】　若 $f(x)$ 和 $g(x)$ 为在 x 的某一变化过程中的无穷小量, 即 $\lim\limits_{\cdots}f(x)=0$、$\lim\limits_{\cdots}g(x)=0$, 且有 $\lim\limits_{\cdots}\dfrac{f(x)}{g(x)}=1$, 则称 $f(x)$ 和 $g(x)$ 为在 x 的这一变化过程中的等价无穷小量, 记作 $f(x) \sim g(x)$.

当 $x \to 0$ 时, 有 $\sin x \sim x$, $\tan x \sim x$, $e^x-1 \sim x$, $\ln(1+x) \sim x$, $1-\cos x \sim \dfrac{x^2}{2}$ 等等, 等价无穷小可以简化某些复杂极限的运算.

【例 2-27】 计算 $\lim\limits_{x \to 0}\dfrac{(e^{2x}-1) \cdot \ln(1+3x)}{x \cdot \tan x}$ 的值.

解　当 $x \to 0$ 时, $e^{2x}-1 \sim 2x$, $\ln(1+3x) \sim 3x$, $\tan x \sim x$, 所以

$$\lim\limits_{x \to 0}\dfrac{(e^{2x}-1) \cdot \ln(1+3x)}{x \cdot \tan x}=\lim\limits_{x \to 0}\dfrac{2x \cdot 3x}{x \cdot x}=6.$$

▧ 技能训练 2-3

基础题

求下列极限:

(1) $\lim\limits_{x \to 1}(x^2-2x+3)$;　　　　(2) $\lim\limits_{x \to 1}\dfrac{x-1}{x+1}$;　　　　(3) $\lim\limits_{x \to 1}\dfrac{x+1}{x-1}$;

$(4) \lim\limits_{x \to 1} \dfrac{x^2 - 3x + 2}{x^2 - 1}$;

$(5) \lim\limits_{x \to 9} \dfrac{\sqrt{x} - 3}{x^2 - 10x + 9}$;

$(6) \lim\limits_{x \to \infty} \dfrac{4x^2 - 2x + 1}{2x^2 - 1}$;

$(7) \lim\limits_{x \to \infty} \dfrac{3x^2 - x + 2}{4x + 1}$;

$(8) \lim\limits_{x \to \infty} \dfrac{2x^2 + x - 1}{3x^3 - 1}$;

$(9) \lim\limits_{x \to \infty} \dfrac{\sin 5x}{2x}$;

$(10) \lim\limits_{x \to 0} \dfrac{\sin 4x}{\sin 3x}$;

$(11) \lim\limits_{x \to 1} \dfrac{\sin(x - 1)}{x^2 - 1}$;

$(12) \lim\limits_{x \to 0} \dfrac{1 - \cos 2x}{x \sin x}$;

$(13) \lim\limits_{x \to 0} \dfrac{x - \sin x}{x + \sin x}$;

$(14) \lim\limits_{x \to \infty} \left(1 + \dfrac{2}{x}\right)^{x + 3}$;

$(15) \lim\limits_{x \to \infty} \left(1 - \dfrac{2}{x}\right)^{3x}$;

$(16) \lim\limits_{x \to 0} (1 + 2x)^{\frac{3}{x}}$;

$(17) \lim\limits_{x \to 0} \left(\dfrac{3 + x}{3}\right)^{\frac{2}{x}}$;

$(18) \lim\limits_{x \to 0} \dfrac{\sin^2 3x \cdot \ln^2(1 + 2x)}{x^3 \cdot \tan 5x}$.

2.4　函数的连续性

现实生活中有许多的量都是连续变化的,即不间断,如物体运动的路程、气温的变化等,这些现象反映在数学上就是函数的连续性.在经济领域中,许多变量的变化都不是连续的.例如,产品的生产和销售,成本、效用、价格、价值、利率、商品量、生产量、产值、利润、消费量等.但研究它们的性质需要借助于函数,这种性质反映在数学上就是函数的连续性.

引例 2-4 【身高增长】

人的身高 h 是时间 t 的函数 $h(t)$,而且 h 随着 t 连续变化.事实上,当时间 t 的变化很微小时,人的高度 h 的变化也是很微小的.即当 $\Delta t \to 0$ 时,$\Delta h \to 0$.

预备知识:函数 $f(x)$ 在点 x_0 处连续.

2.4.1　自变量的增量

定义 2-7 【自变量的增量】　设自变量 x 从初值 x_0 变化到终值 $x_0 + \Delta x$,终值与初值的差是 Δx,记为自变量 x 的增量.

注意:增量 Δx 可以是正的,也可以是负.当增量 Δx 为正时,自变量 x 从 x_0 变化到 $x_0 + \Delta x$ 是增大的;当 Δx 为负时,x 从 x_0 变化到 $x_0 + \Delta x$ 是减小的.

2.4.2　函数的增量

定义 2-8 【函数的增量】　设函数 $f(x)$ 在点 x_0 的 δ 邻域 $U(x_0, \delta)$ 内有定义,自变量 x 在 x_0 有增量 Δx,函数 $f(x)$ 相应的改变量是 $f(x_0 + \Delta x) - f(x_0)$,称为函数 $f(x)$ 的增量,记为 Δy.

【例 2-28】　设函数 $y = x^2$,求 Δy 及 $\Delta y \Big|_{x_0 = 2, \Delta x = 0.1}$.

解　$\Delta y = f(x+\Delta x) - f(x) = (x+\Delta x)^2 - x^2 = 2x \cdot \Delta x + (\Delta x)^2$，

当 $x_0 = 2, \Delta x = 0.1$ 时，$\Delta y = 2 \times 2 \times 0.1 + (0.1)^2 = 0.41$.

2.4.3　点连续的概念

定义 2-9　**【连续的定义】**　设函数 $f(x)$ 在点 x_0 的 δ 邻域 $U(x_0, \delta)$ 内有定义，若当自变量 x 的增量 $\Delta x = x - x_0$ 趋于零时，对应的函数增量 Δy 也趋于零，即

$$\lim_{\Delta x \to 0} \Delta y = \lim_{\Delta x \to 0} [f(x_0 + \Delta x) - f(x_0)] = 0$$

则称函数 $f(x)$ 在点 x_0 处连续，或称 x_0 是 $f(x)$ 的一个连续点.

2.4.4　点连续的另一个定义

【例 2-29】　分别考察在 $x \to 1$ 时，下列三个函数的极限情况.

$$f(x) = \frac{x^2-1}{x-1}, g(x) = \begin{cases} x+1, & x \neq 1 \\ 0.5, & x = 1 \end{cases}, h(x) = \frac{1}{(1-x)^2}$$

解　如图 2-18～图 2-20 所示，易知

$\lim\limits_{x \to 1} f(x) = \lim\limits_{x \to 1} \dfrac{x^2-1}{x-1} = 2$，而 $f(1)$ 不存在；

$\lim\limits_{x \to 1} g(x) = 2 \neq g(1) = 0.5$；

$\lim\limits_{x \to 1} h(x) = \infty$，且 $h(1)$ 不存在.

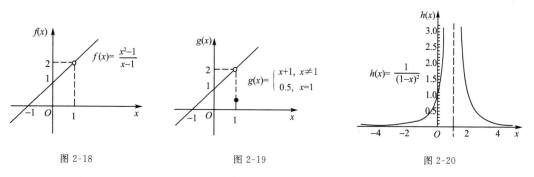

图 2-18　　　　　　　　图 2-19　　　　　　　　图 2-20

定义 2-10　**【$f(x)$ 在点 x_0 处连续】**　若 $\lim\limits_{x \to x_0} f(x)$ 存在，并且等于函数值 $f(x_0)$，即

$$\lim_{x \to x_0} f(x) = f(x_0)$$

则称函数 $f(x)$ 在点 x_0 处连续，称 x_0 为 $f(x)$ 的**连续点**. 否则称函数 $f(x)$ 在点 $x = x_0$ 处间断，并称 x_0 为 $f(x)$ 的**间断点**.

根据定义 2-10，例 2-29 中的三个函数在 $x = x_0$ 处都不连续.

注意：根据连续的定义，函数 $f(x)$ 在点 x_0 处连续，必须满足三个条件：

① $f(x)$ 在点 x_0 有定义，且 $f(x_0)$ 存在；

② $f(x)$ 在 x_0 极限存在，即 $\lim\limits_{x \to x_0} f(x) = A$；

③$\lim\limits_{x \to x_0} f(x) = f(x_0)$.

定义 2-11 【左（右）连续】　若 $\lim\limits_{x \to x_0^-} f(x)$（或 $\lim\limits_{x \to x_0^+} f(x)$）存在，并且等于函数值 $f(x_0)$，即

$$\lim_{x \to x_0^-} f(x) = f(x_0)（或 \lim_{x \to x_0^+} f(x) = f(x_0)）$$

则称函数 $f(x)$ 在点 x_0 处**左（右）连续**.

【例 2-30】 考察函数 $f(x) = \begin{cases} x^2, & x \geq 0 \\ x+1, & x < 0 \end{cases}$ 在 $x = 0$ 处的连续性.

解　$\lim\limits_{x \to 0^-}(x+1) = 1 \neq f(0)$，所以函数 $f(x)$ 在 $x = 0$ 处不满足左连续；

$\lim\limits_{x \to 0^+} x^2 = 0 = f(0)$，所以函数 $f(x)$ 在 $x = 0$ 处满足右连续.

2.4.5　连续区间

定义 2-12 【连续区间】

(1) $f(x)$ 在 (a, b) 内连续：若函数 $f(x)$ 在区间 (a, b) 内的每一点处都连续，则称函数 $f(x)$ 在 (a, b) 内连续；

(2) $f(x)$ 在 $[a, b]$ 内连续：若函数 $f(x)$ 在区间 (a, b) 内连续，同时在左端点 a 处右连续，在右端点 b 处左连续，则称函数 $f(x)$ 在 $[a, b]$ 上连续.

如果函数 $f(x)$ 在上述区间连续，则称该区间为函数 $f(x)$ 的连续区间.

注意：【函数的连续性的几何描述】假设函数 $y = f(x)$ 在区间 $[a, b]$ 上连续，则 $y = f(x)$ 在 $[a, b]$ 上的图像是一条连绵不断、没有间断点的曲线.

2.4.6　初等函数的连续性

定理 2-5　一切初等函数在其定义域内都连续.

注意：函数 $f(x)$ 在点 x_0 处连续，则有 $\lim\limits_{x \to x_0} f(x) = f(x_0) = f(\lim x)$. 这表明，对于连续函数 $f(x)$ 而言，函数符号 f 与极限符号 lim 可以交换位置. 因此，当我们求初等函数在其定义区间内某点的极限时，只需要求该点的函数值即可. 这一点在求极限时很有用.

【例 2-31】 求极限 $\lim\limits_{x \to 0} \dfrac{\ln(1+x)}{x}$.

解　$\lim\limits_{x \to 0} \dfrac{\ln(1+x)}{x} = \lim\limits_{x \to 0} \ln(1+x)^{\frac{1}{x}} = \ln\left[\lim\limits_{x \to 0}(1+x)^{\frac{1}{x}}\right] = \ln e = 1$.

2.4.7　闭区间上连续函数的性质

定理 2-6 【最值定理】　若 $f(x)$ 是闭区间 $[a, b]$ 上的连续函数，则 $f(x)$ 在 $[a, b]$ 上一定能取得最大值和最小值.

定理 2-7 【零点定理】 若 $f(x)$ 是闭区间 $[a,b]$ 上的连续函数,且 $f(a)$ 与 $f(b)$ 异号,则至少存在一点 $\xi \in (a,b)$,使得 $f(\xi) = 0$.

技能训练 2-4

基础题

1.画出下列函数图像,观察函数在其分段点处是否连续.

$$(1)\ f(x) = \begin{cases} e^x, & x \geqslant 0 \\ \cos x, & x < 0 \end{cases};$$
$$(2)\ f(x) = \begin{cases} \sqrt{x}, & x \geqslant 0 \\ x^2 + 1, & x < 0 \end{cases}.$$

2.求下列函数的连续区间:

$$(1)\ f(x) = \frac{1}{x^2 - 3x + 2};$$
$$(2)\ f(x) = \begin{cases} x - 2, & x \geqslant 1 \\ 4 - x, & x < 1 \end{cases};$$

$$(3)\ f(x) = \frac{x^2 - 4}{x^2 - 5x + 6};$$
$$(4)\ f(x) = \begin{cases} \dfrac{x^2 - 9}{x - 3}, & x \neq 3 \\ 2, & x = 3 \end{cases}.$$

2.5 经济中的极限问题

资金具有时间价值,资金的时间价值是指资金在生产和流通过程中随着时间推移而产生的增值.经历的时间不同,资金金额的变化也不同,我们可以将某一时点的资金金额折算为其他时点的金额.

2.5.1 计息方式

尽管现在银行还提供大量的其他服务,存贷款业务始终是其基本业务,涉及利息的问题,银行对所有的贷款(loan)业务收取利息,对存款支付利息.

大多数企业和个人在购买某些资产时并不是立刻付清所有款项,而是在之后的某一时间内付清即可,卖方给予买方的这种赊销有时会收取一定的费用,所收取的费用就是利息(interest).如果卖方收取过高的利息,买方就会向包括银行在内的第三方借款,借取的款项称为**本金**;借款方会在借款日和偿还日之间收取利息,这段时间叫作**计息期**,利息是计息期内本金的一个百分比,年利率 10% 是指一年的利息为本金的 10%.

通常一个简单的利息问题包括以下基本量,为方便起见,假定用字母表示如下:I 为利息,P 为本金,i 为利率,n 为计算利息的期数,F 为本金与利息之和,简称**本利和**.

一般情况下,计息方式有单利、复利和连续复利三种计息方式:

1.单利

引例 2-4 【定期存款问题】

小刘将 10 万元存入银行 5 整年,银行 5 年定期存款年利率为 5%,请问 5 年后小刘获得多少利息? 本利和为多少?

预备知识：单利的概念、单利计算公式.

单利（simple interest）是指获利不滚入本金，每次都以原有的本金计利.例如，假定某项投资每年有 10% 的获利，若以单利计算，投资 100 万元，每年可赚 10 万元，十年可以赚 100 万元，多出一倍.

单利的特点是无论存期有多长，利息都不加入本金.单利的基本公式是：

$$利息＝本金×利率×期数，I＝P×i×n$$

$$本利和＝本金＋利息，F＝P(1+in)$$

引例 2-4【定期存款问题】的求解

分析　目前银行关于 1 年或 5 年定期存款采用的计息方式均为单利计息，利息＝本金×利率×期数，本利和＝本金＋利息.

解　利息 $=10^5×0.05×5=25\ 000$，本利和＝本金＋利息 $=100\ 000+25\ 000=125\ 000$.

2. 离散复利

引例 2-5　【银行贷款问题】

银行贷款一般都采用"复利计息法"计算利息.张某从银行贷款 30 万元，贷款期限为 3 年，年利率为 7.81%，如果 3 年后一次性还款，那么张某应偿还银行多少钱？（以元为单位精确到分）

预备知识：复利的概念、复利计算公式.

银行按规定在一定时间结息一次，结息后即将利息并入本金，也就是将前一期的本金与利息的和作为后一期的本金来计算利息，逐期滚动计算，俗称"利滚利"，这种计算方法叫作复利（compound interest）.比如，设某投资年利率 10%，若以复利计算，每年实际赚取的"金额"会不断增加，投资 100 万元，第一年赚 10 万元，第二年赚的却是 110 万元的 10%，即 11 万元，第三年赚的则是 121 万的 10%，即 12.1 万元，以此类推，第十年投资获得的利润是将近 160 万元，增长 1.6 倍，这就是所谓的"复利的魔力".

一般地，复利各期利息及期终本利和如表 2-2 所示.

表 2-2　　　　　　　　复利各期利息及期终本利和表

时间	期初本金	利率	利息	期终本利和
第 1 期	P	i	Pi	$P(1+i)$
第 2 期	$P(1+i)$	i	$P(1+i)i$	$P(1+i)^2$
第 3 期	$P(1+i)^2$	i	$P(1+i)^2i$	$P(1+i)^3$
…	…	i	…	…
第 n 期	$P(1+i)^{n-1}$	i	$P(1+i)^{n-1}i$	$P(1+i)^n$

所以复利的基本公式是：

第 n 期末的本利和 $F=P(1+i)^n$；

第 n 期末的利息 $I=P[(1+i)^n-1]$.

引例 2-5【银行贷款问题】的求解

解　$F=30×(1+7.81\%)^3=30×1.078\ 1^3≈37.592\ 256$（万元）

故张某应偿还银行 37.592 256 万元.

3.连续复利

引例 2-6 【买房贷款问题】

某人要购买一套价值为 80 万元的商品房,自筹 30 万,剩下的需向银行贷款,设贷款期限为 20 年,年利率为 7%,试计算 10 年末还款的本利和.

(1)按每年计息 12 次计算;(2)按连续复利计算.

预备知识:连续复利的概念、连续复利计算公式.

设本金为 P,年利率为 i,每年计息 1 次,则按复利计算的第 n 年末的本利和是 $F=P(1+i)^n$,这是以年为单位计息的复利公式.

如果不按年计息,而把一年均分为 m 期付息,这时每期复利率为 $\dfrac{i}{m}$,n 年共计息 mn 次,所以第 n 年末的本利和为 $F=P\left(1+\dfrac{i}{m}\right)^{mn}$.资金周转过程是不断进行的,计算利息分期越细越合理,假设计息期无限缩短,即计息期数 $m\to\infty$,这样进行计算利息称为**连续复利**,由于

$$\lim_{m\to\infty}P\left(1+\frac{i}{m}\right)^{mn}=P\lim_{m\to\infty}\left[\left(1+\frac{i}{m}\right)^{\frac{m}{i}}\right]^{in}=Pe^{in}.$$

所以用连续复利计息时,第 n 年末的本利和即连续复利公式是

$$F=Pe^{in}.$$

引例 2-6【买房贷款问题】的求解

解　(1)$F=50\times\left(1+\dfrac{7\%}{12}\right)^{12\times20}\approx201.937$;

(2)$F=\lim\limits_{n\to\infty}\left[50\times\left(1+\dfrac{7\%}{n}\right)^{20n}\right]\approx202.76$.

2.5.2　经济中的其他极限应用

案例 2-8 【游戏销售问题】　当推出一种新的电子游戏程序时,在短期内其销售量会迅速增加,然后开始下降,函数关系为 $s(t)=\dfrac{200t}{t^2+100}$,其中 t 为月份.

(1)请计算游戏推出后第 6 个月、第 12 个月和第三年的最末一个月的销售量;

(2)如果要对该产品的长期销售作出预测,请建立相应的表达式,并作出分析.

解　此问题为【本章任务提出】中的任务二,详解请查看【本章任务解决】.

案例 2-9 【产品利润中的极限问题】　已知某厂生产 n 个汽车轮胎的成本为 $C(n)=300+\sqrt{1+n^2}$(元),生产 x 个汽车轮胎的平均成本为 $\dfrac{C(n)}{n}$,当产量很大时,每个轮胎的成本大致为 $\lim\limits_{n\to+\infty}\dfrac{C(n)}{n}$,求这个极限.

解　$\lim\limits_{n\to+\infty}\dfrac{C(n)}{n}=\lim\limits_{n\to+\infty}\dfrac{300+\sqrt{1+n^2}}{n}=\lim\limits_{n\to+\infty}\left(\dfrac{300}{n}+\sqrt{\dfrac{1}{n^2}+1}\right)$

$$= \lim_{n \to +\infty} \frac{300}{n} + \lim_{n \to +\infty} \sqrt{\frac{1}{n^2}+1} = 0 + 1 = 1.$$

技能训练 2-5

应用题

1.某企业向银行贷款 1 000 万元,年复利率 10％,分别以按年结算和连续复利计息两种方式计算 10 年后该企业应偿还的款额.

2.【产品价格预测】设某产品的价格满足 $P(t)=45-10 \times e^{-0.5t}$(单位:元),试对该产品的长期价格作出预测.

本章任务解决

任务一 ［循环贷款问题］

解 设 S 表示投资与再投资的总和,a_n 表示每次投资或再投资(贷款),于是得到一数列:

$$a_1=50, a_2=50 \times 0.75, a_3=50 \times (0.75)^2, \cdots, a_n=50 \times (0.75)^{n-1}, \cdots$$

此数列为一等比数列,且公比 $q=0.75$,故

$$S_n = \frac{a_1(1-q^n)}{1-q} = \frac{50 \times (1-0.75^n)}{1-0.75} = 200 \times (1-0.75^n)$$

因此,该企业共计投资 $S = \lim_{n \to +\infty} S_n = \lim_{n \to +\infty} 200 \times (1-0.75^n) = 200$(万元).

任务二 ［游戏销售问题］

解 $(1)s(6) = \frac{200 \times 6}{6^2+100} = \frac{1200}{136} \approx 8.823\ 5,$

$$s(12) = \frac{200 \times 12}{12^2+100} = \frac{2\ 400}{244} \approx 9.836\ 1,$$

$$s(36) = \frac{200 \times 36}{36^2+100} \approx 5.157\ 6.$$

(2)随着时间的推移,该产品的长期销售量应为时间 $t \to +\infty$ 时的销售量,即为 $\lim_{t \to +\infty} \frac{200t}{t^2+100}$,利用无穷大和无穷小的关系,有

$$\lim_{t \to +\infty} \frac{200t}{t^2+100} = \lim_{t \to +\infty} \frac{200}{t+\frac{100}{t}} = 0.$$

上式说明当时间 $t \to +\infty$ 时,该产品销售量的极限为 0,即购买此游戏的人会越来越少,人们转向购买新的游戏.

任务三 ［连续复利问题］

解 设最初的投资为 P_0 美元

(1)每年支付四次

$$B = P_0 \left(1+\frac{0.09}{4}\right)^{4 \times 10} = 12\ 000 \Rightarrow P_0 = 4\ 927.75$$

（2）连续复利

$$B = P_0 e^{rt} = P_0 e^{0.09 \times 10} = 12\ 000 \Rightarrow P_0 = 4\ 878.84$$

注意：为得到同样的结果，连续复利所需的初始投资比一年四次复利所需投资要小一些。由于连续复利比一年四次复利的年有效收益高，所以这一结果是可以预料的。

本章小结

1. 掌握数列极限和函数极限的概念。极限描述的是一个变量（函数）随着另一个变量变化的趋势，是无限地接近，永远也达不到的状态，要体会极限存在与不存在的状况。

2. 函数极限与左右极限的关系

$$\lim_{x \to x_0} f(x) = A \Leftrightarrow \lim_{x \to x_0^-} f(x) = \lim_{x \to x_0^+} f(x) = A.$$

3. 无穷小量和无穷大量的概念及其关系

（1）无穷小量：绝对值越来越小的量，以零为极限的量；

（2）无穷大量：绝对值越来越大的量；

（3）无穷大量和无穷小量的关系：无穷大量的倒数为无穷小量，不恒为零的无穷小量的倒数为无穷大量。

4. 极限的四则运算法则

设 $\lim f(x) = A$，$\lim g(x) = B$，则

（1）$\lim[f(x) \pm g(x)] = \lim f(x) \pm \lim g(x) = A \pm B$；

（2）$\lim[f(x) \cdot g(x)] = \lim f(x) \cdot \lim g(x) = A \cdot B$；

（3）$\lim \dfrac{f(x)}{g(x)} = \dfrac{\lim f(x)}{\lim g(x)} = \dfrac{A}{B}(B \neq 0)$。

5. 会利用下列方法求极限：

（1）直接代入法；

（2）极限的四则运算；

（3）因式分解；

（4）重要极限；

（5）等价无穷小；

（6）抓大放小；

6. 会利用极限工具解决经济中的极限应用问题。

综合技能训练 2

一、基础题

1. 求下列极限：

（1）$\lim\limits_{x \to 1} \dfrac{x^3 - 2x + 3}{2x^2 + 1}$；

（2）$\lim\limits_{x \to 1} \dfrac{x^3 - 3x^2 + 2x}{x - 1}$；

（3）$\lim\limits_{x \to 1} \dfrac{x^2 - 5x + 4}{x^2 - 1}$；

（4）$\lim\limits_{x \to 2} \dfrac{\sqrt{x} - 4}{x - 2}$；

（5）$\lim\limits_{x \to \infty} \dfrac{x^3 + x^2 + 2x - 1}{5x^3 - 1}$；

（6）$\lim\limits_{x \to \infty} \dfrac{(x-1)^{20}(3x-2)^{10}}{(2x-1)^{30}}$；

$(7) \lim\limits_{x \to \infty} \dfrac{\sin x}{x}$;　　　　$(8) \lim\limits_{x \to \infty} x \sin \dfrac{1}{x}$;　　　　$(9) \lim\limits_{x \to 3} \dfrac{\sin(x-3)}{x^2-9}$;

$(10) \lim\limits_{x \to \infty} \left(1+\dfrac{1}{2x}\right)^{3x+1}$;　　$(11) \lim\limits_{x \to \infty} \left(1-\dfrac{3}{x}\right)^{3x}$;　　$(12) \lim\limits_{x \to \infty} \left(\dfrac{x-2}{x+1}\right)^{x}$.

2. 设函数 $f(x) = \begin{cases} x \sin \dfrac{1}{x} + b, & x < 0 \\ a, & x = 0 \\ \dfrac{\sin x}{x} & x > 0 \end{cases}$，当 a, b 为何值时，$f(x)$ 在 $x=0$ 处极限存在?

二、应用题

1. 【疾病传染】假定某种疾病流行 t 天后，感染的人数 N 由下式给出

$$N = \frac{1\,000\,000}{1+5\,000\mathrm{e}^{-0.1t}},$$

如果不加控制，从长远来看，将会有多少人染上这种病?

2. 已知自由落体运动的路程 s 与时间 t 的关系是 $s = \dfrac{1}{2}gt^2$，

(1) 计算 t 从 3 秒到 3.01 秒这段时间内的平均速度;

(2) 计算 t 从 3 秒到 3.001 秒这段时间内的平均速度;

(3) 计算 t 从 3 秒到 $(3+\Delta t)$ 秒这段时间内的平均速度;

(4) 计算 $\Delta t \to 0$ 时平均速度的极限值，即自由落体在 $t=3$ 秒这一时刻的瞬时速度.

3. 【人口预测】已知某地区时刻 t 的人口数量满足 $N = 200\mathrm{e}^{-2\mathrm{e}^{-0.5t}}$，请预测该地区人口数量的变化趋势.

数学文化视野

哲学角度认识极限法

极限思想在现代数学乃至物理学等学科中有着广泛的应用，这是由它本身固有的思维功能所决定的. 极限思想揭示了变量与常量、无限与有限的对立统一关系，是唯物辩证法的对立统一规律在数学领域中的应用. 借助极限思想，人们可以从有限认识无限，从"不变"认识"变"，从直线形认识曲线形，从量变认识质变，从近似认识精确.

无限与有限有本质的不同，但二者又有联系，无限是有限的发展. 无限个数的和不是一般的代数和，把它定义为"部分和"的极限，就是借助于极限的思想方法，从有限来认识无限.

"变"与"不变"反映了事物运动变化与相对静止两种不同状态，但它们在一定条件下又可相互转化，这种转化是"数学科学的有力杠杆之一". 例如，要求变速直线运动的瞬时速度，用初等方法是无法解决的，困难在于速度是变量. 为此，人们先在小范围内用匀速代替变速，并求其平均速度，把瞬时速度定义为平均速度的极限，就是借助于极限的思想方法，从"不变"来认识"变".

曲线形与直线形有着本质的差异，但在一定条件下也可相互转化，正如恩格斯所说："直线和曲线在微分中终于等同起来了". 善于利用这种对立统一关系是处理数学问题的

重要手段之一. 直线形的面积容易求得, 求曲线形的面积问题用初等的方法是不能解决的. 刘徽用圆内接多边形逼近圆, 一般地, 人们用小矩形的面积来逼近曲边梯形的面积, 都是借助于极限的思想方法, 从直线形来认识曲线形.

量变和质变既有区别又有联系, 两者之间有着辩证的关系. 量变能引起质变, 质和量的互变规律是辩证法的基本规律之一, 在数学研究工作中起着重要作用. 对任何一个圆内接正多边形来说, 当它边数加倍后, 得到的还是内接正多边形, 是量变而不是质变; 但是, 不断地让边数加倍, 经过无限过程之后, 多边形就"变"成圆, 多边形面积便转化为圆面积. 这就是借助于极限的思想方法, 从量变来认识质变.

近似与精确是对立统一关系, 两者在一定条件下也可相互转化, 这种转化是数学应用于实际计算的重要诀窍. 前面所讲到的"部分和""平均速度""圆内接正多边形面积", 分别是相应的"无穷级数和""瞬时速度""圆面积"的近似值, 取极限后就可得到相应的精确值. 这都是借助于极限的思想方法, 从近似来认识精确的.

第3章

经济分析的基本工具——导数、微分

■本章概要

导数(derivative)和微分(differentials)是微积分两大分支之一的微分学中的基本概念.其中,导数反映了函数相对于自变量变化而变化的快慢程度,即函数的变化率.人们可以利用导数这一数学工具来描述事物变化的快慢及解决一系列与之相关的问题.因此,导数在经济学领域也有极其广泛的应用.微分则指当自变量有微小改变时,函数大体上改变了多少.

■学习目标

- 能理解导数与微分的概念;
- 会利用变化率解决简单的实际问题;
- 会根据导数公式及法则计算初等函数的导数或微分;
- 了解隐函数求导数方法;
- 知道高阶导数的定义,会求简单函数的二阶导数;
- 会计算二元函数的偏导数;
- 能运用微分进行简单的近似计算.

■本章任务提出

任务一 ［展销会上的购物问题］ 张华参加了某次展销会,门票为20元.如果张华不买任何东西,他参加此次展销会的成本为20元,假设张华在展销会上看中一种商品,该商品的定价是:1件100元;2件160元;3件200元;4件以上每件60元.请问,张华购买多少数量的商品比较划算?

任务二 ［气球的体积近似值］ 一个充满气的气球,半径为5 m,升空后,因外部气压降低,气球的半径增大了10 cm,问气球的体积近似增加了多少?

3.1　导数的概念

> 微积分是现代数学的第一个成就,而且怎样评价它的重要性都不为过.我认为,微积分比其他任何事物都更清楚地表明了现代数学的发端;而且,作为其逻辑发展的数学分析体系仍然构成了精密思维中最伟大的技术进展.
>
> ——冯·诺依曼

3.1.1　微积分的创立

常量数学(如算术、代数、几何和三角等)可以有效地描述事物和现象的相对稳定状态,却对描述运动和变化无能为力.16 世纪和 17 世纪,自然科学提出了大量的数学问题,这些问题成了促使微积分产生的因素.归结起来,大约有四种主要类型的问题:

(1)非匀速运动的速度与加速度问题.近代天文学、力学所涉及的天体、落体、抛体等运动都是非匀速的,常量数学对此无能为力.

(2)平面曲线的切线的问题.例如,望远镜的光程设计必须知道光线射入透镜的角度以便应用反射定律,光线的入射角与曲线的法线有关,而法线垂直于切线.又如,运动物体在它的轨迹上任一点处的运动方向,就是轨迹的切线方向.

(3)函数的最大值与最小值问题.寻找行星轨道的近日点和远日点,确定炮弹的最大射程等问题都涉及函数最大值和最小值的计算.

(4)曲线长度、曲边形面积和物体重心等问题.例如,行星沿轨道运动的路程、行星矢径扫过的面积等问题.

这些实际问题都要求创造新的数学工具来解决.17 世纪,数学研究由常量数学阶段进入到变量数学阶段,直到 17 世纪下半叶,在前人工作的基础上,英国的牛顿(Isaac Newton,1643～1727)和德国的莱布尼兹(G. W. Leibniz,1646～1716)各自独立地研究和完成了微积分的创立工作,建立起微积分学的体系.微积分是继欧几里得几何学之后,整个数学发展史上的最大的创造,特别是微积分基本定理,把求切线(微分学的中心问题)与求和(积分学的中心问题)这两个貌似无关的问题联系在一起,使得微分和积分成为一个整体,促进一门崭新的数学学科——微积分的形成.

3.1.2　三个引例

引例 3-1 【变速直线运动的瞬时速度】

设物体沿直线做变速运动,其规律为 $s=s(t)$.其中 s 表示路程,t 表示时间,$s(t)$ 是连续函数. 求物体在某时刻 $t_0 \in [0, t]$ 运动的瞬时速度 $v(t_0)$.

分析与求解　先考虑物体在时刻 t_0 附近很短一段时间内的运动. 当时间由 t_0 改变到 $t_0 + \Delta t$ 时, 物体在 Δt 这一段时间内, 所经过的距离为

$$\Delta s = s(t_0 + \Delta t) - s(t_0),$$

在这一段时间内的平均速度为

$$\overline{v} = \frac{\Delta s}{\Delta t} = \frac{s(t_0 + \Delta t) - s(t_0)}{\Delta t}.$$

当 Δt 很小时, 可以认为物体在时间 $[t_0, t_0 + \Delta t]$ 内近似地做匀速运动. 因此, 可以用 $\overline{v}$ 作为 $v(t_0)$ 的近似值. Δt 越小, $\overline{v}$ 就越接近物体在 t_0 时刻的瞬时速度. 当 $\Delta t \to 0$ 时, 如果极限 $\lim\limits_{\Delta t \to 0} \dfrac{\Delta s}{\Delta t}$ 存在, 则此极限为物体在 t_0 时刻的瞬时速度, 即

$$v(t_0) = \lim_{\Delta t \to 0} \overline{v} = \lim_{\Delta t \to 0} \frac{\Delta s}{\Delta t} = \lim_{\Delta t \to 0} \frac{s(t_0 + \Delta t) - s(t_0)}{\Delta t}.$$

引例 3-2 【平面曲线的切线斜率】

设曲线 C 是函数 $y = f(x)$ 的图形, 求曲线 C 在点 $P(x_0, f(x_0))$ 处的切线的斜率.

分析与求解　如图 3-1 所示, 设点 $Q(x_0 + \Delta x, f(x_0 + \Delta x))$ 为曲线 $y = f(x)$ 上的另一点, 连接点 $P(x_0, f(x_0))$ 与点 $Q(x_0 + \Delta x, f(x_0 + \Delta x))$ 的直线 PQ 称为曲线 C 的割线. 设割线 PQ 的倾斜角 φ, 其斜率为

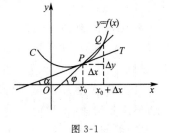

图 3-1

$$\tan \varphi = \frac{\Delta y}{\Delta x} = \frac{f(x_0 + \Delta x) - f(x_0)}{\Delta x},$$

所以当点 Q 沿曲线 C 趋近于点 P 时, 割线 PQ 的倾斜角 φ 趋近于切线 PT 的倾斜角 α, 故割线 PQ 的斜率 $\tan \varphi$ 趋近于切线 PT 的斜率 $\tan \alpha$. 因此曲线 C 在点 $P(x_0, f(x_0))$ 处的切线的斜率为

$$\tan \alpha = \lim_{\varphi \to \alpha} \tan \varphi = \lim_{\Delta x \to 0} \frac{\Delta y}{\Delta x} = \lim_{\Delta x \to 0} \frac{f(x_0 + \Delta x) - f(x_0)}{\Delta x}.$$

引例 3-3 【产量为 Q 时的边际成本】

设 $C(Q)$ 为产量 Q 时的总成本函数, 求此时的边际成本.

分析与求解　当产量 Q 改变 ΔQ 时, 总成本的改变量为 $\Delta C(Q) = C(Q + \Delta Q) - C(Q)$, 而 $\dfrac{\Delta C(Q)}{\Delta Q} = \dfrac{C(Q + \Delta Q) - C(Q)}{\Delta Q}$ 表示产量由 Q 变为 $Q + \Delta Q$ 时, 总成本的变化与产量的变化的比率, 即在区间 $[Q, Q + \Delta Q]$ 上的总成本对产量的平均变化率. ΔQ 越小, 该平均变化率越接近产量为 Q 时的总成本关于产量的瞬时变化率.

当 $\Delta Q \to 0$ 时, 若总成本的平均变化率的极限存在, 即

$$\lim_{\Delta Q \to 0} \frac{\Delta C(Q)}{\Delta Q} = \lim_{\Delta Q \to 0} \frac{C(Q + \Delta Q) - C(Q)}{\Delta Q}$$

存在, 则该极限表示在产量为 Q 时总成本对产量的变化率, 又称为产量为 Q 时的边际成本, 表示在产量为 Q 时每增加或减少单位产品所需要增加或减少的成本.

类似地, 边际收益 (收益函数对销量的瞬时变化率)、边际利润 (利润函数对产量的瞬

时变化率)、边际需求(需求函数对价格的瞬时变化率)等都是这类问题.

上面例题的实际意义完全不同,但从抽象的数量关系来看,它们的实质是一样的.它们有着共同的数学结构:都是函数的改变量与自变量的改变量之比,求当自变量改变量趋于零时的极限.我们把这种特定的极限叫作函数的导数.

3.1.3 导数的定义

1. 函数在点 x_0 处的导数

定义 3-1 【函数 $f(x)$ 在 x_0 处的导数】 设函数 $y=f(x)$ 在点 x_0 的邻域 $(x_0-\delta,$ $x_0+\delta)(\delta>0)$ 内有定义,当自变量 x 在 x_0 处有改变量 Δx(点 $x_0+\Delta x$ 仍在该邻域内)时,相应地,函数的改变量 $\Delta y=f(x_0+\Delta x)-f(x_0)$,当 $\Delta x\to0$ 时,若极限

$$\lim_{\Delta x\to0}\frac{\Delta y}{\Delta x}=\lim_{\Delta x\to0}\frac{f(x_0+\Delta x)-f(x_0)}{\Delta x}$$

存在,则称此极限值为函数 $y=f(x)$ 在点 x_0 处的导数,或者称函数 $y=f(x)$ 在点 x_0 处可导,记为 $f'(x_0)$,也可以记为 $y'\big|_{x=x_0}$,$\dfrac{\mathrm{d}y}{\mathrm{d}x}\big|_{x=x_0}$ 或 $\dfrac{\mathrm{d}}{\mathrm{d}x}f(x)\big|_{x=x_0}$,即

$$f'(x_0)=\lim_{\Delta x\to0}\frac{\Delta y}{\Delta x}=\lim_{\Delta x\to0}\frac{f(x_0+\Delta x)-f(x_0)}{\Delta x}.$$

若极限不存在,则称函数 $y=f(x)$ 在点 x_0 处不可导,或者称导数不存在.

由定义可得,引例 3-1 中变速直线运动的瞬时速度为 $v(t_0)=\lim\limits_{\Delta t\to0}\dfrac{\Delta s}{\Delta t}=s'(t_0)$;引例 3-2 中平面曲线的切线斜率为 $\tan\alpha=\lim\limits_{\Delta x\to0}\dfrac{\Delta y}{\Delta x}=f'(x_0)$;引例 3-3 中产量为 Q 时的边际成本为

$$\lim_{\Delta Q\to0}\frac{\Delta C(Q)}{\Delta Q}=C'(Q).$$

2. 函数的导数

定义 3-2 【函数 $f(x)$ 的导数】 如果函数 $y=f(x)$ 在区间 (a,b) 内的每一点都可导,那么称函数 $y=f(x)$ 在区间 (a,b) 内可导.此时,对于区间 (a,b) 内的每一个确定的 x 值,都有唯一确定的导数值 $f'(x)$ 与之对应,这就构成了一个新函数,这个函数 $y'=f'(x)$ 叫函数 $y=f(x)$ 的导函数(在不致发生混淆的情况下,导函数也简称为导数),记作 y',$f'(x)$,$\dfrac{\mathrm{d}y}{\mathrm{d}x}$ 或 $\dfrac{\mathrm{d}}{\mathrm{d}x}f(x)$,即

$$y'=\lim_{\Delta x\to0}\frac{\Delta y}{\Delta x}=\lim_{\Delta x\to0}\frac{f(x+\Delta x)-f(x)}{\Delta x}.$$

注意:【导函数的直观描述】 函数 $y=f(x)$ 在区间 (a,b) 上可导,几何上即表示曲线 $y=f(x)$ 在此区间内是一条光滑的曲线.

函数 $y=f(x)$ 在点 x_0 处的导数 $f'(x_0)$,就是导函数 $f'(x)$ 在点 $x=x_0$ 处的函数值,即

$$f'(x_0)=f'(x)\big|_{x=x_0}.$$

3. 用定义计算导数

根据导数定义求导,一般可分以下三个步骤:

(1)求函数的改变量:$\Delta y = f(x + \Delta x) - f(x)$;

(2)算两个改变量的比值:$\dfrac{\Delta y}{\Delta x} = \dfrac{f(x + \Delta x) - f(x)}{\Delta x}$;

(3)求极限:$y' = \lim\limits_{\Delta x \to 0} \dfrac{\Delta y}{\Delta x} = \lim\limits_{\Delta x \to 0} \dfrac{f(x + \Delta x) - f(x)}{\Delta x}$.

【例 3-1】 设函数 $y = \sqrt{x}$,求导数 y' 及 $y'|_{x=2}$.

解 (1)函数的改变量:$\Delta y = f(x + \Delta x) - f(x) = \sqrt{x + \Delta x} - \sqrt{x} = \dfrac{\Delta x}{\sqrt{x + \Delta x} + \sqrt{x}}$;

(2)算比值:$\dfrac{\Delta y}{\Delta x} = \dfrac{\dfrac{\Delta x}{\sqrt{x + \Delta x} + \sqrt{x}}}{\Delta x} = \dfrac{1}{\sqrt{x + \Delta x} + \sqrt{x}}$;

(3)求极限:$y' = \lim\limits_{\Delta x \to 0} \dfrac{\Delta y}{\Delta x} = \lim\limits_{\Delta x \to 0} \dfrac{1}{\sqrt{x + \Delta x} + \sqrt{x}} = \dfrac{1}{2\sqrt{x}}$;

所以 $y|_{x=2} = \dfrac{1}{2\sqrt{x}}\Big|_{x=2} = \dfrac{1}{2\sqrt{2}} = \dfrac{\sqrt{2}}{4}$.

3.1.4 导数的几何意义

根据引例 3-2 可知导数的几何意义是:如果函数 $y = f(x)$ 在点 x_0 处可导,则 $f'(x_0)$ 就是曲线 $y = f(x)$ 在点 $P(x_0, f(x_0))$ 处的切线的斜率,即
$$k = \tan\alpha = f'(x_0),$$
其中 α 是曲线 $y = f(x)$ 在点 $P(x_0, f(x_0))$ 处的切线的倾斜角.

于是,由直线的点斜式方程,曲线 $y = f(x)$ 在点 $P(x_0, f(x_0))$ 处

切线方程为 $y - f(x_0) = f'(x_0)(x - x_0)$;

法线方程为 $y - f(x_0) = -\dfrac{1}{f'(x_0)}(x - x_0)$.

特殊情况:(1)如果 $f'(x_0) = 0$,则切线方程为 $y = y_0$;法线方程为 $x = x_0$;

(2)如果 $f'(x_0) = \infty$,则切线方程为 $x = x_0$;法线方程为 $y = y_0$.

【例 3-2】 求曲线 $y = \sqrt{x}$ 在 $x = 4$ 处的切线方程和法线方程.

解 先求切点,把 $x = 4$ 代入 $y = \sqrt{x}$,求得 $y = 2$,所以切点为 $(4, 2)$. 由导数的几何意义可知,曲线 $y = \sqrt{x}$ 在点 $(4, 2)$ 处的切线斜率为
$$k = y'\Big|_{x=4} = (\sqrt{x})'\Big|_{x=4} = \dfrac{1}{2\sqrt{x}}\Big|_{x=4} = \dfrac{1}{4},$$
所求切线方程为
$$y - 2 = \dfrac{1}{4}(x - 4),$$
即

$$-x+4y-4=0.$$

法线方程为

$$y-2=-4(x-4),$$

即

$$4x+y-18=0.$$

技能训练 3-1

一、基础题

1. 设 $f(x)=\dfrac{2}{x}$，试按定义求 $f'(1)$.

2. 设 $f'(x_0)$ 存在，试按定义求 $\lim\limits_{\Delta x\to 0}\dfrac{f(x_0-\Delta x)-f(x_0)}{\Delta x}$.

3. 求函数 $y=x^2$ 在点 $x=3$ 处的变化率.

4. 求曲线 $y=x^3$ 在点 $(1,1)$ 处的切线方程和法线方程.

5. 在抛物线 $y=x^2$ 上求一点，使得该点的切线平行于直线 $y=4x+3$.

二、应用题

1. 设某产品产量为 q（单位：吨）时的总成本函数（单位：元）为 $C(q)=100+6q+0.25q^2$.

求：(1) 产量从 100 吨增加到 101 吨时，总成本的平均变化率；

(2) 产量为 100 吨时的边际成本.

2. 某公司生产 x 台冰箱时的总成本为 $C(x)=8\,000+200x-0.2x^2\,(0\leqslant x\leqslant 400)$.

(1) 生产第 251 台冰箱时的成本为多少？

(2) 生产第 250 台冰箱时的变化率为多少？

(3) 比较 (1)(2) 的结果.

3.2　导数的计算方法

数学公式有其自身的独立存在性与智慧，它们比我们聪明，甚至比它们的发现者也聪明，并且我们从它们中得到的比原来注入的更多.

——赫兹

　　求函数的导数是理论研究和实践应用中经常遇到的一个普遍的问题. 虽然我们知道了求导数的方法与步骤，能够通过定义求导数，然而，对于一般的初等函数，根据定义求导往往比较繁难，我们需要探索简化求导过程的一般方法，即基本初等函数的求导公式和导数的运算法则.有了基本初等函数的求导公式和导数的运算法则,复杂函数的求导运算变得更加简单.

3.2.1　导数基本公式

(1) $(C)' = 0$(C 为常数)；　　　　(2) $(x^a)' = \alpha x^{\alpha-1}$($\alpha$ 为实数)；

(3) $(a^x)' = a^x \ln a$；特别的,$(e^x)' = e^x$；

(4) $(\log_a x)' = \dfrac{1}{x \ln a}$；特别的,$(\ln x)' = \dfrac{1}{x}$；

(5) $(\sin x)' = \cos x$；　　　　(6) $(\cos x)' = -\sin x$；

(7) $(\tan x)' = \dfrac{1}{\cos^2 x} = \sec^2 x$；　　　　(8) $(\cot x)' = -\dfrac{1}{\sin^2 x} = -\csc^2 x$；

(9) $(\sec x)' = \sec x \cdot \tan x$　　　　(10) $(\csc x)' = -\csc x \cdot \cot x$

(11) $(\arcsin x)' = \dfrac{1}{\sqrt{1-x^2}}$；　　　　(12) $(\arccos x)' = -\dfrac{1}{\sqrt{1-x^2}}$；

(13) $(\arctan x)' = \dfrac{1}{1+x^2}$；　　　　(14) $(\text{arccot} x)' = -\dfrac{1}{1+x^2}$.

注意:【关于公式(5)～(10)的说明】这是有关三角函数的一组求导公式,这些求导公式有规律可循,总结如下,方便记忆:

(1)"正弦、正切、正割"求导结果符号正,"余弦、余切、余割"求导结果符号负；

(2) 此"弦"变彼"弦","切"变"割"平方,"割"变"切""割"积,(谐音:切割机)；

(3)"正余切、正余割,反正弦与反余弦,反正切与反余切",结构对称记对半.

3.2.2　导数的四则运算法则

定理 3-1　【导数的四则运算法则】　若函数 $u = u(x)$ 和 $v = v(x)$ 在点 x 处可导,则其和、差、积、商(分母不为零)$u(x) \pm v(x)$,$u(x) \cdot v(x)$,$\dfrac{u(x)}{v(x)}$ 在点 x 处也可导,且有

(1) $[u(x) \pm v(x)]' = u'(x) \pm v'(x)$；

(2) $[u(x) \cdot v(x)]' = u'(x)v(x) + u(x)v'(x)$；

特别地 $[C \cdot u(x)]' = C \cdot u'(x)$($C$ 为常数)；

(3) $\left[\dfrac{u(x)}{v(x)}\right]' = \dfrac{u'(x)v(x) - u(x)v'(x)}{v^2(x)}$ $(v(x) \neq 0)$.

注意:法则(1)与(2)均可以推广到有限多个函数运算的情况.

【例 3-3】　求下列函数的导数:

(1) $y = x^3 - \dfrac{1}{x} + \cos x$；　　(2) $y = 3(1-x)\arcsin x$；　　(3) $y = \dfrac{e^x}{\ln x}$.

解　(1) $y' = (x^3)' - \left(\dfrac{1}{x}\right)' + (\cos x)' = 3x^2 + \dfrac{1}{x^2} - \sin x$.

(2) $y' = [3(1-x)\arcsin x]' = 3[(1-x)'\arcsin x + (1-x)(\arcsin x)']$

$$=3\left(-\arcsin x+\frac{1-x}{\sqrt{1-x^2}}\right)=-3\arcsin x+\frac{3-3x}{\sqrt{1-x^2}}.$$

$$(3)\,y'=\left(\frac{\mathrm{e}^x}{\ln x}\right)'=\frac{(\mathrm{e}^x)'\ln x-\mathrm{e}^x(\ln x)'}{\ln^2 x}=\frac{\mathrm{e}^x\ln x-\dfrac{\mathrm{e}^x}{x}}{\ln^2 x}=\frac{\mathrm{e}^x(x\ln x-1)}{x\ln^2 x}.$$

3.2.3　复合函数求导法则

引例 3-4　【消息传播的速度】

在传播学中,有这样一个规律:在一定条件下,消息的传播符合函数关系

$$f(t)=\frac{1}{1+a\mathrm{e}^{-kt}}$$

其中,$f(t)$ 是 t 时刻人群中知道此消息的人数比例,a 和 k 为正数.求:

(1)求 $\lim\limits_{t\to+\infty}f(t)$;(2)找出消息传播的速率;(3)若 $a=10,k=\dfrac{1}{2}$,且时间用小时(h)计算,确定需要多长时间人群中有 80% 的人知道此消息.

预备知识:复合函数的求导公式.

定理 3-2　【复合函数求导法则】　如果函数 $y=f(u)$ 在 u 处可导,$u=\varphi(x)$ 在 x 处可导,则复合函数 $y=f[\varphi(x)]$ 在 x 处也可导,且它的导数为

$$y'_x=y'_u\cdot u'_x\quad\text{或}\quad\frac{\mathrm{d}y}{\mathrm{d}x}=\frac{\mathrm{d}y}{\mathrm{d}u}\cdot\frac{\mathrm{d}u}{\mathrm{d}x}.$$

注意:复合函数的求导法则可叙述为:复合函数 $y=f(x)$ 关于自变量 x 的导数,等于函数 $y=f(u)$ 对中间变量 u 的导数乘以中间变量 $u=\varphi(x)$ 对自变量 x 的导数.这一法则又称为链式法则,该法则可推广到多个中间变量的情形.

【例 3-4】　求下列函数的导数:

(1)$y=\sin 2x$;　　(2)$y=(1-3x^2)^{\frac{3}{2}}$.

解　(1)设 $y=\sin u,u=2x$,则

$$y'_x=y'_u\cdot u'_x=(\sin u)'\cdot(2x)'=2\cos u=2\cos 2x.$$

(2)设 $y=u^{\frac{3}{2}},u=1-3x^2$,则

$$y'_x=y'_u\cdot u'_x=(u^{\frac{3}{2}})'\cdot(1-3x^2)'=\frac{3}{2}u^{\frac{1}{2}}(-6x)=-9x(1-3x^2)^{\frac{1}{2}}.$$

从上面的例子可以看出,求复合函数的导数的关键在于把复合函数正确地分解成若干个基本初等函数或基本初等函数经有限次四则运算得到的函数,然后将分解出来的函数分别求导再相乘,最后把引进的中间变量代换成原来的自变量.

在对复合函数的分解比较熟练后,就不必再把中间变量写出来,只需按照复合层次,由外向里,逐层求导即可.在求导过程中,始终要明确所求的导数是哪个函数对哪个变量的导数.

【例 3-5】　求下列函数的导数:

(1)$y=\cos(\ln x)$;　　(2)$y=2^{\arctan x}$.

解　$(1)y'_x = -\sin(\ln x) \cdot (\ln x)' = -\sin(\ln x) \cdot \dfrac{1}{x} = -\dfrac{\sin(\ln x)}{x}.$

$(2)y'_x = 2^{\arctan x} \ln 2 \cdot \dfrac{1}{1+x^2}.$

引例 3-4【消息传播的速度】的分析与求解

解　$(1)\lim\limits_{t \to +\infty} f(t) = \lim\limits_{t \to +\infty} \dfrac{1}{1+ae^{-kt}} = 1$（这意味着最终所有人都知道这一消息）.

$(2)f'(t) = \left(\dfrac{1}{1+ae^{-kt}}\right)'_t = -\dfrac{1}{(1+ae^{-kt})^2}(1+ae^{-kt})' = \dfrac{ake^{-kt}}{(1+ae^{-kt})^2};$

(3)把 $f = 0.80, a = 10, k = \dfrac{1}{2}$ 代入 $f(t) = \dfrac{1}{1+ae^{-kt}}$，则有

$$0.80 = \dfrac{1}{1+10e^{-\frac{1}{2}t}}$$

解得 $t = \ln 1\,600 \approx 7.38(\text{h}).$

3.2.4　隐函数求导法则

如果变量 x, y 之间的函数关系 $y = y(x)$ 是由方程 $F(x, y) = 0$ 所确定，则称函数 $y = y(x)$ 为由 $F(x, y) = 0$ 所确定的隐函数. 下面介绍隐函数的求导方法.

在 $F(x, y(x)) = 0$ 的两边同时对自变量 x 求导（注意 $y(x)$ 是 x 的函数，利用复合函数求导），再解出所求导数 $\dfrac{\mathrm{d}y}{\mathrm{d}x}$，这就是隐函数求导法.

【例 3-6】　求由方程 $e^y = x + \cos y$ 确定的函数的导数 y'.

解　方程两边对 x 求导，得

$$e^y \cdot y' = 1 - \sin y \cdot y',$$

所以

$$y' = \dfrac{1}{e^y + \sin y}.$$

隐函数的导数计算可采用计算工具 Mathematica 软件.

【例 3-7】　求曲线 $x^2 + 3xy + y^2 = -1$ 在 $(1, -1)$ 处的切线方程.

解　已知曲线的切点 $(1, -1)$，则求出斜率，即可用点斜式求得切线方程. 在方程 $x^2 + 3xy + y^2 = -1$ 的两边同时关于 x 求导，则有

$$2x + 3y + 3xy' + 2yy' = 0.$$

解出 y'，可得

$$y' = -\dfrac{2x+3y}{3x+2y}.$$

则在 $(1, -1)$ 处的切线斜率为

$$k_{切} = y'\Big|_{(1,-1)} = -\dfrac{2x+3y}{3x+2y} = -\dfrac{2 \times 1 + 3 \times (-1)}{3 \times 1 + 2 \times (-1)} = 1.$$

所以，切线方程为

$$y-(-1)=1(x-1) \Rightarrow y=x-2.$$

3.2.5 高阶导数

1.二阶导数

定义 3-3 【**二阶导数**】 若函数 $y=f(x)$ 的一阶导数 $y'=f'(x)$ 在 x 处也可导,则将一阶导数 $f'(x)$ 的导数 $[f'(x)]'$ 称为 $y=f(x)$ 的二阶导数,记为

$$y'', f''(x) \text{ 或 } \frac{d^2 y}{dx^2}.$$

即

$$y''=(y')', f''(x)=[f'(x)]' \text{ 或 } \frac{d^2 y}{dx^2}=\frac{d}{dx}\left(\frac{dy}{dx}\right).$$

【例 3-8】 设 $f(x)=x^3-3x^2+x+2$,求 $f''(x)$.

解 $f'(x)=3x^2-6x+1, f''(x)=6x-6.$

【思考】 $f''(x_0)$ 与 $[f'(x_0)]'$ 是否相等?

【例 3-9】 设 $y=\cos^2\frac{x}{2}$,求 y'',$y''(0)$.

解 因为 $y=\cos^2\frac{x}{2}$,所以

$$y'=2\cos\frac{x}{2}\left(\cos\frac{x}{2}\right)'=2\cos\frac{x}{2}\left(-\sin\frac{x}{2}\right)\left(\frac{x}{2}\right)'=-\frac{1}{2}\sin x,$$

$$y''=\left(-\frac{1}{2}\sin x\right)'=-\frac{1}{2}\cos x; y''(0)=-\frac{1}{2}\cos x\Big|_{x=0}=-\frac{1}{2}.$$

2. n 阶导数

定义 3-4 【**n 阶导数**】 若函数 $y=f(x)$ 的 $n-1$ 阶导数仍在 x 处可导,则 $f(x)$ 的 $n-1$ 阶导数的导数称为 $f(x)$ 的 n 阶导数($n=3,4,\cdots,n-1,n$)分别记为

$$y=f'''(x), f^{(4)}(x), \cdots, f^{(n-1)}(x), f^{(n)}(x)$$

或

$$y''', y^{(4)}, \cdots, y^{(n-1)}, y^{(n)}$$

或

$$\frac{d^3 y}{dx^3}, \frac{d^4 y}{dx^4}, \cdots, \frac{d^{n-1} y}{dx^{n-1}}, \frac{d^n y}{dx^n}.$$

注意:二阶及二阶以上的导数称为高阶导数.

【例 3-10】 $f(x)=x^2\ln x$,求 $f'''(1)$.

解 因为 $f'(x)=2x\ln x+x, f''(x)=2\ln x+3, f'''(x)=\frac{2}{x}$,所以 $f'''(1)=2$.

【例 3-11】 求函数 $y=e^{kx}$ 的 n 阶导数.

解

$$y'=k e^{kx},$$

$$y''=k^2 e^{kx},$$

$$y'''=k^3 e^{kx},$$

$$\cdots$$

归纳可得

$$y^{(n)} = k^n e^{kx}.$$

【例 3-12】 求函数 $y = xe^x$ 的 n 阶导数.

解 因为 $y = xe^x$，所以

$$y' = e^x + xe^x = (1+x)e^x,$$
$$y'' = e^x + (1+x)e^x = (2+x)e^x,$$
$$y''' = e^x + (2+x)e^x = (3+x)e^x,$$
$$\cdots$$

归纳可得：

$$y^{(n)} = (n+x)e^x.$$

3.2.6　二元函数的偏导数

1. 二元函数

定义 3-5 【二元函数】　设有三个变量 x、y 和 z，如果当变量 x、y 在一定范围内任意取定一对数值时，变量 z 按照一定的规律 f 总有确定的数值与它们对应，则称 z 是 x、y 的二元函数，记作

$$z = f(x,y)$$

其中，x、y 称为自变量，z 称为因变量. 自变量 x、y 的取值范围称为函数的定义域，常用字母 D 来表示.

二元函数在点 (x_0, y_0) 处的函数值，记为 $z\Big|_{\substack{x=x_0 \\ y=y_0}}$，$z\Big|_{(x_0,y_0)}$ 或 $f(x_0, y_0)$.

2. 二元函数的偏导数

一元函数的导数概念可类似地推广到二元函数上来. 在一元函数微分学中，我们由研究函数的变化率引入了导数的概念.

定义 3-6 【二元函数 $z = f(x,y)$ 对 x、y 的一阶偏导数】　设二元函数 $z = f(x,y)$，$(x,y) \in D$，若 x 变化，自变量 y 固定，此时关于 x 的一元函数 $z = f(x,y)$ 对 x 的导数，称为二元函数 $z = f(x,y)$ 对 x 的一阶偏导数，简称偏导数，记作：

$$f'_x, z'_x \quad 或 \quad \frac{\partial f}{\partial x} \ 或 \ \frac{\partial z}{\partial x}$$

同理，有二元函数 $z = f(x,y)$ 对 y 的一阶偏导数，记作：

$$f'_y, z'_y \quad 或 \quad \frac{\partial f}{\partial y} \ 或 \ \frac{\partial z}{\partial y}.$$

【例 3-13】　设 $z = x^y (x > 0)$，求 $\dfrac{\partial z}{\partial x}, \dfrac{\partial z}{\partial y}$.

解　$\dfrac{\partial z}{\partial x} = yx^{y-1}$（将 y 看作常量，$z = x^y$ 为幂函数）；

$\dfrac{\partial z}{\partial y} = x^y \ln x$（将 x 看作常量，$z = x^y$ 为指数函数）.

由偏导数的定义可知,求二元函数对某一自变量的偏导数时,只需将其他自变量看成常数,用一元函数求导法则(和、差、积、商、复合函数的求导法则)即可求得.

【例 3-14】　求 $z=x^2+3xy^3+e^{x+y}$ 的偏导数 $\dfrac{\partial z}{\partial x}$,$\dfrac{\partial z}{\partial y}$.

解　$\dfrac{\partial z}{\partial x}=2x+3y^3+e^{x+y}$;$\dfrac{\partial z}{\partial y}=9xy^2+e^{x+y}$.

【例 3-15】　设 $f(x,y)=x^2y-\sqrt{x^2+y^2}$,求 $f'_x(3,4)$,$f'_y(0,5)$.

解　$f'_x(x,y)=2xy-\dfrac{x}{\sqrt{x^2+y^2}}$,所以 $f'_x(3,4)=2\times3\times4-\dfrac{3}{\sqrt{3^2+4^2}}=23\dfrac{2}{5}$;

$f'_y(x,y)=x^2-\dfrac{y}{\sqrt{x^2+y^2}}$,所以 $f'_y(0,5)=0^2-\dfrac{5}{\sqrt{0^2+5^2}}=-1$.

技能训练 3-2

一、基础题

1.计算下列函数的导数:

(1)$y=x-\dfrac{1}{3}\tan x$;

(2)$y=\dfrac{x^5+\sqrt{x}+1}{x^3}$;

(3)$y=\sqrt{x}\tan x+3\sin\dfrac{\pi}{3}$;

(4)$y=\dfrac{\ln x}{x}+e^x\arcsin x$.

2.求函数 $y=\dfrac{1}{1+x}$ 在点 $x=0$ 及 $x=2$ 处的导数.

3.计算下列函数的导数:

(1)$y=\cot\dfrac{x}{3}$;

(2)$y=\sqrt{a^2-x^2}$(a 为常数);

(3)$y=\arctan(e^x)$;

(4)$y=\sin^3(\ln x)$.

4.求下列方程所确定的隐函数 y 的导数 $\dfrac{dy}{dx}$;

(1)$x^2-y^2=36$;

(2)$ye^x+\ln y=1$;

(3)$x\cos y=\sin(x+y)$.

5.求下列函数的 n 阶导数:

(1)$y=\ln x$;

(2)$y=\cos x$.

6.二元函数的偏导数:

(1)设 $z=15+x^2+2xy+3y^2$,求 $\dfrac{\partial z}{\partial x}$,$\dfrac{\partial z}{\partial y}$.

(2)求函数 $z=\ln(x^2+y^2)$ 在点 $(2,1)$ 处的偏导数.

二、应用题

1.F 型扩音器其单价 p 与需求量 x 的关系为 $p=-0.02x+400(0\leqslant x\leqslant20\ 000)$.

(1)求收入函数 R.

(2)求边际收入函数 R'.

(3)求边际收入 $R'(2\ 000)$,并解释其经济意义.

2.一厂商估计生产某商品的成本函数为 $C(x)=1.5x^2+36x+600(0\leqslant x\leqslant 100)$，其中 x 为商品的生产数量，且该厂商也估计当 x 个商品可卖出时单位价格必须满足方程式 $p(x)=300-4x$. 试回答下列问题：

(1)试利用边际成本函数去估算生产第 11 个商品需花费多少？实际的花费又是多少？

(2)求出收入函数，并利用其边际函数估计卖出第 11 个商品的收入，以及实际卖出第 11 个商品的收入.

(3)求出利润函数.

3.3 微 分

在许多理论研究和实际应用中，需要计算当自变量 x 微小变化时，函数 $y=f(x)$ 的微小改变量 $\Delta y=f(x+\Delta x)-f(x)$ 为多少. 当函数 $y=f(x)$ 较为复杂时，Δy 的精确计算会相当麻烦，这就需要寻求函数改变量近似值的方法，也就是设法将 Δy 表示成 Δx 的线性函数，使复杂问题简单化. 微分就是实现这种问题的一种数学模型.

3.3.1 微分的概念

1.引例

引例 3-5 【金属薄片的面积的变化量】

设一块正方形金属薄片，受热膨胀，其边长由 x_0 变到 $x_0+\Delta x$，问此薄片的面积改变了多少？如何近似表示它？

解 如图 3-2 所示，此薄片面积 $A=x_0^2$. 受热膨胀后，面积变为 $(x_0+\Delta x)^2$，故面积 A 改变量为

$$\Delta A=(x_0+\Delta x)^2-x_0^2=2x_0\Delta x+(\Delta x)^2.$$

上式有两部分组成：第一部分 $2x_0\Delta x$ 是 Δx 的线性函数，即图 3-2 中带有斜线的两个矩形面积之和；第二部分 $(\Delta x)^2$ 是图中带有交叉斜线的小正方形的面积. 当 $\Delta x \to 0$ 时，$(\Delta x)^2$ 是比 Δx 高阶的无穷小. 因此，当 $|\Delta x|$ 很小时，第一部分 $2x_0\Delta x$ 是主要的，第二部分 $(\Delta x)^2$ 是次要的，故可得 ΔA 的近似值.

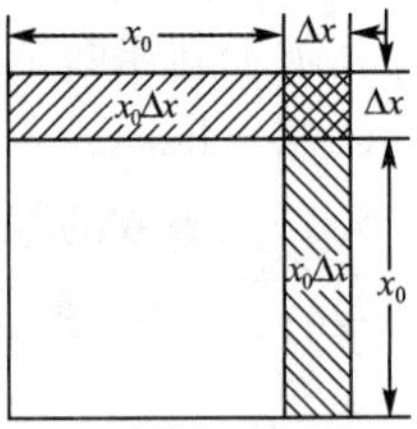

$$\Delta A \approx 2x_0\Delta x=A'\Big|_{x=x_0} \cdot \Delta x$$

图 3-2

我们把 $2x_0\Delta x$（或 $A'\Big|_{x=x_0} \cdot \Delta x$）称为 $A=x^2$ 在点 x_0 处的微分.

对于一般函数，是否也有类似情形呢？

2.微分的定义

定义 3-7 【微分】 设函数 $y=f(x)$ 在某区间内有定义，x_0 及 $x_0+\Delta x$ 在该区间内，

如果函数改变量 $\Delta y = f(x_0 + \Delta x) - f(x_0)$ 可表示为 $\Delta y = A \cdot \Delta x + o(\Delta x)$，其中 A 是与 Δx 无关的常数，$o(\Delta x)$ 是比 Δx 高阶的无穷小. 则称函数 $y = f(x)$ 在点 x_0 处可微，并且称 $A \cdot \Delta x$ 为函数 $y = f(x)$ 在点 x_0 处的微分，记作 dy，即

$$dy = A \cdot \Delta x.$$

对于上述定义中的常数 A，由以下定理确定.

定理 3-3　【可微与可导的关系】　函数 $y = f(x)$ 在点 x_0 处可微的充分必要条件是函数 $y = f(x)$ 在点 x_0 处可导，并且函数的微分等于函数的导数与自变量的改变量的乘积，即

$$dy = f'(x_0) \cdot \Delta x.$$

函数 $y = f(x)$ 在任意点 x 上的微分，称为函数的微分，记为 dy，有

$$dy = f'(x) \cdot \Delta x.$$

规定自变量的微分等于自变量的改变量，即 $dx = \Delta x$.

于是

$$dy = f'(x) \cdot dx,$$

注意:【导数的另一种解释】由微分公式 $dy = f'(x) \cdot dx$ 可得 $\dfrac{dy}{dx} = f'(x)$，说明函数的导数 $f'(x)$ 是函数的微分 dy 与自变量的微分 dx 之商，因此导数又称为微商，可以说导数是微分的系数.

【例 3-16】　求函数 $y = x^3$ 当 x 由 1 改变到 1.01 时的改变量和微分.

解　函数的改变量：

$$\Delta y = f(x + \Delta x) - f(x) = (x + \Delta x)^3 - x^3$$

$$= 3x^2 \Delta x + 3x(\Delta x)^2 + (\Delta x)^3;$$

函数的微分：

$$dy = f'(x) \cdot \Delta x = (x^3)' \cdot \Delta x = 3x^2 \cdot \Delta x;$$

当 $x = 1$，$\Delta x = 0.01$ 时，$\Delta y = 0.030\,301$，$dy = 0.03$.

3. 微分的几何意义

设函数 $y = f(x)$，在 x 轴上取点 x_0 与 $x_0 + \Delta x$，在曲线上有相应的点 $M(x_0, y_0)$ 和 $N(x_0 + \Delta x, y_0 + \Delta y)$，过点 M 作倾斜角为 α 的切线 MT，如图 3-3 所示.

根据微分定义

$$dy = f'(x) \cdot \Delta x = \tan\alpha \cdot \Delta x = PQ.$$

由此可知，当 Δy 是曲线 $y = f(x)$ 上点的纵坐标的改变量时，dy 就是曲线的切线上点的纵坐标的改变量. 当 $|\Delta x|$ 很小时，$\Delta y \approx dy$，即切线段 PQ 可近似代替曲线段 NQ.

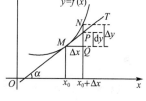

图 3-3

3.3.2 微分的计算

1.函数微分的计算

根据函数微分的表达式 $dy=f'(x) \cdot dx$ 可知,计算函数的微分,只要求出函数的导数,再乘以自变量的微分即可. 也就是说,微分的运算可以转化为导数的运算进行.

【例 3-17】 求函数 $y=x^2\ln 3x$ 微分.

解 因为

$$y'=(x^2\ln 3x)'=2x\ln 3x+x^2 \cdot \frac{1}{3x} \cdot 3=2x\ln 3x+x,$$

所以

$$dy=y'dx=(2x\ln 3x+x)dx.$$

2.微分形式不变性

设函数 $y=f(u)$ 在点 u 处可微,$u=\varphi(x)$ 在点 x 处可微,则复合函数 $y=f[\varphi(x)]$ 在点 x 处也可微,且微分为

$$dy=\{f[\varphi(x)]\}'dx=f'[\varphi(x)] \cdot \varphi'(x)dx=f'[\varphi(x)] \cdot d\varphi(x)=f'(u)du.$$

由此可见,无论 u 是自变量还是复合函数的中间变量,其微分形式 $dy=f'(u)du$ 不变,这一性质称为微分形式的不变性.

【例 3-18】 求函数 $y=\sin(2x+3)$ 微分.

解
$$dy=d[\sin(2x+3)]=\cos(2x+3)d(2x+3)$$
$$=\cos(2x+3) \cdot 2dx=2\cos(2x+3)dx.$$

【例 3-19】 在括号内填上适当的函数,使下列等式成立:

(1)d( )$=x^2dx$;   (2)d( )$=\sin 3xdx$.

解 (1)因为 $d(x^3)=3x^2dx$,所以

$$x^2dx=\frac{1}{3}dx^3=d\left(\frac{1}{3}x^3\right),$$

因此,对任何常数 C,都有

$$d\left(\frac{1}{3}x^3+C\right)=x^2dx.$$

(2)因为 $d(-\cos 3x)=3\sin 3xdx$,所以

$$\sin 3xdx=\frac{1}{3}d(-\cos 3x)=d\left(-\frac{1}{3}\cos 3x\right),$$

因此

$$d\left(-\frac{1}{3}\cos 3x+C\right)=\sin 3xdx.$$

注意:【引进微分是多余的吗】虽然可微与求导是等价的,但是引进微分并不是多余的,这是因为,从定义可知,微分 $f'(x_0)\Delta x$ 可近似表示函数的增量 Δy,比直接计算 Δy 要方便和快捷;在积分学中,微分是表达"以直代曲"基本思想的基础,也是表达和计算不定积分的重要工具.

3.3.3　微分的近似计算及应用

如果函数 $y=f(x)$ 在点 x_0 处的导数 $f'(x_0)\neq0$,且 $|\Delta x|$ 很小时,函数微分可作为函数改变量的近似值,即

$$\Delta y\approx\mathrm{d}y=f'(x_0)\Delta x. \tag{3-1}$$

称式(3-1)为 $y=f(x)$ 在点 x_0 处的改变量的近似值.

用 $\Delta y=f(x_0+\Delta x)-f(x_0)$ 代入上式,可得

$$f(x_0+\Delta x)\approx f(x_0)+f'(x_0)\Delta x. \tag{3-2}$$

称式(3-2)为 $f(x)$ 在点 $x=x_0$ 附近的近似值.

特别地,令 $x_0=0$,$\Delta x=x$,式(3-2)为

$$f(x)\approx f(0)+f'(0)x. \tag{3-3}$$

称式(3-3)为 $f(x)$ 在点 $x=0$ 附近的近似值.

【例 3-20】　一种金属圆片,半径为 20 cm;加热后半径增大了 0.05 cm,那么圆的面积大约增大了多少?

解　圆面积公式为 $A=\pi r^2$(r 为半径),令 $r=20$,$\Delta r=0.05$.因为 Δr 相对于 r 比较小,所以可用微分 $\mathrm{d}A$ 近似代替 ΔA.由

$$\Delta A\approx\mathrm{d}A=(\pi r^2)'\Delta r\Big|_{\substack{r=20\\\Delta r=0.05}}=2\pi r\cdot\Delta r\Big|_{\substack{r=20\\\Delta r=0.05}}=2\pi\times20\times0.05=2\pi(\mathrm{cm}^2).$$

因此,当半径增大 0.05 cm 时,圆面积增大了大约 2π cm^2.

利用公式(3-3),可以得到工程上常用的近似公式(当 $|x|$ 很小时)

(1) $\sqrt[n]{1+x}\approx1+\dfrac{1}{n}x$;　　　　　　(2) $\sin x\approx x$(x 用弧度作单位);

(3) $\tan x\approx x$(x 用弧度作单位);　　(4) $\mathrm{e}^x\approx1+x$;

(5) $\ln(1+x)\approx x$.

【例 3-21】　计算下列表达式的近似值.

(1) $\sqrt[5]{1.002}$;　　　　　　　　　(2) $\mathrm{e}^{0.002}$.

解　(1) $\sqrt[5]{1.002}=\sqrt[5]{1+0.002}\approx1+\dfrac{1}{5}\times0.002=1.000\,4$;

(2) $\mathrm{e}^{0.002}\approx1+0.002=1.002$.

技能训练 **3-3**

一、基础题

1.求函数 $y=2x-1$ 当 x 由 0 改变到 0.02 时的改变量和微分.

2.某一正方体金属的边长为 2 米,当金属受热边长增加 0.01 米时,体积的微分是多少?体积的改变量又是多少?

3.求下列函数的微分:

(1) $y=\dfrac{1}{x}+2\sqrt{x}$;　　　　　　　　　(2) $y=x\cdot\arcsin2x$.

4.将适当的函数填入下列括号内,使等式成立.

(1)d(　　)＝x^2dx;　　　　　　　(2)d(　　)＝$\sin\omega x$dx;

(3)d(　　)＝$\dfrac{1}{x-1}$dx;　　　　(4)d[$\ln(2x+3)$]＝(　　)d$(2x+3)$.

5.求下列表达式的近似值:

(1)$\sqrt[5]{1.03}$;　　　　　　　　　(2)$\sin1°$.

二、应用题

某工厂生产某种产品,根据销售分析,得出的利润 L 与日产量 Q 的关系为:

$$L(Q)=120Q+\sqrt{Q}-1\,350(元)$$

若日产量由 25 吨增加到 25.05 吨,求利润增加的近似值.

本章任务解决

任务一　[展销会上的购物问题]

解　若设购买量为 x,总成本为 C,每增购一件商品所增加的总成本记为 MC,则上述过程如表 3-1 所示.

表 3-1

购买量(x)	总成本(C)	增购一件商品所增加的总成本(MC)
0	20	
1	120	100
2	180	60
3	220	40
4	260	40
5	320	60
6	380	60

其中 MC 称为边际成本,总成本(C)的导数是边际成本(MC).

根据微分近似公式,当 $|\Delta x|$ 比较小时,有 $\Delta y\approx f'(x_0)\Delta x$ 成立.现取 $\Delta x=1$,得 $\Delta y\approx f'(x_0)$.为此,经济学中对边际的解释是:当自变量在 x_0 处产生一个单位的改变量时,相应的函数值的改变量即为函数在点 x_0 处的边际 $f'(x_0)$.

由此可见,购买量为 3 件或 4 件.

任务二　[气球的体积近似值]

解　球的体积为 $V=\dfrac{4}{3}\pi r^3$,当半径 r 由 5 m 增加到 $(5+0.1)$ m 时,体积的增量为 ΔV.根据函数增量 ΔV 的近似公式 $\Delta V\approx\mathrm{d}V$.

而 $\mathrm{d}V=V'_r\Delta r=4\pi r^2\Delta r$,即 $\Delta V\approx\mathrm{d}V=4\pi r^2\Delta r$,此处 $\Delta r=0.1$ m,$r=5$ m,代入上式得体积近似增加值

$$\Delta V\approx4\times3.14\times5^2\times0.1=31.4(\mathrm{m}^3).$$

本章小结

一、本章知识结构表

函数的导数 （函数的变化率） $f'(x)=\dfrac{\mathrm{d}y}{\mathrm{d}x}$	导数的几何意义
	基本初等函数求导公式
	导数的四则运算法则
	复合函数的求导法则
	隐函数求导方法
	高阶导数
	二元函数的偏导数
函数的微分 （函数增量的线性主部） $\mathrm{d}y=f'(x)\mathrm{d}x$	微分的几何意义
	用微分定义计算微分
	微分形式不变性（复合函数的微分）
	微分近似计算

二、本章知识总结

（一）基本概念

1. 导数的概念

设函数 $y=f(x)$ 在点 x_0 的某个邻域内有定义，当自变量在 x_0 处有增量 Δx,相应的函数有增量 $\Delta y=f(x_0+\Delta x)-f(x_0)$,若 $\Delta x\to 0$ 时,增量比 $\dfrac{\Delta y}{\Delta x}$ 的极限存在,则称此极限值为函数 $y=f(x)$ 在点 x_0 处的导数,记住 $f'(x_0)$,即

$$f'(x_0)=\lim_{\Delta x\to 0}\frac{\Delta y}{\Delta x}=\lim_{\Delta x\to 0}\frac{f(x_0+\Delta x)-f(x_0)}{\Delta x}.$$

2. 导数的几何意义

$f'(x_0)$ 在几何上表示函数图像在点 $(x_0,f(x_0))$ 处的切线的斜率.

3. 微分的概念

若函数 $y=f(x)$ 在点 x_0 处的增量 Δy 可表示为 $\Delta y=A\cdot\Delta x+o(\Delta x)$,其中 A 是与 Δx 无关的常数,$o(\Delta x)$ 是比 Δx 高阶的无穷小.则称 $A\cdot\Delta x$ 为函数 $y=f(x)$ 在点 x_0 处的微分,记作 $\mathrm{d}y$,即

$$\mathrm{d}y=A\cdot\Delta x=f'(x_0)\Delta x.$$

4. 微分的几何意义

函数 $y=f(x)$ 在 x_0 处的微分在几何上表示曲线 $y=f(x)$ 在点 $(x_0,f(x_0))$ 处切线的纵坐标的增量.

5. 高阶导数

函数 $y=f(x)$ 的一阶导数的导数称为函数 $y=f(x)$ 的二阶导数,记作 y''.二阶导数的导数叫作三阶导数,$\cdots$,$n-1$ 阶导数的导数叫作 n 阶导数,分别记作 y''',$\cdots$,$y^{(n)}$.

（二）求导数的基本方法

1. 用定义求导数;

2. 用导数的基本公式和四则运算求导数;

3.用复合函数的求导法则求导数；

4.用隐函数求导方法求隐函数的导数；

5.求偏导数.

（三）求微分的基本方法

1.利用公式 $\mathrm{d}y=f'(x)\mathrm{d}x$ 先求导数，再求微分；

2.利用微分形式不变性（复合函数的微分）求微分.

综合技能训练 3

一、基础题

1.填空题

（1）过曲线 $y=x^2$ 上点 $A(2,4)$ 和点 $B(2+\Delta x,4+\Delta y)$ 所引割线的斜率是_____，过点 A 的切线斜率是_____，过点 A 的切线方程是_____，法线方程是_____.

（2）设函数 $y=f(x)$ 是线性函数.已知 $f(0)=1$，$f(1)=-3$，则该函数的导数 $f'(x)=$_____.

（3）$\dfrac{\mathrm{d}x}{\sqrt{1-x^2}}=\mathrm{d}(\quad)$，$\mathrm{d}(\sqrt{1-x^2})=(\quad)\mathrm{d}x$.

2.求下列函数的导数：

（1）$y=\dfrac{2t^2-3t+\sqrt{t}-1}{t}$；　　　　（2）$y=2^x(x\sin x+\cos x)$；

（3）$y=\dfrac{1}{1+\sqrt{t}}-\dfrac{1}{1-\sqrt{t}}$；　　　　（4）$y=\mathrm{e}^{\sqrt[3]{x+1}}$；

（5）$y=\arccos\dfrac{1}{x}$；　　　　（6）$y=\ln\dfrac{1}{x+\sqrt{x^2-1}}$.

3.求下列方程所确定的隐函数 y 的导数：

（1）$x^3+y^5-3xy=0$；　　　　（2）$\cos(xy)=x$.

4.求下列各函数的微分：

（1）$y=\dfrac{x^3-1}{x^3+1}$；　　　　（2）$y=\cos^2x^2$；

（3）$y=\ln(x+\sqrt{x^2+a^2})$.

5.已知函数 $y=x^2+x$，求 x 由 2 变到 1.99 时，函数的增量与微分.

二、应用题

1.设某产品生产 x 个单位时的总收入为 $R(x)=200x-0.01x^2$，求生产 100 个产品时的总收入和总收入的变化率.

2.瑞华服装有限公司的资产 $f(t)=t+\dfrac{1}{t+1}$，求当 $t=4$ 时的资产和资产的变化率.

3.宏利家具厂生产一种高档衣柜，在每个衣柜的上方均用一些镀金的铁球作装饰.铁球是一个内半径为 5 cm、外半径为 5.2 cm 的空心球，外表面上镀上一层厚 0.005 cm 的金.试用微分法求这个球镀金体积的近似值.

数学文化视野

第二次数学危机

微积分诞生之后,数学迎来了一次空前繁荣的时期,对 18 世纪的数学产生了重要而深远的影响,但是牛顿和莱布尼兹的微积分都缺乏清晰的、严谨的逻辑基础,这在初创时期是不可避免的.科学上的巨大需要战胜了逻辑上的顾忌.他们需要做的事情太多了,他们急于去攫取新的成果.基本问题只好先放一放,正如达朗贝尔所说的:"向前进,你就会产生信心!"数学史的发展一再证明自由创造总是领先于形式化和逻辑基础.

于是在微积分的发展过程中,出现了这样的局面:一方面是微积分创立之后立即在科学技术上获得应用,从而迅速地发展;另一方面是微积分学的理论在当时是不严密的,出现了越来越多的悖论和谬论.数学的发展又遇到了深刻的令人不安的危机,例如,有时把无穷小量看作不为零的有限量而从等式两端消去,而有时却又令无穷小量为零而忽略不计.由于这些矛盾,引起了数学界的极大争论,如当时爱尔兰主教、唯心主义哲学家贝克莱嘲笑"无穷小量"是"已死的幽灵".贝克莱对牛顿导数的定义进行了批判.

当时牛顿对导数的定义为:当 x 增长为 $x+h$ 时,x^3 成为 $(x+h)^3$,即 $x^3+3x^2h+3xh^2+h^3$.x 与 x^3 的增量分别为 h 和 $3x^2h+3xh^2+h^3$.x^3 的增量除以 x 的增量的结果为 $3x^2+3xh+h^2$,然后代入 $h=0$ 让增量消失,则它们的最后结果为 $3x^2$.我们知道这个结果是正确的,但是推导过程确实存在着明显的偷换假设的错误:在论证的前一部分假设 h 是不为 0 的,而在论证的后一部分又被取为 0.那么 h 到底是不是 0 呢? 这就是著名的贝克莱悖论.这种微积分的基础所引发的危机在数学史上称为第二次数学危机,而这次危机的引发与牛顿有直接关系.历史要求给微积分以严格的基础.

第一个为补救第二次数学危机提出真正有见地的意见的是达朗贝尔.他在 1754 年指出,必须用可靠的理论去代替当时使用的粗糙的极限理论,但是他本人未能提供这样的理论.最早使微积分严格化的是拉格朗日.为了避免使用无穷小推理和当时还不明确的极限概念,拉格朗日曾试图把整个微积分建立在泰勒公式的基础上.但是,这样一来,考虑的函数范围太窄了,而且不用极限概念也无法讨论无穷级数的收敛问题,所以,拉格朗日的以幂级数为工具的代数方法也未能解决微积分的奠基问题.

到了 19 世纪,出现了一批杰出的数学家,他们积极为微积分的奠基工作而努力,其中包括了捷克的哲学家波尔查诺,他曾著有《无穷的悖论》,明确地提出了级数收敛的概念,并对极限、连续和变量有了较深入的了解.

分析学的奠基人,法国数学家柯西在 1821~1823 年间出版的《分析教程》和《无穷小计算讲义》是数学史上划时代的著作.在那里他给出了数学分析一系列的基本概念和精确定义.

对分析基础做更深一步的理解的要求发生在 1874 年.那时的德国数学家维尔斯特拉斯构造了一个没有导数的连续函数,即构造了一条没有切线的连续曲线,这与直观概念是矛盾的.它使人们认识到极限概念、连续性、可微性和收敛性对实数系的依赖比人们想象的要深奥得多.黎曼发现,柯西没有必要把他的定积分限制于连续函数.黎曼证明了,被积函数不连续,其定积分也可能存在,也就是将柯西积分改进为黎曼积分.

这些事实使我们明白,在为分析建立一个完善的基础方面,还需要再深挖一步:理解实数系更深刻的性质.这项工作最终由维尔斯特拉斯完成,使得数学分析完全由实数系导出,脱离了知觉理解和几何直观.这样一来,数学分析所有的基本概念都可以通过实数和它们的基本运算表述出来.微积分严格化的工作终于接近封顶,只有关于无限的概念没有完全弄清楚,在这个领域,德国数学家康托尔作出了杰出的贡献.

总之,第二次数学危机的核心是微积分的基础不稳固.柯西的贡献在于,将微积分建立在极限理论的基础上.维尔斯特拉斯的贡献在于逻辑地构造了实数论.为此,建立分析基础的逻辑顺序是实数系—极限论—微积分.

第 4 章

导数在经济中的应用

■本章概要

导数反映了因变量对自变量的瞬时变化率,利用导数的知识可对函数形态——函数的单调性和极值、凹凸性和拐点进行分析,进而从整体上把握函数的变化趋势.在经济学中,常常应用导数进行边际分析、弹性分析及求解最值问题.本章的重点任务是应用导数的知识进行函数形态分析和经济分析.提高利用应用数学知识分析经济问题的能力,为专业知识的深入学习打下坚实的基础.

■学习目标

- 会用导数求解函数的单调性和极值;
- 会用导数求解函数的凹凸性和拐点;
- 掌握边际成本、边际收益和边际利润的分析方法并能解解释其经济意义;
- 掌握需求弹性和收益弹性的分析方法并能解释其经济意义;
- 熟练掌握经济应用问题中的最大值与最小值.

■本章任务提出

任务一 ［**用电需求弹性分析**］ 用电需求曲线事实上是建立在广泛的用户调查的基础上的,需要深入调查研究用户对电价的反应,通过调查得到的数据对需求曲线模型中的参数作出估计,对各类用户建立适合各自特点的用电需求曲线模型.

在某供电区内选取具有代表性的用户 A.用户 A 每天实行三班制生产,用户 B 负责向市区供水,每天 24 小时运转.它们都是 66 kV 大工业用户,实行峰、平、谷电价(各段电价分别为 0.588 元/kWh、0.392 元/kWh 和 0.196 元/kWh).将谷电价看作最低电价,峰电价看作最高电价,在谷、平、峰电价之间,基本均匀地选取若干个电价点,在这些电价情况下,调查用户的用电需求如表 4-1 所示.

表 4-1

电价(元/kWh)	0.196	0.250	0.300	0.350	0.392	0.450	0.500	0.550	0.588
用户 A 需求电量(万 kWh)	515	435	381	355	335	311	291	275	265
用户 B 需求电量(万 kWh)	320	315	312	305	300	296	290	285	280

(1)请找出用户用电需求 Q 关于电价 P 的函数表达式 $Q(P)$;

(2)求出用户用电需求 Q 关于电价 P 的需求弹性 E_d;

(3)分别对用户 A、用户 B 求当电价 $P=0.56$ 元时的需求弹性并解释其经济意义.

任务二　[旅馆最佳定价]　一旅馆有 200 间房间,如果定价不超过 40 元/间,则全部出租.若每间定价高出 1 元,则会少出租 4 间.设房间出租后的服务成本费为 8 元.

(1)试建立旅馆一天的利润与房价间的函数关系.

(2)求定价为多少元时,利润最大?

4.1　函数形态的分析

数学是一个知识的工具,它比任何其他由于人的作用而得来的知识工具更为有力,因而它是所有其他知识工具的源泉.

——笛卡儿

函数的单调性和极值、凹凸性和拐点是函数的重要形态,在学习函数及经济分析中有着重要的作用,例如著名的拉弗曲线(Laffer Curve).

在经济学界,美国供给学派经济学家拉弗(Laffer)知名度颇高.拉弗先生以其"拉弗曲线"而著称于世,并当上了里根总统的经济顾问,为里根政府推行减税政策出谋划策.

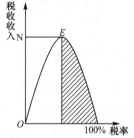

图 4-1　拉弗曲线

拉弗曲线的一般形状如图 4-1 所示,可以理解为:在原点 O 处税率为零时,将没有税收收入;随着税率增加,税收收入达到最高额;当税率为 100% 时,没有人愚蠢到还要去工作,所以也没有税收收入,因此曲线是两头向下的倒 U 形.拉弗曲线说明,当税率超过图中 E 点时,挫伤积极性的影响将大于收入影响.所以尽管税率被提高了,但税收收入却开始下降.图中的阴影部分被称为税率禁区,当税率进入禁区后,税率与税收收入呈反比关系,要恢复经济增长势头,扩大税基,就必须降低税率.只有通过降低税率才可以鱼与熊掌兼而得之——收入和国民产量都将增加.

拉弗曲线的形态变化,简单直观地说明了收入与国民产量和税收的关系,使得"减税主张"博得了社会各界的认同,最终被里根政府所采纳,从此其影响遍及欧美大陆.

4.1.1 函数的单调性

引例 4-1 【正态分布曲线】

在经济分析中,常常用到正态分布曲线,其解析表达式为:

$$f(x)=\frac{1}{\sqrt{2\pi}\sigma}e^{-\frac{(x-\mu)^2}{2\sigma^2}}$$

对于这样较为复杂的函数,如何求出其递增和递减区间?

预备知识:函数单调性的判别方法.

观察单调递增的函数图像,如图 4-2(a)所示,发现曲线上任一点处的切线与 x 轴正向的夹角都为锐角,也就是曲线上各点处的切线斜率都是正数,即 $f'(x)>0$.

而单调递减的函数图像,如图 4-2(b)所示,发现曲线上任一点处的切线与 x 轴正向的夹角都为钝角,也就是曲线上各点处的切线斜率都是负数,即 $f'(x)<0$.

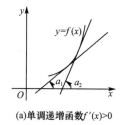 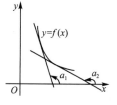

(a)单调递增函数 $f'(x)>0$ (b)单调递减函数 $f'(x)<0$

图 4-2

反之,当 $f'(x)>0$(或者 $f'(x)<0$)时,能否说明函数 $f(x)$ 是单调增加(或单调减少)呢?

定理 4-1 【单调性判定定理】 设函数在区间 (a,b) 内可导,则有

(1)如果在区间 (a,b) 内 $f'(x)>0$,则 $f(x)$ 在区间 (a,b) 内单调递增.

(2)如果在区间 (a,b) 内 $f'(x)<0$,则 $f(x)$ 在区间 (a,b) 内单调递减.

【例 4-1】 求下列函数的单调区间:

(1)$y=x^3-3x$;   (2) $y=xe^x$

解 (1)$y'=3x^2-3$,$y'>0\Rightarrow x>1$ 或 $x<-1$,$y'<0\Rightarrow-1<x<1$.则函数 $y=x^3-3x$ 的单调递增区间为 $(-\infty,-1)\bigcup(1,+\infty)$,单调递减区间为 $(-1,1)$,如图 4-3 所示.

(2)$y'=e^x+xe^x=e^x(1+x)$,

$y'>0\Rightarrow x>-1$,$y'<0\Rightarrow x<-1$.

则函数 $y=xe^x$ 的单调递增区间为 $(-1,+\infty)$,单调递减区间为 $(-\infty,-1)$,如图4-4所示.

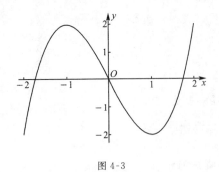

图 4-3   图 4-4

引例 4-1【正态分布曲线】的分析与求解

$$f'(x)=\frac{1}{\sqrt{2\pi}\sigma}e^{-\frac{(x-\mu)^2}{2\sigma^2}}\frac{(\mu-x)}{\sigma^2},f'(x)>0\Rightarrow x<\mu,f'(x)<0\Rightarrow x>\mu,$$

则正态分布曲线 $f(x)=\frac{1}{\sqrt{2\pi}\sigma}e^{-\frac{(x-\mu)^2}{2\sigma^2}}$ 的单调递增区间为 $(-\infty,\mu)$，单调递减区间为 $(\mu,$

$+\infty)$，如图 4-5 所示.

【思考题】　函数 $y=x+\sin x$ 的单调性如何？

定理 4-2　【单调性判定定理（补充）】 设函数在
区间 (a,b) 内可导，则有

　　(1)如果在区间 (a,b) 内 $f'(x)\geqslant 0$，则 $f(x)$ 在区间
(a,b) 内单调递增.

　　(2)如果在区间 (a,b) 内 $f'(x)\leqslant 0$，则 $f(x)$ 在区间

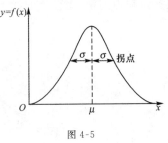

图 4-5

(a,b) 内单调递减.

　　其中，"＝"只在个别独立的散点上取得.

【思考】　为什么定理 4-2 中要求"＝"只在个别独立的散点上取得？

　　影响需求的因素包括购买愿望与购买能力等各种经济与社会因素，这些主要因素是：
价格、收入、消费者嗜好与预期.如果把消费者的收入作为主要因素，而把其他因素都视为
固定的，则商品需求量依消费者收入变化的函数关系称为恩格尔（Engel）函数.在经济学
中，如果某种商品的恩格尔函数是单调递增的，则称该商品为正常商品，如果是单调递减
的，则为劣质商品.

　　通过市场对恩格尔函数的分析，我们可以了解该种商品市场需求量的变化.当收入为
零时，需求量 Q 表示人们无收入时的需求量；当收入无限多时，需求量 Q 表示该商品的饱
和需求量，也即最大需求量.

【例 4-2】　设某一地区人们对高级唱片的需求量 Q 随着人们收入 x 变化的恩格尔函

数为 $Q(x)=\frac{4(x-3)}{x+2}$.讨论随着该地区收入的增加，人们对这种高级唱片需求的变化

趋势.

　　解　$Q'(x)=\frac{20}{(x+2)^2}>0$，$Q(x)$ 为递增函数.市场对该种商品的需求量 Q 随着人们
收入 x 的增加而增加，这种商品是正常商品.又

$$Q(0) = -6, Q(3) = 0, \lim_{x \to \infty} Q(x) = 4$$

说明当人们的收入为零时,基本生活需求无法得到满足,人们不会考虑这种唱片.只有当收入大于 3 时,人们才会对这种高级唱片有需求,但也不是无限的,人们的收入无穷时,市场对此商品的饱和需求量为 4.

4.1.2　函数的极值——函数的局部性质

引例 4-2 【成本最小】

推动一只船穿越某水域的燃料成本(以美元/h 为单位)正比于船速的立方.根据统计数据知:某渡船在以 10 km/h 的速度航行时,每小时消耗价值 100 美元的燃料.除燃料外,经营这只渡船的成本(包括劳力、维修等等)为 675 美元/h.它以何速度航行时,可使每 1 000 千米的航行成本最小?

预备知识:极值.

1. 函数极值的概念

定义 4-1 【极大值和极小值】　设 I 是以点 x_0 为中心的开区间,若函数 $f(x)$ 对于一切 $x \in I (x \neq x_0)$ 都有:

$$f(x_0) > f(x) \quad (f(x_0) < f(x))$$

则称 $f(x)$ 在点 x_0 取得极大(小)值,称点 x_0 为极大(小)值点.极大值、极小值统称为极值,极大值点、极小值点统称为极值点.

如图 4-6 中,在开区间 (a, b) 内,函数 $f(x)$ 在点 x_1, x_2, x_4, x_5, x_6 处取得极值,其中 x_1, x_4, x_6 为极小值点;x_2, x_5 为极大值点.

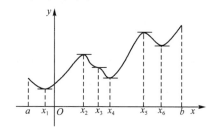

图 4-6

【思考题】　函数的极大值与极小值之间有大小关系吗? 函数的极值具有唯一性吗? 函数的极值会在闭区间的端点处取得吗?

定义 4-2 【驻点】　使函数 $f(x)$ 的导数 $f'(x) = 0$ 的点,称为函数的驻点.

【思考题】　驻点是否一定为极值点? 极值点是否一定为驻点?

定理 4-3 【极值存在的必要条件】　设函数 $f(x)$ 在点 x_0 处连续,且 x_0 为函数 $f(x)$ 的极值点,则

$$f'(x_0) = 0 \text{ 或 } f'(x_0) \text{ 不存在}$$

即函数的驻点和不可导点为可疑极值点.如图 4-7 所示.

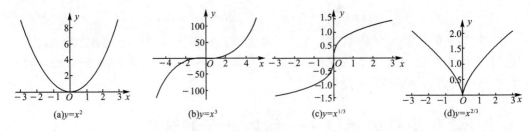

(a)$y=x^2$　　(b)$y=x^3$　　(c)$y=x^{1/3}$　　(d)$y=x^{2/3}$

图 4-7

2. 如何求函数的极值

对于连续函数,根据定义 4-1 可知:从增区间转换为减区间,形成极大值;从减区间转换为增区间,形成极小值.如图 4-8 所示.

因而一般地,求连续函数的极值点只需求出函数的单调区间,找到单调区间的分界点即可.

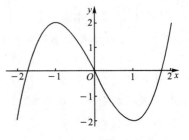

图 4-8

【例 4-3】 求下列函数的极值:

(1)$f(x)=x^3-3x$;　(2)$f(x)=\dfrac{2}{3}x-x^{\frac{2}{3}}$.

解 (1)$f'(x)=3x^2-3$,$f'(x)>0\Rightarrow x>1$ 或 $x<-1$,$f'(x)<0\Rightarrow -1<x<1$.画出 $f(x)$ 的单调区间示意图,如图 4-9 所示.则函数在 $x=-1$ 处取得极大值 $f(-1)=2$,在 $x=1$ 处取得极小值 $f(1)=-2$.

(2)$f'(x)=\dfrac{2}{3}-\dfrac{2}{3}x^{-\frac{1}{3}}=\dfrac{2}{3}\left(1-\dfrac{1}{\sqrt[3]{x}}\right)=\dfrac{2}{3}\dfrac{\sqrt[3]{x}-1}{\sqrt[3]{x}}$,$f'(x)>0\Rightarrow x>1$ 或 $x<0$,$f'(x)<0\Rightarrow 0<x<1$.

画出 $f(x)$ 的单调区间示意图,如图 4-10 所示.

图 4-9　　　　　　　　　　图 4-10

则函数在 $x=0$ 处取得极大值 $f(0)=0$,在 $x=1$ 处取得极小值 $f(1)=-\dfrac{1}{3}$.

引例 4-2【成本最小】的分析与求解

解 设 $c(v)$ 表示推动一只船穿越某水域的燃料成本(美元/h),$f(v)$ 为每 1 000 千米的航行成本.则有:

$$f(v)=\frac{1\,000}{v}c(v)+\frac{1\,000}{v}\times 675$$

其中,$c(v)=kv^3$,代入 $c(10)=100\Rightarrow k=0.1$. 所以

$$f(v)=\frac{1\,000}{v}0.1v^3+\frac{1\,000}{v}\times 675=100v^2+\frac{675\,000}{v}\Rightarrow f'(v)=\frac{200v^3-675\,000}{v^2};$$

$$f'(v)>0\Rightarrow v>15,f'(v)<0\Rightarrow v<15,$$

可知航行成本 $f(v)$ 在 $0\leqslant v<15$ 时不断降低,在 $v>15$ 时不断增加,所以当航行速度 $v=$

15 时航行成本最低, 为 $f(15) = 67\,500$(美元).

4.1.3　函数的最值——函数的整体性质

引例 4-3　【旅行社利润】

旅行社为某旅游团包飞机去旅游, 其中旅行社的包机费为 50 000 元, 旅游团中每人的飞机票按以下方式与旅行社结算: 若旅游团的人数在 50 人或 50 人以下, 飞机票每张收费 1 200 元; 若旅游团的人数多于 50 人, 则给予优惠, 每多 1 人, 每张机票减少 10 元, 但旅游团的人数最多有 100 人, 那么旅游团的人数为多少时, 旅行社可获得的利润最大?

预备知识: 最值的概念与求解.

1. 最值的概念

定义 4-3　【最大值、最小值】　设函数 $f(x)$ 定义在区间 D 上, $x_0 \in D$.

(1)对一切 $x \in D$, 都有 $f(x) \leqslant f(x_0)$, 则称 $f(x_0)$ 是 $f(x)$ 在区间 D 上的最大值;

(2)对一切 $x \in D$, 都有 $f(x) \geqslant f(x_0)$, 则称 $f(x_0)$ 是 $f(x)$ 在区间 D 上的最小值.

函数的最大值和最小值统称为最值, 取得最大值和最小值的点 x_0 称为最值点.

【思考题】　函数的最值与极值有什么区别与联系?

2. 最值的求法

根据连续函数的性质, 连续函数 $f(x)$ 在闭区间 $[a, b]$ 上必然存在最值. 根据连续函数和最值的概念及最值与极值的关系, 可得函数在开区间 (a, b) 内的最值一定在极值点处取得; 函数在闭区间 $[a, b]$ 上的最值一定在极值点或区间的端点处取得. 求函数最值的步骤如下:

(1)求出函数 $f(x)$ 在区间 (a, b) 内的所有可疑极值点(驻点与一阶不可导点);

(2)求出端点的函数值 $f(a)$ 和 $f(b)$;

(3)比较前面求出的所有函数值, 其中最大的就是 $f(x)$ 在区间 $[a, b]$ 上的最大值 M, 最小的就是 $f(x)$ 在区间 $[a, b]$ 上的最小值 m;

(4)对于实际问题, 如果确定其最值必然存在, 那么对应的函数模型 $f(x)$ 在其定义区间内的唯一驻点就是 $f(x)$ 在该区间上的最大值点或最小值点.

【例 4-4】　求函数 $f(x) = x^4 - 2x^2 + 3$ 在区间 $[-2, 2]$ 上的最值.

解　(1)$f'(x) = 4x^3 - 4x = 4x(x+1)(x-1)$;

(2)$f'(x) = 0 \Rightarrow x_1 = -1, x_2 = 0, x_3 = 1$;

(3)计算出 $f(0) = 3, f(\pm 1) = 2, f(\pm 2) = 11$;

(4)比较得出函数 $f(x) = x^4 - 2x^2 + 3$ 在区间 $[-2, 2]$ 上的最大值 $f(\pm 2) = 11$, 最小值 $f(\pm 1) = 2$.

引例 4-3【旅行社利润】的分析与求解

解　设旅游团有 x 人, 每张飞机票为 y 元, 依题意得:

当 $1 \leqslant x \leqslant 50$ 时, $y = 1\,200$;

当 $50 < x \leqslant 100$ 时, $y = 1\,200 - 10(x - 50) = -10x + 1\,700$. 则

$$y = \begin{cases} 1\,200, & 1 \leqslant x \leqslant 50 \\ -10x + 1\,700, & 50 < x \leqslant 100 \end{cases}$$

设利润为 $L(x)$ 元,则

$$L(x) = y \cdot x - 50\,000 = \begin{cases} 1\,200x - 50\,000, & 1 \leqslant x \leqslant 50 \\ -10x^2 + 1\,700x - 50\,000, & 50 < x \leqslant 100 \end{cases}$$

当 $1 \leqslant x \leqslant 50$ 时,$L_{\max}(50) = 1\,200 \times 50 - 50\,000 = 10\,000$;即当 $1 \leqslant x \leqslant 50$,旅游团人数为 50 人时,旅行社可获得最大利润 10 000 元;

当 $50 < x \leqslant 100$ 时,利润 $L(x)$ 关于 x 的导数

$$L'(x) = -20x + 1\,700 = 0 \Rightarrow x = 85;$$

$x_0 = 85$ 是 $L(x)$ 在 $50 < x \leqslant 100$ 上的唯一驻点,则当旅游团人数为 85 人时,旅行社可获得最大利润 22 250 元.

综上,当旅游团人数为 85 人时,旅行社可获得最大利润 22 250 元.

案例 4-1 【**最优批量**】 某工厂生产某型号车床,年产量为 a 台,分若干批进行生产,每批生产准备费为 b 元.设产品均匀投入市场,且上一批用完后立即生产下一批,即平库存量为批量的一半.设每年每台库存费为 c 元.显然,生产批量大则库存费高;生产量少则批数增多,因此生产准备费高.

(1)如何选择批量,才能使一年中库存费与生产准备费的和最小?

(2)如果年产量为 1 100 台,每批生产准备费为 0.2 万元,每年每台库存费为 0.1 万元.这时最优批量为多少?

解 (1)设批量为 x,库存费与生产准备费的和为 $P(x)$,因年产量为 a,所以每年生产的批数为 $\dfrac{a}{x}$,则生产准备费为 $b \cdot \dfrac{a}{x}$,因库存量为 $\dfrac{x}{2}$,故库存费为 $c \cdot \dfrac{x}{2}$,因此可得

$$P(x) = \frac{ab}{x} + \frac{c}{2}x$$

由几何不等式得:$P(x) = \dfrac{ab}{x} + \dfrac{c}{2}x \geqslant 2\sqrt{\dfrac{ab}{x} \cdot \dfrac{c}{2}x} = \sqrt{2abc}$,当且仅当 $\dfrac{ab}{x} = \dfrac{c}{2}x$ 时,即

$x = \sqrt{\dfrac{2ab}{c}}$ 时,$P(x)$ 取得最小值 $P\left(\sqrt{\dfrac{2ab}{c}}\right) = 2\sqrt{\dfrac{ab}{x} \cdot \dfrac{c}{2}x} = \sqrt{2abc}$.

注意:(1)几何不等式:$a + b \geqslant 2\sqrt{ab}$,当且仅当 $a = b$ 时等号成立.考虑到大一学生还没学到导数,故用了高中的几何不等式的概念.另:此题主要考查学生模型的建立.

(2)$x = \sqrt{\dfrac{2ab}{c}} = \sqrt{\dfrac{2 \times 1\,100 \times 0.2}{0.1}} = 66.33$,因批量为整数,因此可选取最优批量为 66 台.

4.1.4 函数的凹凸性与拐点

引例 4-4 【几何方法证明不等式】

用几何方法说明:对一切 $x \in \mathbf{R}$,都有 $e^x \geqslant 1 + x$.

函数的单调性反映在图形上,即为曲线的上升或下降.但是,曲线在上升或下降的过程中,还有一个弯曲方向的问题.例如图 4-11 中有两条曲线弧 ACB 和 ADB,虽然它们都是上升的,但在上升过程中,它们的弯曲方向却不一样,因而图形显著不同.图形的弯曲方向,在几何上是用曲线的"凹凸性"来描述的.

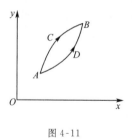

图 4-11

定义 4-4 **【函数的凹凸性】** 设函数 $y = f(x)$ 在开区间 (a, b) 内连续,且曲线在每一点处切线都存在,

(1)若曲线 $y = f(x)$ 总是位于任一切线的上方,称曲线 $y = f(x)$ 在区间 (a, b) 内是凹的.函数 $y = f(x)$ 为凹函数,(a, b) 为函数的凹区间,如图4-12(a);

(1)若曲线 $y = f(x)$ 总是位于任一切线的下方,称曲线 $y = f(x)$ 在区间 (a, b) 内是凸的.函数 $y = f(x)$ 为凸函数,(a, b) 为函数的凸区间,如图 4-12(b).

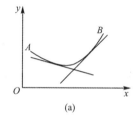
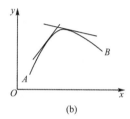

图 4-12

定理 4-4 **【凹凸判定定理】** 设 $f(x)$ 在 $[a, b]$ 上连续,在 (a, b) 内具有二阶导数,那么

(1)若在 (a, b) 内,$f''(x) > 0$,则曲线弧 $y = f(x)$ 在 $[a, b]$ 上是凹的;

(2)若在 (a, b) 内,$f''(x) < 0$,则曲线弧 $y = f(x)$ 在 $[a, b]$ 上是凸的.

定义 4-5 **【拐点】** 凹凸曲线弧的分界点称为拐点.

定理 4-5 **【拐点存在的必要条件】** 设函数 $f(x)$ 在点 x_0 处连续,且 x_0 为函数 $f(x)$ 的拐点,则 $f''(x_0) = 0$ 或 $f''(x_0)$ 不存在.

【思考题】 请大家依照极值存在的必要条件,举例说明定理 4-5 的各种情形.

【例 4-5】 确定曲线 $y = x^3 - 3x + 2$ 的凹凸区间.

解 $y' = 3x^2 - 3$,$y'' = 6x$

$y'' > 0 \Rightarrow x > 0$,$f(x)$ 在区间 $(0, +\infty)$ 内是凹函数;

$y'' < 0 \Rightarrow x < 0$,$f(x)$ 在区间 $(-\infty, 0)$ 内是凸函数.

$x = 0$ 为函数凹凸区间的分界点,拐点为 $(0, 2)$.

引例 4-4【几何方法证明不等式】的分析与求解

解 由于 $y'' = e^x > 0$,所以 $y = e^x$ 在 $(-\infty, +\infty)$ 内是凹函数,直线 $y = 1 + x$ 是曲线 $y = e^x$ 在 $(0, 1)$ 处的切线,如图 4-13.根据凹函数的定义,可知对一切 x,均有 $e^x \geqslant 1 + x$.

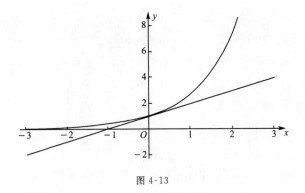

图 4-13

技能训练 4-1

一、基础题

1.求以下各个函数的单调区间和极值：

(1) $y = x^2 - 2x + 2$；

(2) $y = \dfrac{1}{\sqrt{2\pi}} e^{-\frac{x^2}{2}}$；

(3) $y = x^2 e^x$；

(4) $y = x - \ln(1+x)$；

(5) $y = x^3 - 3x^2 + 7$；

(6) $y = 2 - (x^2 - 1)^{2/3}$.

2.求下列函数在指定区间上的最值：

(1) $y = e^x, x \in [0, 5]$；

(2) $y = \sqrt{5 - 4x}, x \in [-1, 1]$；

(3) $y = x^4 - 2x^2 + 5, x \in [-2, 2]$.

(4) $y = x + \sqrt{x}, x \in [0, 9]$.

3.求下列函数的凹凸区间及拐点：

(1) $y = x^3 - 3x^2 + 2x - 7$；

(2) $y = \ln(1 + x^2)$；

(3) $y = \dfrac{1}{\sqrt{2\pi}} e^{-\frac{x^2}{2}}$；

(4) $y = 100\left(\dfrac{e^{x/100} + e^{-x/100}}{2} - 1\right)$.

二、应用题

1.【制作盒子】一块边长为 a 的正方形金属薄片,从四周截去大小相同的四个小方块, 然后把四边翻转 $90°$,再焊接成一个无盖的盒子,问截去的小方块的边长为多少时,盒子的容量最大？ 最大是多少?

2.【车站选址】铁路线上 AB 段的距离为 100 km. 工厂 C 距 A 处为 20 km, AC 垂直于 AB(图 4-14). 为了运输需要,要在 AB 线上选定一点 D 作为简易卸货车站,向工厂修筑一条公路. 已知铁路每千米货运的运费与公路每千米货运的运费之比为 $3:5$,为了使货物从供应站 B 运到工厂 C 的运费最省,问 D 点应选在何处?

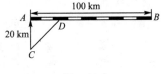

图 4-14

4.2　边际分析

> 数学是上帝用来书写宇宙的文字.
>
> ——伽利略

4.2.1　边际分析的由来和意义

在经济学中,边际是与导数密切相关的一个经济学概念.边际分析源于数学中的增量分析,它反映了经济函数中的一个或几个自变量发生微小变动时,因变量如何随之变动.西方经济学家非常重视基于定量分析的"边际分析方法",把边际分析方法的发现和应用看成是一场"边际革命".很多经济决策都是基于对"边际"成本和收入的分析得到的.

边际分析法在 1870 年提出后,首先应用于对效用的分析,由此建立了效用的理论基础——边际效用价值论.这一分析方法的应用引起了西方经济学的革命,其具体意义表现为:

第一,边际分析的应用使西方经济学研究的重心发生了转变.由原来带有一定的"社会性、历史性"意义的政治经济学转变为纯粹研究如何进行资源的市场配置.

第二,边际分析开创了经济学"数量化"的时代.边际分析本身是一种数量分析,在这个基础上,线性代数、集合论、概率论、拓扑学、差分方程等数学方法在经济学中得到了广泛的应用.数量化分析成为了西方经济学的主要特征.

第三,边际分析导致了微观经济学的形成.边际分析以个体经济活动为出发点,以需求、供给为重心,强调主观心理评价,导致了以"个量分析"为特征,以市场和价格机制为研究中心的微观经济学的诞生.微观经济学正是研究市场和价格机制如何解决三大基本经济问题:探索消费者如何得到最大满足,生产者如何得到最大利润,生产资源如何得到最优分配的规律.

第四,边际分析奠定了最优化理论的基础.在边际分析的基础上,西方经济学从理论上推出了所谓最优资源分配,最优收入分配,最大经济效率及整个社会达到最优的一系列条件和标准.

第五,边际分析使整个实证经济学得到了最大发展.研究变量变动时,整个经济发生了什么变动,这为研究事物本来面目、回答经济现象"是什么"问题的实证经济学提供了方法论基础.

4.2.2 边际成本和边际收益

引例 4-5 【房产投资问题】

某房地产张姓老板投资 1 个亿建一栋 30 层的楼,预期回报率为 20%,但大楼封顶后,外墙装饰等后续工程尚未处理,张老板已经没有钱了.于是张老板到民间放贷人那里借了 1 000 万元,月息为 5%(如果折算成年息就是 60%,这样的利率绝不是危言耸听,而是现实存在的).请问,张老板这种做法可取吗?给出你的理由.

预备知识:边际收益的概念和计算.

很多经济决策是基于对"边际"成本和收入的分析得到的.我们通过一个案例看看这一思想.

案例 4-2 【航空公司决策】 假设你经营一个航空公司,你想决定是否增加新的航班,该如何决策呢?我们假定决策纯粹是根据财务理由作出的:如果该航班能给公司挣钱,则应增加.显然你需要考虑有关的成本和收入.由于要在增加航班和维持原有航班数量之间作出选择,所以关键是增加航班的**附加成本**是大于还是小于该航班所产生的**附加收益**.这种附加成本和收入称为**边际成本**(Marginal Cost,MC)和**边际收益**(Marginal Revenue,MR).

设 $C(q)$ 是经营 q 个航班的总成本函数.如果该航空公司最初计划经营 100 个航班,则其成本为 $C(100)$.由于增加了一个航班,则其成本为 $C(101)$.因此

$$MC = C(101) - C(100)$$

现在 $C(101) - C(100) = \dfrac{C(101) - C(100)}{1}$.

这个量是 100 到 101 个航班之间成本的平均变化率,如图 4-15 所示,这个平均变化率是割线的斜率.如果成本函数在该点附近弯曲得不太快,那么割线斜率近乎是该处的切线斜率.由于这两个变化率区别不太大,很多经济学家都选择把边际成本 MC 定义为成本的瞬时变化率.

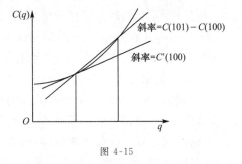

图 4-15

定义 4-6 【边际成本】 设总成本函数为 $C(q)$,称 $C'(q)$ 为 $C(q)$ 关于产量 q 的边际成本(Marginal Cost,MC),记为 $MC = C'(q)$.

边际成本 $C'(q_0)$ 的经济含义:当产量达到 q_0 时,如果再增加(或减少)一个单位的产量,则总成本将增加(或减少)$C'(q_0)$ 个单位.

西方经济学家习惯于用更直接的形式表述边际成本的经济意义:边际成本是在当前的生产量水平下,生产最后一个单位产品所花费的成本.这个解释有一个好处是不必知道总成本函数的具体表达式(事实上,在实际的经济活动中,总成本函数的解析表达式是很难找到的),也不需要求导,只需从财务报表中查到生产最后一个单位产品所花费的成本,就可以确定边际成本.

类似地,如果 q 个航班产生的收益是 $R(q)$,则航班数量从 100 增加到 101 所产生的附加收益为

$$MR = R(101) - R(100)$$

现在

$$R(101) - R(100) = \frac{R(101) - R(100)}{1}$$

这个量是 100 到 101 个航班之间收益的平均变化率,这个平均变化率通常几乎与瞬时变化率相等,因而经济学家常常选择把边际收益 MR 定义为收益的瞬时变化率.

定义 4-7 【边际收益】 设收益函数为 $R(q)$,称 $R'(q)$ 为 $R(q)$ 关于销量 q 的边际收益(Marginal Revenue,MR),记为 $MR = R'(q)$.

边际收益 $R'(q_0)$ 的经济含义:当销量达到 q_0 时,如果再增加(或减少)一个单位的销量,则收益将增加(或减少) $R'(q_0)$ 个单位.

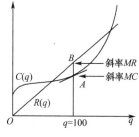

图 4-16

案例 4-2【航空公司决策】的分析与求解

分析 如果该航空公司的 $C(q)$ 和 $R(q)$ 如图 4-16 所示,该公司应该增加第 101 个航班吗?

解 边际收益是收益曲线 $R(q)$ 的斜率,边际成本是成本曲线 $C(q)$ 的斜率.从图 4-16 可以看出,点 A 处的斜率小于点 B 处的斜率.所以 $MC < MR$.也就是说,该公司如果再经营一个航班,那么它所挣的附加收入要比支出的附加成本多,所以该公司应当着手经营第 101 个航班.

【例 4-6】 设某产品产量为 q 吨($0 \leqslant q \leqslant 200$)时的总成本函数 $C(q) = 1\,000 + 7q + 50\sqrt{q}$ 元,求:

(1)产量为 100 吨时的总成本;

(2)产量为 100 吨时的平均成本;

(3)产量从 100 吨增加到 144 吨时,总成本的平均变化率;

(4)产量为 100 吨时的边际成本.

解 (1)产量为 100 吨时的总成本为

$$C(100) = 1\,000 + 7 \times 100 + 50 \times \sqrt{100} = 2\,200(元)$$

(2)产量为 100 吨时的平均成本为

$$\overline{C}(100) = \frac{C(100)}{100} = 22(元)$$

(3)产量从 100 吨增加到 144 吨时,总成本的平均变化率为

$$\frac{\Delta C}{\Delta q} = \frac{C(144) - C(100)}{144 - 100} = \frac{2\,608 - 2\,200}{44} = \frac{102}{11}(元/吨)$$

(4)产量为 100 吨时的边际成本为

$$C'(100) = (1\,000 + 7q + 50\sqrt{q})' \Big|_{q=100} = \left(7 + \frac{25}{\sqrt{q}}\right)' \Big|_{q=100} = 9.5(元)$$

这个结论的经济含义是:当产量为 100 吨时,再增加(或减少)1 吨的产量,总成本将

增加(或减少)9.5元.

【例4-7】 由于 MC 和 MR 是导函数,它们可以根据总成本和总收入的图像来估计. 如果 $R(q)$ 和 $C(q)$ 分别由图 4-17(a)(b)给出,画出 $MR=R'(q)$ 和 $MC=C'(q)$ 的图像.

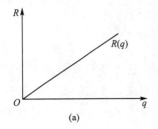
(a)

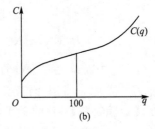
(b)

图 4-17

解 收入图像是过原点的曲线,其方程为

$$R(q)=pq,$$

其中 p 是常数,所以

$$MR=R'(q)=p,$$

如图 4-18 所示.

由于总成本是递增的,所以边际成本总是正的. 当 $q<100$ 时,总成本曲线是凸的,所以边际成本是递减的. 当 $q>100$ 时,总成本是凹的,于是边际成本是递增的. 因此边际成本在 $q=100$ 处具有极小值,如图 4-19 所示.

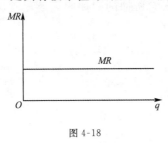

图 4-18

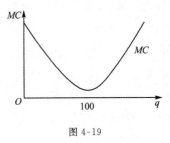

图 4-19

4.2.3 边际利润

已知总收入和总成本函数,如何求出最大总利润. 这对于任何产品的制造者来说,显然都是最基本的问题. 下面的例子正是针对这一问题并得出一个通常来说有效的结果.

【例4-8】 如果总收入和总成本由图 4-20 的曲线 $R(q)$ 和 $C(q)$ 分别给出,求最大利润.

解 利润由两条曲线的纵向差表示,并在图上用纵向箭头标出. 当收入低于成本,公司亏损;当收入高于成本,公司赢利. 可以看出,在 $q=140$ 时,利润最大,所以这就是我们要寻找的生产水平.

可以观察出,在 $q=140$ 处两条切线是平行的. 在 $q=140$ 的左边,收入曲线的斜率大于成本曲线的斜率,因

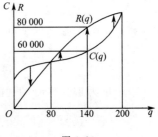

图 4-20

而利润随着 q 的增长而增长. 在 $q=140$ 的右边,收入曲线的斜率小于成本曲线的斜率,因而利润随着 q 的增长而递减. 在两个斜率相等的点处,利润有一个局部极大值;否则,可通过左移或右移使利润增长. 为了保证这个局部极大值是全局极大值(即最大值),我们需要检查端点,在 $q=0$ 处,利润是负的,在 $q=200$ 处,利润是 0. 所以全局极大值确实在 $q=140$ 处取得.

由图 4-20 可知:

$$最大利润=80\,000\,美元-60\,000\,美元=20\,000\,美元$$

假设由于某种理由,我们要求最小利润(等同于最大亏损),对于此例中的曲线,在端点 $q=0$ 处有最小利润.

定义 4-8 【边际利润】　设利润函数为 $L(q)=R(q)-C(q)$,在所有产品均能售出的情况下,称 $L'(q)=R'(q)-C'(q)$ 为 $L(q)$ 关于销量 q 的边际利润(Marginal Lucre,ML),记为 $ML=L'(q)$.

边际利润 $L'(q_0)$ 的经济含义:当销量达到 q_0 时,如果再增加(或减少)一个单位的销量,则利润将增加(或减少)$L'(q_0)$ 个单位.

注意到 $L'(q)=R'(q)-C'(q)$. 当 $L'(q)>0$ 时,$R'(q)>C'(q)$,即边际收益大于边际成本,这说明每多生产一个单位产品所增加的收益大于所耗费的成本,增加销量能获取正的利润,所以应该加大产品的生产销售以获取这部分利润;如果产量增加到 $L'(q)=R'(q)-C'(q)=0$,则边际收益等于边际成本,生产销售不再产生利润,这说明到了这个生产量水平,利润已经达到最大,对应的生产量就是最佳的生产销售量. 这就是著名的利润最大化原则:生产销量的边际成本等于边际收益即 $MC=MR$ 时,生产销售获得的总利润达到最大. 当然,最大利润也不一定发生在 $MC=MR$ 时,还要考虑端点. 可是这一关系要比我们对个别问题得出的答案强有力得多,因为它是帮助我们在一般情形下确定最大利润的条件.

【例 4-9】　设总收入和总成本(以美元为单位)分别由下列两式给出:
$$R(q)=5q-0.003q^2$$
$$C(q)=300+1.1q$$
其中 $0\leqslant q\leqslant 1\,000$. 求最大利润和最小利润.

解
$$MR=R'(q)=5-0.006q$$
$$MC=C'(q)=1.1$$
$$MC=MR\Rightarrow q=650$$

它是否表示 $L(q)$ 的一个局部极大值点或局部极小值点呢? 我们可以观察在生产水平为 649 个单位和 651 个单位时,利润将发生怎样的变化来加以确认. 当 $q=649$ 时,有 $MR=1.106$ 美元,大于边际成本. 这意味着,多生产一个单位将带来比其成本更多的收入,所以利润将增加. 当 $q=651$ 时,有 $MR=1.094$ 美元,小于边际成本,所以生产第 651 个产品是无利可图的. 我们的结论是:$q=650$ 是利润函数 $L(q)$ 的局部极大值,生产和销售这一数量产品所获得的利润为

$$L(650)=R(650)-C(650)=1\,982.50-1\,015=967.50(美元)$$

为了核实是否是全局极大值,需要观察端点:$L(0)=-300$(美元),$L(1\,000)=$

600(美元).因此,当 $MC=MR$ 时,即 $q=650$ 时,有最大利润.当 $q=0$ 时,有最小利润.

引例 4-5【房产投资问题】的分析和求解

分析　为什么投资回报率只有 20% 的房地产投资项目可以承担起年息为 60% 的高利贷呢? 运用边际分析法,计算边际收益,就会理解投资者即使经营投资回报率较低的项目,有时也可以承担起高利息.

因为房地产老板有了这 1 000 万元就能把房子盖好,盖好了就可以出售了.而如果不去借这 1 000 万元,前期的投资就无法收回了.如果用边际分析法来分析,大家就会一目了然了.因为他借了这 1 000 万元把房子建好后,产生的边际收益就是整个楼盘的收益,即 1 亿元×20%=2 000 万元.而借了这 1 000 万元之后:如果借一个月,边际成本就是1 000万元×5%=50 万元,这时他的边际利润=2 000 万元-50 万元=1 950 万元;如果借 2 个月,边际成本就是 1 000 万元×5%×2=100 万元,他的边际利润=2 000 万元-100 万元=1 900 万元;如果借 3 个月,边际成本就是 1 000 万元×5%×3=150 万元,他的边际利润=2 000 万元-150 万元=1 850 万元.因此,哪怕他借 6 个月,边际成本也只有 300 万元,但他的边际利润却有 1 700 万元.也就是说,该房地产老板借这 1 000 万元的边际成本仅仅是付给放贷人的利息,而他的边际收益却是整个楼盘的收益.所以,这样算出来,还是很划算的.

案例 4-3　【是否接受新增订货】　某厂生产某种产品的生产能力为 1 万台,已接受订货 8 000 台,单价为 1 100 元,固定成本总额为 120 万元,单位产品的变动成本为 850元.现有一客户要订购该产品 2 000 台,单价为 950 元,该厂是否应接受这批特殊订货?

解　如果只接受前面的 8 000 台订货,销售收入为 880 万元,总的变动成本为 680 万元(850×8 000 元),总成本为 800 万元(120+680 万元),销售利润为 80 万元(880-800万元).如果接受这批特殊订货,则销售收入为 1 070 万元,销售收入增加 190 万元(950×2 000 元),变动成本总额为 850 万元,增加 170 万元(850×2 000 元),总成本为 970 万元(850+120 万元),销售利润为 100 万元.利润总额增加 20 万元.

这是因为在生产能力允许的条件下,增加产量,一般只会增加产品的变动成本,这样便可以大大减少单位产品分摊的固定成本.虽然新的订货价格较低,但企业仍有利可图,所以应接受这批特殊订货.其决策的原则是:特殊订货的单位产品价格要大于单位产品的变动成本,即边际贡献大于 0.

直接用边际贡献进行计算:

新订货每台产品的边际贡献=950-850=100(元)

新订货总的边际贡献=100×2 000=200 000(元)

这 20 万元边际贡献,就是接受这批特殊订货为企业增加的利润额.

技能训练 4-2

一、基础题

1.已知某商品的成本函数为 $C(q)=100+0.25q^2(0\leqslant q\leqslant100)$,求当 $q=10$ 时的总成本、平均成本及边际成本.

2.设生产某产品 q 个单位的收益函数 $R(q)=200q-0.01q^2(0\leqslant q\leqslant1\,000)$,求:(1)生

产 50 个单位产品时的收益;(2)生产 50 个单位产品时的边际收益并解释其经济意义.

3.设生产 q 件产品的总成本 $C(q)=0.01q^2-0.6q+13$.

(1)固定成本是多少?

(2)如果当每件产品的价格为 7 美元(假定生产的产品全部售出)时,最大利润是多少?

(3)当固定的生产水平为 34 件产品时,每件价格提高 1 美元,则少卖出 2 件.是否应当提价销售? 如果是,价格应当提高多少?

二、应用题

设 $C(q)$ 是生产数量为 q 的某产品的总成本(见图 4-21)

(1)解释 $C(0)$ 的意义;

(2)用文字来描述,随着产品数量的增加,边际成本如何变化;

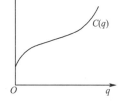

图 4-21

(3)(用经济术语)解释图像的凹凸性;

(4)(用边际成本)解释拐点的经济含义;

(5)你是否认为所有各类产品的 $C(q)$ 图像都与图中图像相像.

4.3　弹性分析

数学是知识的工具,亦是其他知识工具的源泉.所有研究顺序和度量的科学均和数学有关.

——笛卡尔

边际分析中考虑的是经济函数的绝对增量与绝对变化率,其变动的大小由自变量与因变量各自的单位来度量,但在实际的经济活动中,仅仅知道函数 $f(x)$ 的绝对改变量 Δy 与绝对变化率 $f'(x)$ 是远远不够的.

引例 4-6 【保健品的价格降低对需求量的影响有多大】

某连锁药店搞促销活动,对某种保健品的价格进行了调整,根据销售记录,调价一周前后的需求量的数据见表 4-2.

表 4-2　　　　　　　　　保健品需求情况

调价前		调价后	
单价(元/克)	需求量/克	单价(元/克)	需求量/克
100	350	95	420

问:(1)分别表示价格和需求量的绝对改变量和相对改变量;

(2)计算需求量的相对改变量与价格的相对改变量的比值.

分析和求解

解 （1）价格的绝对改变量和相对改变量为

$$\Delta p = 95 - 100 = -5(元), \frac{\Delta p}{p} = \frac{-5}{100} = -0.05$$

需求量的绝对改变量和相对改变量为

$$\Delta Q = 420 - 350 = 70(克), \frac{\Delta Q}{Q} = \frac{70}{350} = 0.2$$

降价 5%，保健品的需求量增加了 20%.

（2）需求量的相对改变量与价格的相对改变量之比为

$$\frac{\Delta Q}{Q} \Big/ \frac{\Delta p}{p} = \frac{0.2}{-0.05} = -4.$$

可见，需求量的变动幅度是价格变动幅度的 4 倍，也就是说，若价格平均变动 1% 时，需求量将随之变动 4%（一般情况下，价格上浮，需求量减少；价格下调，需求量增加）.

显然，需求量的相对改变量对于价格的相对改变量的比值，能够比较精确地描述保健品价格波动对需求量变化的影响程度. 这就是弹性分析法. 推广到更一般的情形中去，就可以得到"需求量的价格弹性"（简称"需求弹性"）的概念及相关理论.

4.3.1 需求弹性

1. 函数的弹性

定义 4-9 【函数的弹性】 对于函数 $y = f(x)$，若 $\Delta x \to 0$ 时，函数的相对改变量 $\frac{\Delta y}{y}$ 与自变量的相对改变量 $\frac{\Delta x}{x}$ 之比的极限 $\lim\limits_{\Delta x \to 0} \frac{\Delta y / y}{\Delta x / x}$ 存在，称此极限值为函数 $y = f(x)$ 在点 x 处的弹性，记为 $E(x)$，即

$$E(x) = \lim_{\Delta x \to 0} \frac{\Delta y / y}{\Delta x / x} = \lim_{\Delta x \to 0} \frac{\Delta y}{\Delta x} \cdot \frac{x}{y} = y' \cdot \frac{x}{y}$$

$E(x)$ 也称为函数 $y = f(x)$ 的弹性函数. $E(x_0) = f'(x_0) \dfrac{x_0}{f(x_0)}$ 称为函数 $y = f(x)$ 在点 x_0 处的弹性值.

【例 4-10】 求函数 $y = x^2 e^{3x}$ 的弹性函数及在 $x = 1$ 处的弹性.

解 $E(x) = y' \dfrac{x}{y} = (2x e^{3x} + 3x^2 e^{3x}) \dfrac{x}{x^2 e^{3x}} = 2 + 3x$，所以 $E(1) = 5$.

2. 需求弹性

经济学中常用到的需求弹性，是指需求对价格的弹性.

消费者对某一商品的需求量受多方面因素的影响，如果只考虑价格因素，则一般来说，消费者对某一商品的需求量是与其价格按相反方向变化的，而且不同的商品在价格变动相同时，其需求量的变化是不同的.

需求弹性是研究商品价格和需求量之间变化密切程度的一种相对量，也就是需求量对价格变动的敏感性问题，对分析需求量和价格的关系、合理制订商品价格有着极为重要

的意义.

定义 4-10　【需求弹性】　设某商品的市场需求量为 Q，价格为 p，需求函数 $Q=Q(p)$ 可导，则称 $\lim\limits_{\Delta p \to 0}\dfrac{\Delta Q/Q}{\Delta p/p}$ 为该商品的需求价格弹性（Price Elasticity of Demand），简称需求弹性，记为 E_d，即

$$E_d = \lim_{\Delta p \to 0}\frac{\Delta Q/Q}{\Delta p/p} = \lim_{\Delta p \to 0}\frac{\Delta Q}{\Delta p} \cdot \frac{p}{Q} = \frac{p}{Q(p)}Q'(p)$$

价格为 p_0 时的需求弹性也称点弹性，即

$$E_d \Big|_{p=p_0} = \frac{p_0}{Q(p_0)}Q'(p_0)$$

因为需求是价格的单调减少函数，$Q'(p)$ 一般为负值，因而一般情况下 $E_d<0$，需求弹性 E_d 的经济含义为：当价格为 p_0 时，价格上涨或下跌 1%，需求量约减少或增加 $|E_d|\%$，它反映了需求量相对变动对价格相对变动的灵敏程度.

3. 需求弹性的三种常见情形

（1）若 $E_d=-1$（即 $|E_d|=1$），即价格提高 1%，需求量恰减少 1%，即商品需求量的相对变化与价格的相对变化基本相等，此时需求是单位弹性的，日用品通常属于这种情况.

（2）若 $E_d<-1$（即 $|E_d|>1$），即价格提高 1%，需求量减少高于 1%，即需求量对价格的变化反应较为敏感，适当降价会使需求量较大幅度上升、收入增加，此时需求是富有弹性的，高档消费品、奢侈品多属于这种情况.

（3）若 $-1<E_d<0$（即 $|E_d|<1$），即价格提高 1%，需求减少低于 1%，即价格的变化对需求量的影响较小，在适当涨价后，不会使需求量有太大的下降、收入增加. 此时需求是缺乏弹性的，生活必需品多属于这种情况.

说明：需求弹性的特殊情况：

（1）$E_d=0$，称为完全无弹性，即价格再怎样变动，需求量都不会变动（如殡葬服务、特效药品等）.

（2）$E_d=\infty$，称为完全富有弹性，即在既定价格上，需求量无限（如古董）.

事实上，以上两种情形只是在理论上相对而言的.

【例 4-11】　某种商品的需求量 Q（百件）与价格 p（千元）的关系 $Q(p)=25\mathrm{e}^{-0.4p}$，$p\in[0,8]$ 求价格为 6 千元时的需求弹性，说明其经济意义，并指出企业能否采取调价措施来增加收入，怎么调整价格较妥当？

解　$E_d = \dfrac{p}{Q}Q'(p) = \dfrac{p}{25\mathrm{e}^{-0.4p}} \cdot (-10\mathrm{e}^{-0.4p}) = -0.4p.$

当 $p=6$ 时，$E_d\big|_{p=6}=-2.4$. 这表明，当价格上涨（或下降）1%时，该商品的需求量将减少（或增加）2.4%，即商品价格的变化对需求量有较大的影响，企业应考虑降低售价. 此时，如果单价压低 1%，可使消费者的需求量增加 2.4%，薄利多销也能提高企业的效益.

【例 4-12】　某种商品的需求量 Q 与价格 p 的关系 $Q(p)=150-2p^2$，$p\in(0,8)$.

（1）求需求弹性；

（2）讨论当价格为多少时，弹性分别是缺乏弹性、单位弹性、富有弹性？

解　$(1) E_d = \dfrac{p}{Q} Q'(p) = \dfrac{p}{150-2p^2} \cdot (-4p) = -\dfrac{2p^2}{75-p^2}$;

(2)令 $E_d = -1$，即 $-\dfrac{2p^2}{75-p^2} = -1$，$2p^2 = 75 - p^2$，解得 $p = 5$.

令 $|E_d| < 1$，解得 $0 < p < 5$，即当价格 p 满足 $0 < p < 5$ 时，$|E_d| < 1$，需求缺乏弹性.

令 $|E_d| > 1$，解得 $5 < p < 8$，即当价格 p 满足 $5 < p < 8$ 时，$|E_d| > 1$，需求富有弹性.

上述例题说明，同一款商品，在不同的价位区间，可能表现为需求缺乏弹性，也可能表现为需求富有弹性.

4.3.2　收益弹性

收益 R 是商品价格 p 与销售量 Q 的乘积，若已知需求函数 $Q = Q(p)$，则收益 R 是价格 p 的函数，即

$$R(p) = p \cdot Q(p)$$

收益对价格的弹性（Price Elasticity of Revenue）为

$$E_r = \frac{p}{R(p)} R'(p) = \frac{p}{p \cdot Q(p)} (Q(p) + pQ'(p)) = 1 + E_d = 1 - |E_d|$$

收益对价格的弹性变化有以下三种类型：

(1)当收益弹性 $E_r > 0$ 时，需求缺乏弹性，即 $|E_d| < 1 (-1 < E_d < 0)$ 时，则收益随价格同向变动，价格提升，收益增长，应采用提价策略.

(2)当收益弹性 $E_r < 0$ 时，需求富有弹性，即 $|E_d| > 1 (E_d < -1)$ 时，则收益随价格反向变动，价格降低，收益增长，应采用降价策略.

(3)当收益弹性 $E_r = 0$ 时，需求为单位弹性，即 $|E_d| = 1 (E_d = -1)$ 时，则价格下降（上涨）1%，收益不变，即收益不随价格的变动而变动，因此不需要调整价格，此时获得的收益最大.

【例 4-13】　设某商品的需求函数 $Q(p) = 36e^{-\frac{p}{6}} (0 < p < 12)$，求：

(1)需求弹性函数；

$(2) p = 7.2$ 时的需求弹性；

$(3) p = 7.2$ 时若价格上涨 1%，收益增加还是减少？将变化多少？

解　$(1) E_d = \dfrac{p}{Q} Q'(p) = \dfrac{p}{36e^{-\frac{p}{6}}} \cdot \left(36e^{-\frac{p}{6}} \cdot \left(-\dfrac{1}{6}\right)\right) = -\dfrac{p}{6}$;

$(2) E_d(7.2) = -1.2$，$|E_d(7.2)| = 1.2 > 1$，需求富有弹性；

$(3) E_r(7.2) = 1 - |E_d(7.2)| = -0.2$;

所以当 $p = 7.2$，价格上涨 1%，收益将减少 0.2%.

【例 4-14】【如何定价收益最大】　若某商品由某个企业垄断生产，产品的需求函数为 $Q(p) = 12 - 0.5p$，在 $p = 6$ 和 $p = 18$ 时，若价格上涨 1%，收益将如何变化？价格为多少时，收益最大？

解　$E_d = \dfrac{p}{Q(p)} Q'(p) = \dfrac{p}{12-0.5p} \cdot (-0.5)$，$E_r = 1 - |E_d|$，则

(1)$E_d(6) \approx -0.3, E_r(6) = 1 - |E_d(6)| \approx 0.7$, 即当价格为 6 时, 价格上涨 1%, 收益增加 0.7%.

(2)$E_d(18) = -3, E_r(18) = 1 - |E_d(18)| = -2$, 即当价格为 18 时, 价格上涨 1%, 收益减少 2%.

(3)当 $E_r = 1 - |E_d| = 0$ 时, 总收益最大, 即

$$1 + \frac{p}{Q(p)} Q'(p) = 0 \Rightarrow 1 + \frac{-0.5p}{12 - 0.5p} = 0.$$

解得 $p = 12$, 即价格为 12 时, 总收益最大.

案例 4-4　【大众汽车进军北美市场】　当大众汽车公司带着甲壳虫进入美国市场时, 因为在欧洲没有成功, 大量的存货堆满了港口和通道, 等待着出口到新的市场, 因而大众汽车公司会集中一段时间研究增加收益的需求刺激因素. 在美国市场上, 大众公司原先没有销售网络, 当时通用和福特也正在开发微型车, 所以大众决定以一个极低的促销价, 800 美元进入美国市场. 两年后, 价格增长了 25%, 虽然卖 1 000 美元会失去一些愿意支付 800～999 美元的潜在顾客, 但继续售出的每辆车都多卖了 200 美元, 很容易抵消以原价 800 美元销售时减少的销售量所造成的收益损失. 到 1960 年, 大众又将价格提高了 20%, 达到了 1 200 美元, 收益又增加了. 最后到 1964 年达到了 1 350 美元, 收益达到最大. 这个案例给我们什么启示?

分析　(1)从案例中可知, 甲壳虫先以"低价"方式进入美国市场, 之后将售价从 800 美元提升至 1 350 美元. 而这个阶段中, 甲壳虫的价格弹性从缺乏弹性 ($\eta < 1$) 逐渐演变成价格弹性等于单位弹性 ($\eta = 1$).

(2)当甲壳虫的售价提高到 1 350 美元时, 价格弹性 = 单位弹性, 总收益是最高的. 因而在价格尚未提高到 1 350 时, 因甲壳虫这款车型的提价使得每辆车多赚取的利润合计起来, 足以覆盖因提价使得一部分消费者放弃购买而损失的利润. 所以涨价比降价能够赚取更多的利润.

(3)从案例中可以看出, 大众公司用甲壳虫打入北美市场的策略是非常成功的. 大众公司通过全面分析当时消费者的收入、消费者的消费偏好、市场供求关系, 替代品和竞争者的状况, 应用经济管理学中价格弹性的原理, 判断出在当时的社会政治和经济背景下, 甲壳虫的市场是非常广阔的. 在甲壳虫进入北美市场到上世纪 60 年代之前, 甲壳虫这款车型的价格弹性是非常缺乏的. 大众公司利用这一点, 通过低价格打入市场, 再利用人们对甲壳虫缺乏价格弹性的这种产品的依赖, 持续小幅涨价, 将价格提升到边际收益为零的 1 350 美元, 最大限度地赚取收益, 获得有史以来最辉煌的成功.

技能训练 4-3

一、基础题

1. 已知函数 $y = 10e^{-2x}$, 求 $E(x)$ 及 $E(2)$.

2. 设某商品需求量 Q 与价格 p 的函数关系为

$$Q(p) = 1\ 600e^{-0.03p} \quad (80 < p < 120)$$

求: (1)需求弹性函数; (2)当价格 $p = 100$ 时的需求弹性, 说明其经济含义.

　　3.设某商品需求量 Q 与价格 p 的函数关系为

$$Q(p)=75-p^2 \quad (2<p<8)$$

求:(1) $p=4$ 时的边际需求,说明其经济含义;

　　(2) $p=4$ 时的需求弹性,说明其经济含义;

　　(3) $p=4$ 时,若价格上涨 1%,收益增加还是减少? 将变化多少?

　　(4) $p=6$ 时,若价格上涨 1%,收益增加还是减少? 将变化多少?

二、应用题

　　1.某城市乘客对公交车票价需求的价格弹性约为 -0.6.票价 1 元,日乘客量为 50 万人左右.为降低车厢内的拥挤程度,提高乘客的舒适度,公交车公司计划提价后,日乘客量净减少量控制为 9 万人左右,则新的票价为多少?

　　2.已知某公司生产的某种电器的需求弹性在 $-3.5\sim-1.5$ 之间,如果该公司计划在下一年度内将价格降低 10%,试问这种电器的销售量将会增加多少? 收益将会增加多少?

4.4　计算未定式极限的一般方法——洛必达法则

　　攀登科学高峰,就像登山运动员攀登珠穆朗玛峰一样,要克服无数艰难险阻,懦夫和懒汉是不可能享受到胜利的喜悦和幸福的.

——陈景润

　　引例 4-7　如何计算 $\lim\limits_{x\to 0}\dfrac{e^x-1}{\sin x}$ 的值?

　　在第二章中介绍了 $\dfrac{0}{0}$ 型和 $\dfrac{\infty}{\infty}$ 型未定式,对于这两种形式的未定式,需要根据情况应用不同的方法求其极限.本节介绍借助导数求解这两类未定式的一般方法——洛必达法则.

4.4.1　$\dfrac{0}{0}$ 型和 $\dfrac{\infty}{\infty}$ 型未定式

　　定理 4-6　**【洛必达法则】**　如果函数 $f(x)$ 与 $g(x)$ 满足以下三个条件:

　　(1) $\lim\limits_{x\to x_0}f(x)=0$, $\lim\limits_{x\to x_0}g(x)=0$;

　　(2)函数 $f(x)$ 与 $g(x)$ 在 x_0 的某个邻域内(点 x_0 可除外)可导,且 $g'(x)\neq 0$;

　　(3) $\lim\limits_{x\to x_0}\dfrac{f'(x)}{g'(x)}=A$(其中, A 可以是有限数,也可以是 ∞、$+\infty$ 或 $-\infty$),则

$$\lim_{x\to x_0}\frac{f(x)}{g(x)}=\lim_{x\to x_0}\frac{f'(x)}{g'(x)}=A.$$

注意：上述定理对于 $x\to\infty$ 时的"$\frac{0}{0}$"型未定式同样适用，而对于 $x\to x_0$ 或 $x\to\infty$ 时的"$\frac{\infty}{\infty}$"型未定式也适应.

引例 4-7 的求解

解　该极限是"$\frac{0}{0}$"型未定式，由洛必达法则

$$\lim_{x\to0}\frac{e^x-1}{\sin x}=\lim_{x\to0}\frac{(e^x-1)'}{(\sin x)'}=\lim_{x\to0}\frac{e^x}{\cos x}=\frac{1}{1}=1.$$

注意：由 $\lim\limits_{x\to0}\dfrac{e^x-1}{\sin x}=1$ 可知，当 $x\to0$ 时，e^x-1 与 $\sin x$ 是等价的无穷小量，进而与 x 也是等价的无穷小量，同理可验证 $\ln(1+x)$ 与 x 是等价无穷小量.

【例 4-15】　求极限 $\lim\limits_{x\to0}\dfrac{1-\cos x}{x^2}$.

解法 1

$$\lim_{x\to0}\frac{1-\cos x}{x^2}=\lim_{x\to0}\frac{2\sin^2\frac{x}{2}}{x^2}=\lim_{x\to0}\frac{2\sin^2\frac{x}{2}}{4\left(\frac{x}{2}\right)^2}=\frac{1}{2}\lim_{x\to0}\frac{\sin^2\frac{x}{2}}{\left(\frac{x}{2}\right)^2}=\frac{1}{2}\lim_{x\to0}\left(\frac{\sin\frac{x}{2}}{\frac{x}{2}}\right)^2=\frac{1}{2}.$$

解法 2　该极限是"$\frac{0}{0}$"型未定式，由洛必达法则

$$\lim_{x\to0}\frac{1-\cos x}{x^2}=\lim_{x\to0}\frac{\sin x}{2x}=\frac{1}{2}.$$

【例 4-16】　求极限 $\lim\limits_{x\to0}\dfrac{x-\sin x}{\sin x^3}$.

解　$\lim\limits_{x\to0}\dfrac{x-\sin x}{\sin x^3}=\lim\limits_{x\to0}\dfrac{x-\sin x}{x^3}=\lim\limits_{x\to0}\dfrac{1-\cos x}{3x^2}=\lim\limits_{x\to0}\dfrac{\sin x}{6x}=\dfrac{1}{6}.$

注意：先用等价无穷小量替换，然后再用洛必达法则，可以简化计算；只要条件满足，洛必达法则可以连续使用.

【例 4-17】　求极限 $\lim\limits_{x\to0}\dfrac{(e^x-1)\cdot\ln(1+x)}{\tan x\cdot\arcsin x}$.

解　$\lim\limits_{x\to0}\dfrac{(e^x-1)\cdot\ln(1+x)}{\tan x\cdot\arcsin x}=\lim\limits_{x\to0}\dfrac{x\cdot x}{x\cdot x}=1.$

注意：若用洛必达法则求解，则运算会比较繁琐，可以直接用等价无穷小量替换.

【例 4-18】　求极限 $\lim\limits_{x\to0}\dfrac{x^2\sin\frac{1}{x}}{\sin x}$.

解法 1　该极限是"$\frac{0}{0}$"型未定式，运用洛必达法则

$$\lim_{x\to0}\frac{x^2\sin\frac{1}{x}}{\sin x}=\lim_{x\to0}\frac{2x\sin\frac{1}{x}-\cos\frac{1}{x}}{\cos x}(\text{无极限}),$$

那么能否得出 $\lim\limits_{x \to 0} \dfrac{x^2 \sin \dfrac{1}{x}}{\sin x}$ 不存在呢？

解法 2 $\lim\limits_{x \to 0} \dfrac{x^2 \sin \dfrac{1}{x}}{\sin x} = \lim\limits_{x \to 0} \dfrac{x^2 \sin \dfrac{1}{x}}{x} = \lim\limits_{x \to 0} x \sin \dfrac{1}{x} = 0.$

注意：当 $\lim\limits_{x \to x_0} \dfrac{f'(x)}{g'(x)}$ 不存在时，并不能断定 $\lim\limits_{x \to x_0} \dfrac{f(x)}{g(x)}$ 也不存在. 定理 4-6 的条件只是结论的充分非必要条件.

【**例 4-19**】   求极限 $\lim\limits_{x \to +\infty} \dfrac{x^n}{e^x}$.

解   该极限是"$\dfrac{\infty}{\infty}$"型未定式，由洛必达法则

$$\lim_{x \to +\infty} \frac{x^n}{e^x} = \lim_{x \to +\infty} \frac{n x^{n-1}}{e^x} = \lim_{x \to +\infty} \frac{n(n-1) x^{n-2}}{e^x} = \cdots = \lim_{x \to +\infty} \frac{n!}{e^x} = 0.$$

【**例 4-20**】   求极限 $\lim\limits_{x \to +\infty} \dfrac{\ln x}{x^a}(a>0)$.

解   该极限是"$\dfrac{\infty}{\infty}$"型未定式，由洛必达法则

$$\lim_{x \to +\infty} \frac{\ln x}{x^a} = \lim_{x \to +\infty} \frac{\dfrac{1}{x}}{a x^{a-1}} = \lim_{x \to +\infty} \frac{1}{a x^a} = 0$$

注意：由例 4-19 和例 4-20 可知，对数函数、幂函数、指数函数这三个函数在 $x \to +\infty$ 的过程中，指数函数的相对增长速度最快，幂函数次之，对数函数增长最慢.

4.4.2   其他形式的未定式 $(0 \cdot \infty, \infty - \infty, 0^0, 1^\infty, \infty^0)$

除"$\dfrac{0}{0}$"型和"$\dfrac{\infty}{\infty}$"型之外，还有 $0 \cdot \infty, \infty - \infty, 0^0, 1^\infty, \infty^0$ 型等未定式. 它们都可以转化成"$\dfrac{0}{0}$"型或"$\dfrac{\infty}{\infty}$"型，然后用洛必达法则来求极限.

【**例 4-21**】   求极限 $\lim\limits_{x \to 1} \left(\dfrac{x}{x-1} - \dfrac{1}{\ln x} \right)$.

解   该极限是"$\infty - \infty$"型未定式，先变形为"$\dfrac{0}{0}$"型，再用洛必达法则.

$$\lim_{x \to 1} \left(\frac{x}{x-1} - \frac{1}{\ln x} \right) = \lim_{x \to 1} \frac{x \ln x - x + 1}{(x-1)\ln x} = \lim_{x \to 1} \frac{\ln x}{\ln x + 1 - \dfrac{1}{x}} = \lim_{x \to 1} \frac{\dfrac{1}{x}}{\dfrac{1}{x} + \dfrac{1}{x^2}} = \frac{1}{2}$$

【例 4-22】　求极限 $\lim\limits_{x \to 0^+} x \ln x.$

解　该极限是"$0 \cdot \infty$"型未定式,先变形为"$\dfrac{\infty}{\infty}$"型,再用洛必达法则.

$$\lim_{x \to 0^+} x \ln x = \lim_{x \to 0^+} \frac{\ln x}{\dfrac{1}{x}} = \lim_{x \to 0^+} \frac{\dfrac{1}{x}}{-\dfrac{1}{x^2}} = \lim_{x \to 0^+} (-x) = 0$$

技能训练 4-4

一、基础题

运用洛必达法则求下列极限:

(1) $\lim\limits_{x \to 0} \dfrac{2^x - 1}{x}$;

(2) $\lim\limits_{x \to 0} \dfrac{\ln(1 + x)}{x}$;

(3) $\lim\limits_{x \to 0} \dfrac{(1 + x)^\pi - 1}{x}$;

(4) $\lim\limits_{x \to a} \dfrac{\sin x - \sin a}{x - a}$;

(5) $\lim\limits_{x \to 0} \dfrac{\sqrt{a + x} - \sqrt{a - x}}{x}$ $\quad (a > 0)$;

(6) $\lim\limits_{x \to 0} \dfrac{e^x - e^{-x}}{x}$;

(7) $\lim\limits_{x \to +\infty} \dfrac{\ln x}{x + 2\sqrt{x}}$;

(8) $\lim\limits_{x \to 0} \left(\dfrac{1}{x} - \dfrac{1}{e^x - 1} \right)$.

二、讨论题

(1) $\lim\limits_{x \to +\infty} \dfrac{x + \sin x}{x}$;

(2) $\lim\limits_{x \to +\infty} \dfrac{e^x + e^{-x}}{e^x - e^{-x}}$;

(3) $\lim\limits_{x \to 0} \dfrac{\tan x - x}{x^2 \cdot \sin x}$;

(4) $\lim\limits_{x \to 0} \dfrac{(\tan 2x) \cdot \ln(1 + 4x)}{x \cdot \arcsin 4x}$.

本章任务解决

任务一　[用电需求弹性分析]

利用数学软件 Mathematica 进行数据拟合,对于用户 A,得出如图 4-22 的拟合效果:

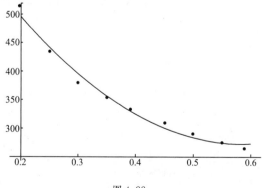

图 4-22

解得

$$Q(p) = 1\ 492.53p^2 - 1\ 755.51p + 788.96$$

$$E_d = \frac{p}{Q(p)}Q'(p) = \frac{p}{1\ 492.53p^2 - 1\ 755.51p + 788.96} \times (2\ 985.06p - 1\ 755.51)$$

$E_d(0.56) = -0.17$,即当电价 $p = 0.56$ 元时,电价上涨 1%,用电需求量将下降 0.17%.对于用户 B 的情形,请同学们参照上述求解过程,尝试自行解决.

任务二　[旅馆最佳定价]

解:设 x 为房价,y 为一天的利润

$$y = \begin{cases} 200(x-8), & 8 \leqslant x \leqslant 40 \\ [200 - 4(x-40)](x-8), & 40 < x < 90 \\ 0, & x \geqslant 90 \end{cases}$$

当 $8 \leqslant x \leqslant 40$ 时,$y_{\max} = 6\ 400$,当 $40 < x < 90$ 时,$y = -4x^2 + 392x - 2\ 880$.

$y' = -8x + 392 = 0 \Rightarrow x = 49$,当 $x = 49$ 时利润最大.$y\big|_{x=49} = 6\ 724$.

本章小结

1.本章知识结构

本章以导数在经济分析中的应用为中心,重点是利用导数来判定函数的单调性、极值、函数的最大值与最小值、函数的凹凸性及拐点,解决经济中的常见问题——边际、弹性及最优化问题.

2.函数的形态

能够利用函数形态来直观地认识函数.它包括函数的定义域、对称性和周期性、单调性、极值、最值、凹凸性与拐点.

3.导数在经济分析中的应用

学习导数在经济分析中的应用时,重点学习边际、弹性的经济学意义.

(1)边际分析

边际成本 $MC(q_0)$ 的经济含义:当产量达到 q_0 时,如果再增加(减少)1 个单位的产品,则成本将增加(减少)$MC(q_0)$ 个单位.

边际收益 $MR(q_0)$ 的经济含义:当销售量达到 q_0 时,如果再增加(减少)1 个单位的产品,则收益将增加(减少)$MR(q_0)$ 个单位.

边际利润 $ML(q_0)$ 的经济含义:当产量达到 q_0 时,如果再增加(减少)1 个单位的产品,则利润将增加(减少)$ML(q_0)$ 个单位.

(2)需求弹性

需求对价格的弹性公式 $E_d = \frac{p}{Q(p)}Q'(p)$.

需求弹性 E_d 表示需求量对价格的敏感程度.

需求弹性 E_d 一般为负值,其经济含义:当价格 $p = p_0$ 时,价格上涨(下降)1%,其需

求量将减少(增加)$|E_d|$%.

(3)收益弹性

收益弹性与需求弹性的关系 $E_r = 1 - |E_d|$.

收益对价格的弹性变化有以下三种类型：

①当收益弹性 $E_r > 0$ 时,需求缺乏弹性,即 $|E_d| < 1(-1 < E_d < 0)$ 时,则收益随价格同向变动,价格提升,收益增长,应采用提价策略.

②当收益弹性 $E_r < 0$ 时,需求富有弹性,即 $|E_d| > 1(E_d < -1)$ 时,则收益随价格反向变动,价格降低,收益增长,应采用降价策略.

③当收益弹性 $E_r = 0$ 时,需求为单位弹性,即 $|E_d| = 1(E_d = -1)$ 时,则价格下降(上涨)1%,收益不变,即收益不随价格的变动而变动,因此不需要调整价格,此时获得的收益最大.

4.洛必达法则

洛必达法则是求未定式极限的一般方法,在极限计算中,应注重各种极限方法的综合应用.

综合技能训练 4

一、基础题

1.求函数 $y = (x-2)\sqrt[3]{x^2}$ 的单调区间、极值.

2.求函数 $y = \arctan x$ 的凹凸区间、拐点.

3.求下列极限：

(1)$\lim\limits_{x \to 0} \dfrac{1 - \cos 2x}{x \sin x}$;

(2)$\lim\limits_{x \to 0} \dfrac{\sin 4x}{\sqrt{x+4} - 2}$;

(3)$\lim\limits_{x \to +\infty} \dfrac{x}{x + \sqrt{x}}$;

(4)$\lim\limits_{x \to 0} \left(\dfrac{1}{\sin^2 x} - \dfrac{1}{x^2} \right)$.

二、应用题

1.设某产品的售价为 200 元/单位,成本函数是

$$C(q) = 5\,000 - 10q + \frac{1}{10}q^2 \quad (q < 120)$$

当 $q = 100$ 时,求：

(1)边际成本,并说明其经济含义;

(2)边际收益,并说明其经济含义;

(3)边际利润,并说明其经济含义.

2.设某商品需求量 Q 与价格 p 的函数关系式 $Q(p) = 100 - 2p^2 (p < 7)$,求：

(1)需求弹性;

(2)当 $p = 3$ 时的需求弹性,并说明其经济含义;

(3)当 $p = 2$ 时,若价格上涨 1%,收益增加还是减少?将变化多少?

(4)当 $p = 6$ 时,若价格上涨 1%,收益增加还是减少?将变化多少?

数学文化视野

将数学引入经济学的第一人——保罗·萨缪尔森

人物经历:1935 年毕业于芝加哥大学,随后获得哈佛大学的硕士学位和博士学位,并一直在麻省理工学院任经济学教授,是麻省理工学院研究生部的创始人.他是那些能够和普通大众进行交流的为数极少的科学家之一.他经常出席国会作证,在联邦委员会、美国财政部和各种私人非营利机构任学术顾问.他发展了数理和动态经济理论,将经济科学提高到新的水平,是当代凯恩斯主义的集大成者,经济学的最后一个通才.他是当今世界经济学界的巨匠之一,他所研究的内容十分广泛,涉及经济学的各个领域,是世界上罕见的多能学者.萨缪尔森首次将数学分析方法引入经济学,帮助经济困境中上台的肯尼迪政府制订了著名的"肯尼迪减税方案",并且写出了一部被数百万大学生奉为经典的教科书.他于 1947 年成为约翰·贝茨·克拉克奖的首位获得者,并于 1970 年获得诺贝尔经济学奖.

成长求学:保罗·萨缪尔森 1915 年 5 月 15 日生于美国印第安纳州的加里(Gary)城的一个波兰犹太移民家庭,其父亲法兰克·萨缪尔森是一名药剂师,1923 年其家搬到芝加哥居住.1935 年获芝加哥大学文学学士学位,1936 年获芝加哥大学文学硕士学位,1941 年获哈佛大学理学博士学位.在哈佛就读期间,师从约瑟夫·熊彼特、华西里·列昂惕夫、哥特弗里德·哈伯勒和有"美国的凯恩斯"之称的阿尔文·汉森研究经济学.萨缪尔森出身于经济学世家,其兄弟罗伯特·萨缪尔森、妹妹安妮塔·萨缪尔森、侄子拉里·萨缪尔森均为经济学家,另一个侄子则是大名鼎鼎的美国财政部长劳伦斯·萨默斯.

把数学分析引入经济学研究:人们翻开经济学方面的论著,多会看到各种复杂的数学公式和模型.数学家成为诺贝尔经济学奖的得主也已司空见惯.可以说,今天的经济学早已和数学密不可分.而萨缪尔森正是把数学引入经济学的第一人.

1932 年,保罗·萨缪尔森考入芝加哥大学,专修经济学.此时的经济学发展,就如萨缪尔森在 1985 年 2 月的一次演讲时所说:"1932 年我开始在芝加哥大学攻读经济学时,经济学还只是文字的经济学."

萨缪尔森毕业后在哈佛大学继续攻读学业,在 26 岁那年取得博士学位.其博士学位论文《经济理论操作的重要性》获哈佛大学威尔斯奖,以此为基础形成的《经济分析基础》为萨缪尔森赢得了诺贝尔经济学奖.当时评奖委员会说:"在提升经济学家理论的科学分析水平上,他(萨缪尔森)的贡献要超过当代其他任何一位经济学家,他事实上以简单语言重写了经济学理论的相当部分."

1958 年,他与 R·索洛和 R·多夫曼合著了《线性规划与经济分析》一书,为经济学界新诞生的经济计量学作出了贡献.

有的经济学家在评论萨缪尔森在经济学领域中的影响时指出,萨缪尔森在经济学领域中可以说是无处不在的. 人们进入大学一开始学习经济学便遇到了萨缪尔森,读的是萨缪尔森的《经济学》教科书;而当进入高层次经济理论研究之时,人们还是离不开萨缪尔森,这时萨谬尔森的《经济分析基础》成了经济理论研究的指导;在几乎所有的经济学领域,诸如:微观经济学、宏观经济学、国际经济学、数量经济学,人们总是能从萨缪尔森的有关著作中获得启示和教益.

第5章

积分的概念与计算

■本章概要

17 世纪中叶,牛顿和莱布尼兹先后提出了定积分的概念——和式极限,后又发现了积分和微分之间的内在联系,提供了计算定积分的一般方法.自此,定积分成为解决实际问题的有力工具,而原本各自独立的微分学和积分学则紧密地联系在一起,构成理论体系完整的微积分.

前面我们学习了求已知函数的导数,即变化率问题,已知成本函数求导得到边际成本,已知利润函数求导得到边际利润等.在经济领域的许多问题中,常常会遇到相反的问题,例如:已知边际成本求成本函数、已知边际利润求利润函数,或求这些函数在某个区间上的总量,这些问题归结起来就是已知一个函数的导数,要求这个函数,这就是我们要学习的积分问题.

■学习目标

- 了解定积分概念的起源与发展;
- 理解不定积分、定积分的两个基本概念;
- 掌握定积分的基本思想;
- 掌握牛顿-莱布尼兹公式;
- 掌握微积分基本积分公式,能熟练进行积分运算.

■本章任务提出

任务一 ［已知边际求经济应用函数］ 在经济管理中,已知某经济应用函数的边际函数为 $u'(x)$,求对应的经济应用函数 $u(x)$,如总需求函数,总成本函数,总收入函数以及总利润函数等.

(1)生产某产品的边际成本函数为 $c'(x)=3x^2-14x+100$,固定成本 $c(0)=10\ 000$,求出生产 x 个产品的总成本函数.

(2)某企业产品的边际收益函数 $R'(Q)=60-8Q$,且产量 Q 与时间 t 的关系为 $Q=\dfrac{1}{2}t^2$,试求从时刻 $t=1$ 到 $t=3$ 企业的总收益.

任务二　[消费者剩余与生产者剩余]　在经济管理中,需求函数 $Q=f(P)$ 是价格 P 的单调递减函数;供给函数 $Q=g(P)$ 是价格 P 的单调递增函数,二者分别存在反函数 $P=f^{-1}(Q)$ 与 $P=g^{-1}(Q)$,此时函数 $P=f^{-1}(Q)$ 也称为需求函数,而 $P=g^{-1}(Q)$ 也称为供给函数.

需求曲线(函数)$P=f^{-1}(Q)$ 与供给曲线(函数)$P=g^{-1}(Q)$ 的交点 $A(P^*,Q^*)$ 称为均衡点,在此点供需达到均衡.均衡点的价格 P^* 称为均衡价格.

如果消费者以比他们原来预期的价格低的价格(如均衡价格)购得某种商品,由此而节省下来的钱的总数称它为消费者剩余.反之,如果生产者以均衡价格 P^* 出售某商品,而没有以他们本来计划的以较低的售价 $P=g^{-1}(Q)$ 出售该商品,由此所获得的额外收入,称它为生产者剩余.根据下面两种情况试计算消费者剩余与生产者剩余.

(1)设某产品的需求函数是 $P=30-0.2\sqrt{Q}$,如果价格固定在每件 10 元,试计算消费者剩余.

(2)设某商品的供给函数为 $P=250+3Q+0.01Q^2$,如果产品的单价为 425 元,计算生产者剩余.

5.1　定积分的概念

新的数学方法和概念,常常比解决数学问题本身更重要.

——华罗庚

5.1.1　定积分概念的来源与发展

定积分的发展大致可以分为三个阶段:古希腊数学的准备阶段,17 世纪的创立阶段以及 19 世纪的完成阶段.

1.准备阶段

准备阶段主要包括 17 世纪中叶以前定积分思想的萌芽和先驱者们大量的探索、积累工作.这个时期随着古希腊灿烂文化的发展,数学也开始散发出它不可抵挡的魅力.整个 16 世纪,积分思想一直围绕着"求积问题"发展,它包括两个方面:一个是求平面图形的面积和由曲面包围的体积,一个是静力学中计算物体重心和液体压力.德国天文学家、数学家开普勒在他的名著《测量酒桶体积的新科学》一书中,认为给定的几何图形都是由无穷多个同维数的无穷小图形构成的,用某种特定的方法把这些小图形的面积或体积相加就能得到所求的面积或体积,他是第一个在求积中运用无穷小方法的数学家.17 世纪中叶,法国数学家费尔玛、帕斯卡均利用了"分割求和"及无穷小的性质的观点求积.可见,利用"分割求和"及无穷小的方法,已被当时的数学家普遍采用.

2. 创立阶段

创立阶段主要包括 17 世纪下半叶牛顿、莱布尼兹的积分概念的创立和 18 世纪积分概念的发展.牛顿和莱布尼兹几乎同时且互相独立地进入了微积分的大门.

牛顿从 1664 年开始研究微积分,早期的微积分常称为"无穷小分析",其原因在于微积分建立在无穷小的概念上.当时所谓的"无穷小"并不是我们现在说的"以零为极限的变量",而是含糊不清的,从牛顿的"流数法"中可见一斑,"流数法"的主要思想是把连续变动的量称为"流量",流量的微小改变称为"瞬"即"无穷小量",将这些变量的变化率称为"流数".用小点来表示流数,如 $\overset{.}{x}$,$\overset{.}{y}$ 表示变量 x,y 对时间的流数.他指出:曲线 $f(x,y)=0$ 在某给定点处切线的斜率就是 y 流数与 x 流数之比,从而导出 y 对 x 的导数就是 y 的流数与 x 的流数之比,即相当于现在的 $\dfrac{\mathrm{d}y}{\mathrm{d}x}=\dfrac{\overset{.}{y}}{\overset{.}{x}}$.

莱布尼兹从 1673 年开始研究微积分问题,他在《数学笔记》中指出求曲线的切线依赖于纵坐标与横坐标的差值之比(当这些差值变成无穷小时);求积依赖于在横坐标的无限小区间纵坐标之和或无限小矩形之和,并且莱布尼兹开始认识到求和与求差运算的可逆性,用 $\mathrm{d}y$ 表示曲线上相邻点的纵坐标之差,把 $\int \mathrm{d}y$ 表示为所有这些差的和,$y=\int \mathrm{d}y$ 明确指出:"$\int$"意味着和,d 意味着差.明确指出了:作为求和过程的积分是微分之逆,实际上也就是今天的定积分.

3. 完成阶段

19 世纪的前 20 年,微积分的逻辑基础仍然不够完善.从 19 世纪 20 年代至 19 世纪末,经过波尔查诺、柯西、维尔斯特拉斯、戴德金等数学家的努力,微积分的理论基础基本完成,波尔查诺通过极限给出了函数连续的概念及导数的严格定义,柯西用极限给出了积分的定义,指出"$\int$"不能理解为一个和式,而是和式

$$S_n = \sum_{k=1}^{n} f(x_k)(x_k - x_{k-1}).$$

当 $|x_k - x_{k-1}|$ 无限减小时,S_n 能"最终达到的某个极限值 S",这个 S 就是函数 $f(x)$ 在区间 $[x_0,x]$ 上的定积分.柯西定义了函数 $F(x) = \int_{x_0}^{x} f(t)\mathrm{d}t$,证明了当 $f(x)$ 在 $[x_0,x]$ 上连续时,$F(x)$ 在 $[x_0,x]$ 上连续、可导,且 $F'(x) = f(x)$.继之柯西证明了 $f(x)$ 的全部原函数彼此只相差一个常数,因此,他把不定积分写成:$\int f(x)\mathrm{d}x = \int_{x_0}^{x} f(t)\mathrm{d}t + C$,并由此推出了牛顿 - 莱布尼兹公式 $\int_{x_0}^{x} f(x)\mathrm{d}x = F(x) - F(x_0)$.至此,微积分基本定理给出了严格证明和最确切的表示形式.

5.1.2　定积分的概念

在中学,我们学习过很多规则的平面几何图形,比如正方形、长方形、三角形、梯形、平行四边形、圆等等,这些规则的平面几何图形的面积求解可以借助面积公式进行求解. 对于不规则平面图形的面积,总是可以转化为两个曲边梯形面积之差. 所以,如果会求曲边梯形的面积,就会求任何不规则平面图形的面积了.

案例 5-1 【曲边梯形的面积】　设 $y = f(x)$ 在 $[a, b]$ 上连续,我们称由直线 $x = a$, $x = b$ 及曲线 $y = f(x)$ 所围的图形为曲边梯形,如图 5-1 所示.

下面我们研究曲边梯形面积的计算方法.

(1) 分割 —— 化整为零. 用满足 $a = x_0 < x_1 < x_2 < \cdots < x_n = b$ 的 $n+1$ 个分点 x_k 将区间 $[a, b]$ 分割成 n 个小区间 $[x_{k-1}, x_k]$ $(k = 1, 2, \cdots, n)$ 并作垂线 $x = x_k$,把整个曲边梯形分成几个小的曲边梯形(图 5-2),每一个小曲边梯形的宽度记作 $\Delta x_k = x_k - x_{k-1}$ $(k = 1, 2, \cdots, n)$.

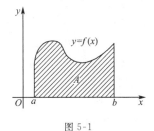

图 5-1　　　　　　　　　　　图 5-2

(2) 替代 —— 以直代曲. 在 $[x_{k-1}, x_k]$ 上任取一点 ξ_k,$f(\xi_k)$ 为高的第 k 个小矩形面积 $f(\xi_k) \cdot \Delta x_k$ 近似代替第 k 个小曲边梯形的面积 ΔS_k,即

$$\Delta S_k \approx f(\xi_k) \cdot \Delta x_k (k = 1, 2, \cdots, n)$$

(3) 求和 —— 积零为整. 把 n 个小矩形面积加起来便是大曲边梯形面积的近似值,即

$$S = \sum_{k=1}^{n} \Delta S_k \approx \sum_{k=1}^{n} f(\xi_k) \cdot \Delta x_k$$

(4) 取极限 —— 近似变精确. 由于 Δx_k 越小,分割越细,误差越小. 上式的近似程度就越好. 于是我们规定:若当 $\Delta x_k \to 0$ 时,和式 $\sum_{k=1}^{n} f(\xi_k) \cdot \Delta x_k$ 的极限存在,且与 ξ_k 的取法及区间的分割无关,则称此极限值为曲边梯形的面积,即

$$S = \lim_{\lambda \to 0} \sum_{k=1}^{n} f(\xi_k) \cdot \Delta x_k,$$

式中 $\lambda = \max\{\Delta x_1, \Delta x_2, \cdots, \Delta x_n\}$.

这样,我们就得到了和式极限形式的曲边梯形的面积.

案例 5-2 【总产量的变化率为变化时的总产量】　我们知道,当总产量对时间的变化率(即边际产量)为常量时,总产量等于变化率乘以时间. 现在设总产量的变化率 Q' 是时间 t 的函数 $Q' = Q'(t)$,求时间 t 从 a 到 b 的总产量 Q.

(1) 分割 —— 化整为零. 我们也将时间区间 $[a, b]$ 分成几个小区间 $[t_{k-1}, t_k]$,记其长度为 $\Delta t_k = t_k - t_{k-1}$ $(k = 1, 2, \cdots, n)$.

（2）替代 —— 以直代曲. 在 $[t_{k-1}, t_k]$ 上任取一点 ξ_k，则 $Q'(\xi_k) \cdot \Delta t_k$ 为时间段 $[t_{k-1}, t_k]$ 的生产量 ΔQ_k 的近似值，即

$$\Delta Q_k \approx Q'(\xi_k) \cdot \Delta x_k (k = 1, 2, \cdots, n)$$

（3）求和 —— 积零为整. 作和式 $\sum\limits_{k=1}^{n} Q'(\xi_k) \cdot \Delta t_k$，当分割相对较细时，它是实际产量的近似值. 即

$$Q \approx \sum_{k=1}^{n} Q'(\xi_k) \cdot \Delta t_k$$

当分割越细，上式的近似程度就越好.

（4）取极限 —— 近似变精确. 我们规定，当 $\Delta t_k \to 0$ 时，上述各式的极限存在，且与区间的分割和 ξ_k 的取法无关，我们就称该极限值为 $a \leqslant t \leqslant b$ 时的总产量，即

$$Q = \lim_{\lambda \to 0} \sum_{k=1}^{n} Q'(\xi_k) \cdot \Delta t_k.$$

式中 $\lambda = \max\{\Delta t_1, \Delta t_2, \cdots, \Delta t_n\}$.

从上面两个问题看出，虽然它们是两个截然不同的问题，但解决问题的方法和计算形式都是相同的，即都是一个和式的极限. 其实，还有许多问题的解决都有类似的方法. 于是，我们有必要在抽象的形式下去研究这一和式的极限，这就引出了定积分的概念.

定义 5-1 【**定积分**】 设函数 $y = f(x)$ 在 $[a, b]$ 上有定义且有界，在 a, b 之间任意插入 $n-1$ 个分点 $x_1, x_2, \cdots, x_{n-1}$，把 $[a, b]$ 分成 n 个小区间，即

$$a = x_0 < x_1 < \cdots < x_n = b$$

记 $\Delta x_k = x_k - x_{k-1} (k = 1, 2, \cdots, n)$ 为第 k 个小区间的长度，在小区间 $[x_{k-1}, x_k]$ 上任取一点 ξ_k，作和式 $\sum\limits_{k=1}^{n} f(\xi_k) \cdot \Delta x_k$. 记 $\lambda = \max\{\Delta x_1, \Delta x_2, \cdots, \Delta x_n\}$，若当 $\lambda \to 0$ 时，极限

$$\lim_{\lambda \to 0} \sum_{k=1}^{n} f(\xi_k) \cdot \Delta x_k$$

存在，且与分点 x_k 及 ξ_k 的取法无关，我们就称 $f(x)$ 在区间 $[a, b]$ 上是可积的，并把该极限值称为 $f(x)$ 在 $[a, b]$ 上的定积分，记作 $\int_a^b f(x) \mathrm{d}x$. 即：

$$\int_a^b f(x) \mathrm{d}x = \lim_{\lambda \to 0} \sum_{k=1}^{n} f(\xi_k) \cdot \Delta x_k.$$

其中，$f(x)$ 称为被积函数，x 称为积分变量，$f(x) \mathrm{d}x$ 称为被积表达式，$[a, b]$ 为积分区间，a 为积分下限，b 为积分上限，$\int$ 称为积分号.

注意：符号" $\int_a^b f(x) \mathrm{d}x$ "读作"从 a 到 b 上 $f(x)$ 对 x 的积分".

由定积分的定义，上面的两个案例可表述为：

（1）案例 5-1，曲边梯形的面积 S 是曲线 $y = f(x)$ 在区间 $[a, b]$ 上的定积分，即

$$S = \int_a^b f(x) \mathrm{d}x;$$

（2）案例 5-2，总产量 Q 是边际产量 $Q' = Q'(t)$ 在区间 $[a, b]$ 上的定积分，即

$$Q = \int_a^b Q'(t) \mathrm{d}t;$$

【定义注解】

（1）如果定积分 $\int_a^b f(x)\mathrm{d}x$ 的值存在，则定积分值是一个确定的常数，这个数值的大小只与被积函数 $f(x)$ 及区间 $[a,b]$ 有关，与区间的分法及 ξ_k 的取法无关.

（2）定积分与积分变量用什么字母也无关，即

$$\int_a^b f(x)\mathrm{d}x = \int_a^b f(u)\mathrm{d}u.$$

（3）$\int_a^b f(x)\mathrm{d}x = -\int_b^a f(x)\mathrm{d}x$，特别地，若 $a=b$，则有 $\int_a^a f(x)\mathrm{d}x = 0$.

5.1.3　定积分的几何意义与经济意义

1.定积分的几何意义

设 $f(x)$ 在 $[a,b]$ 上连续，则有

（1）当 $f(x) \geqslant 0$ 时，$\int_a^b f(x)\mathrm{d}x$ 在几何上表示曲线 $y=f(x)$ 与直线 $x=a$、$x=b$ 及 x 轴所围曲边梯形的面积，如图 5-3 中的阴影部分面积 A，即 $\int_a^b f(x)\mathrm{d}x = A$.

（2）当 $f(x) < 0$ 时，曲线 $y=f(x)$ 与直线 $x=a$、$x=b$ 及 x 轴所围的图形在 x 轴的下方，如图 5-4，定积分 $\int_a^b f(x)\mathrm{d}x$ 在几何上表示上述曲边梯形面积的负值，即 $\int_a^b f(x)\mathrm{d}x = -A$.

（3）当 $y=f(x)$ 有正有负时，定积分 $\int_a^b f(x)\mathrm{d}x$ 的几何意义为：由曲线 $y=f(x)$ 与直线 $x=a$、$x=b$ 及 x 轴所围的各部分面积的代数和，如图 5-5，即

$$\int_a^b f(x)\mathrm{d}x = A_1 - A_2 + A_3.$$

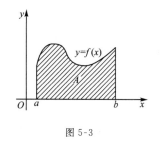

图 5-3

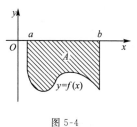

图 5-4

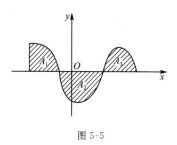

图 5-5

2.定积分的经济意义

已知某一经济函数的变化率（即边际函数）为 $f(x)$，则定积分 $\int_a^b f(x)\mathrm{d}x$ 表示的是 x 在 $[a,b]$ 这一阶段的经济总量.

如设总收入关于产量 x 的变化率为 $r(x)$，则 $\int_a^b r(x)\mathrm{d}x$ 的意义是：当产量从 a 变化到 b 时的总收入.

【例 5-1】 把下列各题表示成定积分：

(1) 某产品在 t 年时总产量的变化率为 $P(t) = 50 + 15t$，求第 1 年到第 3 年的总产量；

(2) 某商品的价格变动较大，已知销售量是 Q 时，再销售一件可获收益为 $f(Q) = 200 - 0.05Q$（元），求销售了 50 件商品时的总收益.

解 (1) 总产量为：$\int_1^3 P(t)\mathrm{d}t = \int_1^3 (50 + 15t)\mathrm{d}t$；

(2) 由边际的意义可知：$f(Q) = 200 - 0.05Q$ 为边际收益，所以总收益为

$$\int_0^{50} f(Q)\mathrm{d}Q = \int_0^{50} (200 - 0.05Q)\mathrm{d}Q.$$

5.1.4 定积分的性质

根据定积分的定义，我们不加证明地给出定积分的一些性质，这些性质对加深定积分的理解及定积分的计算有比较重要的作用. 以下我们总假设函数在所考虑的区间上可积.

【**性质 1**】 （运算性质）

(1) 两个函数代数和的定积分，等于它们定积分的代数和，即

$$\int_a^b [f(x) \pm g(x)]\mathrm{d}x = \int_a^b f(x)\mathrm{d}x \pm \int_a^b g(x)\mathrm{d}x.$$

(2) 被积函数的常数因子可以提到积分号外面，即

$$\int_a^b k \cdot f(x)\mathrm{d}x = k \cdot \int_a^b f(x)\mathrm{d}x.$$

【**性质 2**】 （积分区间可加性）

设 $a < c < b$，则有

$$\int_a^b f(x)\mathrm{d}x = \int_a^c f(x)\mathrm{d}x + \int_c^b f(x)\mathrm{d}x.$$

无论 a, b, c 的位置如何，上式都成立. 特别地，

(1) 若 $f(x)$ 是 $[-a, a]$ 上的奇函数，则 $\int_{-a}^a f(x)\mathrm{d}x = 0$；

(2) 若 $f(x)$ 是 $[-a, a]$ 上的偶函数，则 $\int_{-a}^a f(x)\mathrm{d}x = 2\int_0^a f(x)\mathrm{d}x$.

【**性质 3**】 （比较性质）

若在 $[a, b]$ 上，恒有 $f(x) \leqslant g(x)$，则

$$\int_a^b f(x)\mathrm{d}x \leqslant \int_a^b g(x)\mathrm{d}x.$$

特别地，

(1) 若在 $[a, b]$ 上，$f(x) \geqslant 0$，则 $\int_a^b f(x)\mathrm{d}x \geqslant 0$；

(2) 设 $f(x)$ 在 $[a, b]$ 上有最大值 M 和最小值 m，则有

$$m(b - a) \leqslant \int_a^b f(x)\mathrm{d}x \leqslant M(b - a).$$

【性质 4】（定积分中值定理）

若 $f(x)$ 在 $[a,b]$ 上连续,则在 $[a,b]$ 上至少有一点 ξ,使得下式成立:

$$\int_a^b f(x)\mathrm{d}x = f(\xi)(b-a)$$

性质 4 的几何意义如图 5-6 所示.

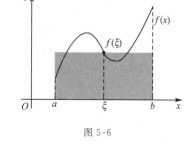

图 5-6

技能训练 5-1

一、基础题

1.（1）设某产品关于产量的边际成本为 $C(x)$,则 $\int_a^b C(x)\mathrm{d}x$ 的意义是_____;

（2）$\int_0^1 x\mathrm{d}x =$ _____;

（3）$\int_{-\frac{\pi}{2}}^{\frac{\pi}{2}} \sin x\mathrm{d}x =$ _____.

2.（1）比较积分 $\int_0^1 x^2\mathrm{d}x$ 与 $\int_0^1 x^3\mathrm{d}x$ 的大小;

（2）利用定积分的几何意义,求定积分 $\int_{-R}^R \sqrt{R^2-x^2}\,\mathrm{d}x$ 之值.

二、应用题

1.某产品在 t 年时总产量的变化率为 $P(t)=300+100t$,请写出第 2 年到第 5 年的总产量的表达式.

2.一家快餐连锁店在广告后第 t 天销售的快餐数量由下式给出:$S(t)=20-10\mathrm{e}^{-0.1t}$,请写出快餐连锁店在广告后第一周的总销售量的表达式.

5.2　牛顿-莱布尼兹公式

微积分是近代数学中最伟大的成就,对它的重要性无论作怎样的估计都不会过分.

—— 冯·诺依曼

5.2.1　原函数与不定积分的概念

案例 5-3 【商品收益函数】　已知某商品的边际收益函数为 $R'(x)=15-4x$,求收益函数 $R(x)$.

分析和求解　已知收益函数 $R(x)$ 的导数 $R'(x) = 15 - 4x$，求收益函数 $R(x)$，显然

$$(15x - 2x^2)' = 15 - 4x$$

于是便得到 $R(x) = 15x - 2x^2$，那么，除了 $(15x - 2x^2)' = 15 - 4x$ 之外，还有没有其他函数满足这个关系式？显然，有且有无数个，这些函数之间仅相差一个常数.

定义 5-2　【原函数】　若在某个区间 I 上，函数 $F(x)$ 与 $f(x)$ 满足关系式：

$$F'(x) = f(x) \text{ 或 } \mathrm{d}F(x) = f(x)\mathrm{d}x,$$

则称 $F(x)$ 为 $f(x)$ 在 I 上的一个原函数.

例如：$(x^2)' = 2x$，故 x^2 是 $2x$ 在 **R** 上的一个原函数；而 $(\sin x)' = \cos x$，故 $\sin x$ 是 $\cos x$ 在 **R** 上的一个原函数. 然而，$(x^2 + 1)' = 2x$，$(x^2 - \sqrt{2})' = 2x$，说明 $x^2, x^2 + 1, x^2 - \sqrt{2}$ 等都是 $2x$ 的原函数.

【思考题】

(1) 已知函数 $f(x)$ 应具备什么条件才能保证它存在原函数？

(2) 如果 $f(x)$ 存在原函数，那么它的原函数有几个？相互之间有什么关系？

定理 5-1　【原函数存在定理】　如果函数 $f(x)$ 在某区间 I 上连续，则 $f(x)$ 在 I 上一定存在原函数.

定理 5-2　【原函数族定理】　如果函数 $F(x)$ 是 $f(x)$ 的一个原函数，则 $f(x)$ 有无限多个原函数，且 $F(x) + C$ 就是 $f(x)$ 的所有原函数（称为原函数族）.

定义 5-3　【不定积分】　若函数 $F(x)$ 是 $f(x)$ 的一个原函数，则把 $f(x)$ 的全体原函数 $F(x) + C$ 称为 $f(x)$ 的不定积分，记作 $\int f(x)\mathrm{d}x$，即

$$\int f(x)\mathrm{d}x = F(x) + C.$$

其中 $\int$ 叫积分号，$f(x)$ 叫被积函数，$f(x)\mathrm{d}x$ 叫被积表达式，x 叫积分变量，C 为积分常数.

由不定积分的定义，案例 5-3 所求的收益函数即为边际收益函数的不定积分，即

$$R(x) = \int R'(x)\mathrm{d}x = \int (15 - 4x)\mathrm{d}x = 15x - 2x^2 + C.$$

【例 5-2】　求 $\int x^2 \, \mathrm{d}x$.

解　由于 $\left(\dfrac{x^3}{3}\right)' = x^2$，所以，$\dfrac{1}{3}x^3$ 是 x^2 的一个原函数，因此 $\int x^2 \, \mathrm{d}x = \dfrac{1}{3}x^3 + C$.

【例 5-3】　求不定积分 $\int \dfrac{1}{x} \, \mathrm{d}x \, (x \neq 0)$.

解　当 $x > 0$ 时，$(\ln x)' = \dfrac{1}{x}$，所以 $\int \dfrac{1}{x} \, \mathrm{d}x = \ln x + C$；

当 $x < 0$ 时，$[\ln(-x)]' = \dfrac{1}{-x}(-1) = \dfrac{1}{x}$，所以 $\int \dfrac{1}{x} \, \mathrm{d}x = \ln(-x) + C$，由绝对值的性质有：

$$\ln |x| = \begin{cases} \ln x & x > 0 \\ \ln(-x) & x < 0 \end{cases},$$

从而

$$\int \frac{1}{x} \, \mathrm{d}x = \ln |x| + C \quad (x \neq 0).$$

【例 5-4】　求在平面上经过点 $(0,1)$，且在任一点处的斜率为其横坐标的三倍的曲线方程.

解　设曲线方程为 $y = f(x)$，由于在任一点 (x,y) 处的切线斜率 $k = 3x$，则有 $y' = 3x$，即

$$y = \int 3x \mathrm{d}x = \frac{3}{2}x^2 + C.$$

又由于曲线经过点 $(0,1)$，得 $C = 1$，所以 $y = \frac{3}{2}x + 1$.

【例 5-5】　某工厂生产某产品，每日生产的总成本 y 的变化率（边际成本）是 $y' = 5 + \frac{1}{\sqrt{x}}$，已知固定成本为 10 000 元，求总成本 y.

解　因为 $y' = 5 + \frac{1}{\sqrt{x}}$，所以 $y = \int \left(5 + \frac{1}{\sqrt{x}} \right) \mathrm{d}x = 5x + 2\sqrt{x} + C$.

又已知固定成本为 10 000 元，即当 $x = 0$ 时，$y = 10\ 000$，因此有 $C = 10\ 000$，从而有

$$y = 5x + 2\sqrt{x} + 10\ 000(x > 0).$$

即总成本是 $y = 5x + 2\sqrt{x} + 10\ 000(x > 0)$.

5.2.2　牛顿-莱布尼兹公式

1. 变上限的定积分与原函数存在定理

定义 5-4　【变上限积分】　设 $f(x)$ 在 $[a,b]$ 上可积，则对任意的 $x \in [a,b]$，$f(x)$ 在 $[a,x]$ 上可积，于是，$\int_a^x f(x)\mathrm{d}x$ 存在，我们称此积分为变上限的定积分.

由于任意给定一个 $x \in [a,b]$，有一个积分值与之对应，该值是积分上限 x 的函数，所以，可以记 $\varphi(x) = \int_a^x f(x)\mathrm{d}x$. 式中积分变量与上限都可以用 x 表示，但含义是不同的. 有时候为了区别起见，把积分变量用 t 表示，即

$$\varphi(x) = \int_a^x f(x)\mathrm{d}x = \int_a^x f(t)\mathrm{d}t, \quad t \in [a,x].$$

定理 5-3　【原函数存在定理】　若 $f(x)$ 在 $[a,x]$ 上连续，则

$$\varphi'(x) = \left[\int_a^x f(t)\mathrm{d}t \right]' = f(x).$$

【例 5-6】　求 $\dfrac{\mathrm{d}}{\mathrm{d}x} \displaystyle\int_0^x \sin t^2 \, \mathrm{d}t$.

解　因为 $\sin t^2$ 在 **R** 上连续，由定理 5-3 有 $\dfrac{\mathrm{d}}{\mathrm{d}x} \displaystyle\int_0^x \sin t^2 \, \mathrm{d}t = \sin x^2$.

【例 5-7】　求 $\displaystyle\int_x^0 \mathrm{e}^{t^2} \, \mathrm{d}t$ 关于 x 的导数.

解　因为 $\int_x^0 e^{t^2} dt = -\int_0^x e^{t^2} dt$，所以，由 e^{t^2} 的连续性及定理 5-3，有

$$\left[\int_x^0 e^{t^2} dt \right]' = \left[-\int_0^x e^{t^2} dt \right]' = -e^{x^2}.$$

【例 5-8】　求极限 $\lim\limits_{x \to 0} \dfrac{\int_0^x \sin t \, dt}{x^2}$.

解　此式为 $\dfrac{0}{0}$ 型的未定式，利用洛必达法则，原式 $= \lim\limits_{x \to 0} \dfrac{\left(\int_0^x \sin t \, dt \right)'}{(x^2)'} = \lim\limits_{x \to 0} \dfrac{\sin x}{2x}$

$= \dfrac{1}{2}$.

2. 牛顿 - 莱布尼兹公式

定理 5-4　**【微积分的基本定理】**　设 $f(x)$ 在 $[a,b]$ 上连续，$F(x)$ 是 $f(x)$ 在 $[a,b]$ 上的任一个原函数，则有 $\int_a^b f(x) dx = F(b) - F(a) = F(x) \big|_a^b$.

这个定理将积分学中的两个重要概念不定积分与定积分联系到了一起，并把求定积分的过程大大简化了，所以，称之为微积分基本定理. 它是由牛顿和莱布尼兹各自单独创立的，故又称牛顿 - 莱布尼兹公式.

【例 5-9】　求 $\int_0^1 x^2 dx$（阿基米德问题）.

解　因 $f(x) = x^2$ 在 $[0,1]$ 上连续，且 $F(x) = \dfrac{1}{3} x^3$ 是它的一个原函数，所以

$$\int_0^1 x^2 dx = \frac{1}{3} x^3 \Big|_0^1 = \frac{1}{3} - 0 = \frac{1}{3}.$$

【例 5-10】　求 $\int_0^{\frac{\pi}{2}} \sin x \, dx$.

解　因 $f(x) = \sin x$ 在 $\left[0, \dfrac{\pi}{2} \right]$ 上连续，且 $F(x) = -\cos x$ 是它的一个原函数，所以

$$\int_0^{\frac{\pi}{2}} \sin x \, dx = -\cos x \Big|_0^{\frac{\pi}{2}} = 0 - (-1) = 1.$$

在利用牛顿-莱布尼兹公式求定积分时，一定要注意被积函数在积分区间中是否满足可积条件.

【例 5-11】　讨论 $f(x) = \dfrac{1}{x^2}$ 在 $[-1,1]$ 上的可积性.

解　如果直接利用牛顿-莱布尼兹公式，有

$$\int_{-1}^1 \frac{1}{x^2} dx = -\frac{1}{x} \Big|_{-1}^1 = -1 - 1 = -2;$$

显然这是错误的，因为根据性质，在 $[-1,1]$ 上有 $\dfrac{1}{x^2} \geqslant 0$，则 $\int_{-1}^1 \dfrac{1}{x^2} dx \geqslant 0$，这显然与用牛顿 - 莱布尼兹公式计算的结果相矛盾. 原因出在 $\dfrac{1}{x^2}$ 在 $[-1,1]$ 上不连续且无界，所以，它不满足牛顿 - 莱布尼兹公式的条件，从而也就不能利用牛顿 - 莱布尼兹公式计算.

技能训练 5-2

一、基础题

1. (1) $\mathrm{d}\displaystyle\int f(x)\mathrm{d}x =$ _____;　(2) $\displaystyle\int \mathrm{d}F(x) =$ _____;

(3) 若 $\displaystyle\int_{-1}^{1}(2x+k)\mathrm{d}x = 2$,则常数 $k =$ _____.

2. (1) 设 $\sin 2x$ 是 $f(x)$ 的一个原函数,则 $\left(\displaystyle\int f(x)\mathrm{d}x\right)' = ($　$)$;

A. $\sin 2x$　　　　B. $\cos 2x$　　　　C. $2\sin 2x$　　　　D. $2\cos 2x$

(2) 下列函数中不为同一个函数的原函数的是(　);

A. $\sin^2 x$　　　　B. $-\cos^2 x$　　　　C. $-\dfrac{1}{2}\cos 2x$　　　　D. $-\dfrac{1}{2}\cos^2 x$

二、应用题

1. 已知一条曲线在任一点的切线斜率为 $k = 3x^2$,且曲线过点 $(2,5)$,求该曲线方程.

2. 一架客机起飞时速度为 360 km/h,如果要使它在 20 s 内将速度从 0 加速到 360 km/h,且已知这段时间内它的速度为 $v = at$,问跑道至少要有多长?

5.3　求不定积分的基本方法

学习数学要多做习题,边做边思索.先知其然,然后知其所以然.

——苏步青

有了牛顿-莱布尼兹公式,从理论上讲,求定积分即转化为求不定积分(或说是求一个原函数)的问题.但对于一般的不定积分还不是很容易求得的,所以这一节开始讨论常用的积分求法.

5.3.1　不定积分的性质和基本积分公式

1. 不定积分的性质

【性质 1】　不定积分的运算性质:

$$(1)\int\left[f_1(x)\pm f_2(x)\pm\cdots\pm f_k(x)\right]\mathrm{d}x = \int f_1(x)\mathrm{d}x \pm \int f_2(x)\mathrm{d}x \pm\cdots\pm \int f_k(x)\mathrm{d}x$$

(即若干个函数代数和的不定积分,等于若干个函数不定积分的代数和).

(2) $\int kf(x)\mathrm{d}x = k\int f(x)\mathrm{d}x$（其中 $k \neq 0$，即非零常系数可以移到积分号之前）.

【性质 2】　不定积分运算与导数（或微分）运算互为逆运算，即

(1) $\int F'(x)\mathrm{d}x = F(x) + C$ 或 $\int \mathrm{d}F(x) = F(x) + C$.

(2) $\left[\int f(x)\mathrm{d}x\right]' = f(x)$ 或 $\mathrm{d}\int f(x)\mathrm{d}x = f(x)\mathrm{d}x$.

2. 基本积分公式

由于不定积分是导数的逆运算，由导数公式，我们得到以下基本积分公式：

(1) $\int 0\mathrm{d}x = C$;

(2) $\int 1\mathrm{d}x = x + C$;

(3) $\int x^{\alpha}\,\mathrm{d}x = \dfrac{x^{\alpha+1}}{\alpha+1} + C \quad (\alpha \neq -1)$;

(4) $\int \dfrac{1}{x}\mathrm{d}x = \ln |x| + C$;

(5) $\int a^x\,\mathrm{d}x = \dfrac{a^x}{\ln a} + C \quad (a > 0 \text{ 且 } a \neq 1)$;

(6) $\int \mathrm{e}^x\,\mathrm{d}x = \mathrm{e}^x + C$;

(7) $\int \cos x\mathrm{d}x = \sin x + C$;

(8) $\int \sin x\mathrm{d}x = -\cos x + C$;

(9) $\int \dfrac{1}{\sin^2 x}\,\mathrm{d}x = \int \csc^2 x\mathrm{d}x = -\cot x + C$;

(10) $\int \dfrac{1}{\cos^2 x}\mathrm{d}x = \int \sec^2 x\mathrm{d}x = \tan x + C$;

(11) $\int \sec x\tan x\mathrm{d}x = \sec x + C$;

(12) $\int \csc x\cot x\mathrm{d}x = -\csc x + C$;

(13) $\int \dfrac{1}{1+x^2}\,\mathrm{d}x = \arctan x + C = -\operatorname{arccot} x + C$;

(14) $\int \dfrac{1}{\sqrt{1-x^2}}\,\mathrm{d}x = \arcsin x + C = -\arccos x + C$.

基本积分公式是求不定积分最基本的公式，必须牢记且学会熟练运用它们去求一些简单的不定积分，并由此去解决更复杂的积分问题.

5.3.2　直接积分法

利用不定积分的基本公式和不定积分的性质求不定积分的方法叫直接积分法.

【例 5-12】　求不定积分 $\int\left(x^2 + \sin x - \dfrac{1}{1+x^2}\right)\mathrm{d}x$.

解　$\displaystyle\int\left(x^2 + \sin x - \frac{1}{1+x^2}\right)\mathrm{d}x = \int x^2\,\mathrm{d}x + \int \sin x\,\mathrm{d}x - \int \frac{1}{1+x^2}\,\mathrm{d}x$

$$= \frac{1}{3}x^3 - \cos x - \arctan x + C.$$

【例 5-13】　求不定积分 $\int\left(\cos\pi - 7\sqrt{x\sqrt{x}}\,\right)\mathrm{d}x$.

解　$\displaystyle\int\left(\cos\pi - 7\sqrt{x\sqrt{x}}\,\right)\mathrm{d}x = \int \cos\pi\,\mathrm{d}x - \int 7x^{\frac{3}{4}}\,\mathrm{d}x = x\cos\pi - 4x^{\frac{7}{4}} + C.$

5.3.3　化简积分法 —— 利用恒等变形求积分

有些函数看上去不能利用基本公式和性质进行直接积分，但经过化简或恒等变形，也可以直接进行积分.

【例 5-14】　求不定积分 $\int 2^x \cdot \mathrm{e}^x\,\mathrm{d}x$.

解　$\displaystyle\int 2^x\,\mathrm{e}^x\,\mathrm{d}x = \int(2\mathrm{e})^x\,\mathrm{d}x = \frac{(2\mathrm{e})^x}{\ln(2\mathrm{e})} + C = \frac{(2\mathrm{e})^x}{\ln 2 + 1} + C.$

【例 5-15】　求不定积分 $\int \dfrac{(1-x)^2}{x}\,\mathrm{d}x$.

解　$\displaystyle\int \frac{(1-x)^2}{x}\,\mathrm{d}x = \int \frac{1 - 2x + x^2}{x}\,\mathrm{d}x = \int\left(\frac{1}{x} - 2 + x\right)\mathrm{d}x$

$$= \ln|x| - 2x + \frac{1}{2}x^2 + C.$$

【例 5-16】　求不定积分 $\int \tan^2 x\,\mathrm{d}x$.

解　$\displaystyle\int \tan^2 x\,\mathrm{d}x = \int \frac{\sin^2 x}{\cos^2 x}\,\mathrm{d}x = \int \frac{1 - \cos^2 x}{\cos^2 x}\,\mathrm{d}x = \int\left(\frac{1}{\cos^2 x} - 1\right)\mathrm{d}x = \tan x - x + C.$

【例 5-17】　求不定积分 $\int \cos^2 \dfrac{x}{2}\,\mathrm{d}x$.

解　$\displaystyle\int \cos^2 \frac{x}{2}\,\mathrm{d}x = \int \frac{1}{2}(1 + \cos x)\,\mathrm{d}x = \frac{1}{2}(x + \sin x) + C.$

【例 5-18】　求不定积分 $\int \dfrac{(x+1)^2}{x(x^2+1)}\,\mathrm{d}x$.

解　$\displaystyle\int \frac{(x+1)^2}{x(x^2+1)}\,\mathrm{d}x = \int \frac{x^2 + 1 + 2x}{x(x^2+1)}\,\mathrm{d}x = \int\left(\frac{1}{x} + \frac{2}{1+x^2}\right)\mathrm{d}x$

$$= \ln|x| + 2\arctan x + C.$$

从理论上说，求得不定积分，就可求得定积分. 但毕竟不定积分是原函数族，而定积分是一个数，所以在求法上还是有些区别的.

【例 5-19】 求定积分 $\int_0^1 (x^3 + x + 4) \mathrm{d}x$.

解 $\int_0^1 (x^3 + x + 4) \mathrm{d}x = \left(\frac{1}{4} x^4 + \frac{1}{2} x^2 + 4x \right) \Big|_0^1 = \frac{1}{4} + \frac{1}{2} + 4 = \frac{19}{4}.$

【例 5-20】 已知 $f(x) = \begin{cases} x + 1, & -1 \leqslant x \leqslant 0 \\ \sqrt{x}, & 0 < x \leqslant 1 \end{cases}$，求定积分 $\int_{-1}^1 f(x) \mathrm{d}x$.

解 $\int_{-1}^1 f(x) \mathrm{d}x = \int_{-1}^0 f(x) \mathrm{d}x + \int_0^1 f(x) \mathrm{d}x = \int_{-1}^0 (x + 1) \mathrm{d}x + \int_0^1 \sqrt{x} \mathrm{d}x$

$= \left(\frac{1}{2} x^2 + x \right) \Big|_{-1}^0 + \frac{2}{3} x^{\frac{3}{2}} \Big|_0^1 = \frac{7}{6}.$

案例 5-4 【火车制动距离】 一列火车制动后的速度为 $v = 1 - \frac{1}{4} t$ (单位:km/s)，问火车应该在离站台停靠点多远的地方开始制动？

解   当列车速度为零时，即 $1 - \frac{1}{4} t = 0$，得 $t = 4 \text{ s}$，即开始制动 4 s 后火车停下来. 则火车制动的距离为:

$$s = \int_0^4 \left(1 - \frac{1}{4} t \right) \mathrm{d}t = \left(t - \frac{1}{8} t^2 \right) \Big|_0^4 = 2 (\text{km}),$$

即火车应该在离站台 2 km 时开始制动.

技能训练 5-3

一、基础题

1.求下列不定积分:

(1) $\int \sqrt{x} (x - 2) \mathrm{d}x$;

(2) $\int \sqrt{x \cdot \sqrt{x}} \, \mathrm{d}x$;

(3) $\int \frac{x^3 - 27}{x - 3} \mathrm{d}x$;

(4) $\int \mathrm{e}^x \left(1 - \frac{\mathrm{e}^{-x}}{x^2} \right) \mathrm{d}x$;

(5) $\int \frac{x^4}{1 + x^2} \mathrm{d}x$.

2.求下列定积分:

(1) $\int_0^1 (x + \mathrm{e}^x) \mathrm{d}x$;

(2) $\int_0^1 \sqrt{x \cdot \sqrt{x}} \, \mathrm{d}x$;

(3) $\int_0^\pi \cos^2 \frac{x}{2} \mathrm{d}x$.

二、应用题

设生产某产品的固定成本为 2 万元，边际成本和边际收入分别为

$$C'(q) = 3 + q (万元 / 百台), \quad R'(q) = 11 - q (万元 / 百台),$$

求:(1) 总收入函数;(2) 总成本函数;(3) 总利润函数.

5.4　换元积分法

数学之所以有高声誉，另一个理由就是数学使得自然科学实现定理化，给予自然科学某种程度的可靠性.

—— 爱因斯坦

这一节我们专门讨论换元积分法，包括第一和第二换元积分法. 学习中要注意两种换元积分法的使用，虽然方法是通过"换元"，目的都是通过换元求积分，但两种换元的方式不同.

5.4.1　第一类换元积分法 —— 凑微分法

利用积分基本公式和性质可以计算的不定积分只是一小部分，有的函数虽简单，但无论如何变换都难以利用基本公式计算，比如 $\int\cos 2x\mathrm{d}x$，这就需要寻求新的计算方法.

定理 5-5　【凑微分定理】　若 $\int f(x)\mathrm{d}x = F(x) + C$，则有

$$\int f[\varphi(x)]\cdot\varphi'(x)\mathrm{d}x = F[\varphi(x)] + C$$

其中 $\varphi(x)$ 有连续的一阶导数.

证明　由于 $\varphi'(x)\mathrm{d}x = \mathrm{d}\varphi(x)$，则

$$\int f[\varphi(x)]\cdot\varphi'(x)\mathrm{d}x = \int f[\varphi(x)]\cdot\mathrm{d}\varphi(x).$$

令 $u = \varphi(x)$，原式 $= \int f(u)\,\mathrm{d}u = F(u) + C = F[\varphi(x)] + C.$ 证毕

上述证明中，用到了微分公式 $\mathrm{d}\varphi(x) = \varphi'(x)\mathrm{d}x$，也称之为凑微分法. 在计算中，凑微分这一步至关重要.

【例 5-21】　求 $\int\cos 2x\cdot 2\mathrm{d}x$.

解　因为 $\int\cos x\mathrm{d}x = \sin x + C$，所以

$$\int\cos 2x\cdot 2\mathrm{d}x = \int\cos 2x\cdot\mathrm{d}(2x)\xmapsto{\text{令}u=2x}\int\cos u\mathrm{d}u = \sin u + C = \sin 2x + C.$$

【例 5-22】 求 $\int e^{kx} \, dx$ （k 为常数）.

解 $\int e^{kx} \, dx = \frac{1}{k} \int e^{kx} \, d(kx) \xrightarrow{\text{令} u = kx} \frac{1}{k} e^{kx} + C.$

【例 5-23】 求 $\int \sin x \cdot \cos x \, dx.$

解 因 $\cos x \, dx = d(\sin x)$，则

$$\int \sin x \cdot \cos x \, dx = \int \sin x \, d\sin x \xrightarrow{\text{令} u = \sin x} \int u \, du = \frac{1}{2} u^2 + C = \frac{1}{2} \sin^2 x + C.$$

【总结】 求不定积分的各种方法，一般是不可替代的. 所以，判断出什么函数用什么积分方法非常关键，我们观察定理 5-5 中被积函数 $f[\varphi(x)] \cdot \varphi'(x)$ 的特点，不妨称 f 为"主函数关系"，它的原函数是已知的，同时又包含 $\varphi(x)$，再乘上 $\varphi'(x)$，注意 $\varphi(x)$ 与 $\varphi'(x)$ 具有导数关系. 把 $f[\varphi(x)] \cdot \varphi'(x)$ 的特点归纳为：(1) 主函数 f 的原函数已知；(2) 整个函数中，一部分是另一部分的导数.

【例 5-24】 求 $\int 2x e^{x^2} \, dx.$

解 因 $\int e^x \, dx = e^x + C$，又由于 $(x^2)' = 2x$，则

$$\int 2x e^{x^2} \, dx = \int e^{x^2} (x^2)' \, dx = \int e^{x^2} \, d(x^2) = e^{x^2} + C.$$

在求解上述例题的过程中，省略了换元($u = x^2$)的过程，请仔细考虑并熟练掌握，它将能提高计算的速度.

【例 5-25】 求 $\int \frac{1}{x} \cdot \ln x \, dx.$

解 因为 $(\ln x)' = \frac{1}{x}$，所以，

$$\int \frac{1}{x} \cdot \ln x \, dx = \int \ln x \cdot (\ln x)' \, dx = \int \ln x \, d(\ln x) = \frac{1}{2} (\ln x)^2 + C.$$

以下，我们按照常见的被积函数中导数关系的特点，做进一步的细分.

1. 主函数中的变量为一次函数，即 $f(ax + b)$. 由于 $(ax + b)' = a$（常数），而常数可以拿到积分号外面，所以有：

$$\int f(ax + b) \, dx = \frac{1}{a} \int f(ax + b)(ax + b)' \, dx = \frac{1}{a} \int f(ax + b) \, d(ax + b)$$

$$= \frac{1}{a} F(ax + b) + C$$

【例 5-26】 求 $\int \frac{1}{3x + 2} \, dx.$

解 已知 $\int \frac{1}{x} \, dx = \ln |x| + C$，则

$$\int \frac{1}{3x + 2} \, dx = \frac{1}{3} \int \frac{1}{3x + 2} \cdot (3x + 2)' \, dx = \frac{1}{3} \int \frac{1}{3x + 2} \, d(3x + 2) = \frac{1}{3} \ln |3x + 2| + C.$$

【思考】 $\int \sin(5x + 3) \, dx, \int e^{-x} \, dx, \int \frac{1}{1 + (2x - 1)^2} \, dx$ 如何求？

2. 主函数中变量为 x^n，被积函数中还包含 x^{n-1}，而 x^n 与 x^{n-1} 是导数关系.

【例 5-27】　求 $\int x^2 \cdot \cos(x^3+1) \mathrm{d}x$.

解　因为 $(x^3+1)'=3x^2$，所以

原式 $= \dfrac{1}{3}\int \cos(x^3+1)(x^3+1)' \mathrm{d}x = \dfrac{1}{3}\int \cos(x^3+1)\mathrm{d}(x^3+1) = \dfrac{1}{3}\sin(x^3+1)+C$.

【思考】　$\int x \cdot \sqrt{1-x^2}\,\mathrm{d}x,\ \int \dfrac{2x+1}{x^2+x-1}\mathrm{d}x,\ \int \dfrac{x}{1+x^4}\mathrm{d}x$ 如何求?

3. 被积函数中同时含有 $\ln x$ 与 $\dfrac{1}{x}$.

【例 5-28】　求 $\int \dfrac{\sqrt{\ln x}}{x}\mathrm{d}x$.

解　由于 $\dfrac{1}{x}=(\ln x)'$，所以

$$\int \frac{\sqrt{\ln x}}{x}\mathrm{d}x = \int (\ln x)^{\frac{1}{2}} \cdot (\ln x)'\mathrm{d}x = \int (\ln x)^{\frac{1}{2}}\mathrm{d}(\ln x) = \frac{2}{3}(\ln x)^{\frac{3}{2}}+C.$$

【思考】　$\int \dfrac{\ln x+1}{x}\,\mathrm{d}x,\ \int \dfrac{1}{x\ln x}\,\mathrm{d}x$ 如何求?

4. 被积函数中同时含有 $\sin x$ 与 $\cos x$.

【例 5-29】　求 $\int \cos x \cdot \sin^2 x\,\mathrm{d}x$.

解　$\int \cos x \cdot \sin^2 x\,\mathrm{d}x = \int \sin^2 x(\sin x)'\mathrm{d}x = \int \sin^2 x\,\mathrm{d}(\sin x) = \dfrac{1}{3}\sin^3 x+C$.

【例 5-30】　求 $\int \tan x\,\mathrm{d}x$.

解　原式 $= \displaystyle\int \frac{\sin x}{\cos x}\mathrm{d}x = \int \frac{1}{\cos x}(-\cos x)'\mathrm{d}x$

$\qquad = -\displaystyle\int \frac{1}{\cos x}\mathrm{d}(\cos x) = -\ln|\cos x|+C$.

【思考】　$\int \cot x\,\mathrm{d}x,\ \int \sin x \cdot \sqrt{\cos x}\,\mathrm{d}x$ 如何求?

5. 被积函数中同时含有 $\arcsin x$ 与 $\dfrac{1}{\sqrt{1-x^2}}$ 或 $\arctan x$ 与 $\dfrac{1}{1+x^2}$.

【例 5-31】　求 $\int \dfrac{\mathrm{e}^{\arcsin x}}{\sqrt{1-x^2}}\,\mathrm{d}x$.

解　$\displaystyle\int \frac{\mathrm{e}^{\arcsin x}}{\sqrt{1-x^2}}\,\mathrm{d}x = \int \mathrm{e}^{\arcsin x} \cdot (\arcsin x)'\mathrm{d}x = \int \mathrm{e}^{\arcsin x}\mathrm{d}(\arcsin x) = \mathrm{e}^{\arcsin x}+C$.

【思考】　$\int \dfrac{1+\arctan x}{1+x^2}\,\mathrm{d}x$ 如何求?

6. 其他一些常见的具有导数关系的函数: $\dfrac{1}{x}$ 与 $\dfrac{1}{x^2}$, $\sqrt{x}$ 与 $\dfrac{1}{\sqrt{x}}$, e^x 与 e^x 等等.

【例 5-32】　求 $\int \dfrac{\mathrm{e}^x}{1+\mathrm{e}^x}\,\mathrm{d}x$.

解　$\displaystyle\int \frac{e^x}{1+e^x}\,dx = \int \frac{1}{1+e^x}(e^x+1)'dx = \int \frac{1}{1+e^x}d(e^x+1) = \ln(1+e^x)+C.$

【例 5-33】　设 $\displaystyle\int f(x)\,dx = F(x)+C$，试求 $\displaystyle\int \frac{f(\sqrt{x})}{\sqrt{x}}\,dx.$

解　因为 $(\sqrt{x})' = \dfrac{1}{2}\cdot\dfrac{1}{\sqrt{x}}$，即 $\dfrac{1}{\sqrt{x}} = 2(\sqrt{x})'$，所以

$$\int \frac{f(\sqrt{x})}{\sqrt{x}}\,dx = \int f(\sqrt{x})\cdot 2(\sqrt{x})'dx = 2\int f(\sqrt{x})d(\sqrt{x}) = 2F(\sqrt{x})+C.$$

【例 5-34】　求 $\displaystyle\int \frac{1}{x^2}\cdot\cos\frac{1}{x}\,dx.$

解　因为 $\dfrac{1}{x^2} = \left(-\dfrac{1}{x}\right)'$，所以

$$\int \frac{1}{x^2}\cdot\cos\frac{1}{x}\,dx = -\int \cos\frac{1}{x}\left(\frac{1}{x}\right)'dx = -\int \cos\frac{1}{x}\,d\left(\frac{1}{x}\right) = -\sin\frac{1}{x}+C.$$

【思考】　$\displaystyle\int \frac{1}{x^2}\cdot e^{\frac{1}{x}}dx,\int e^x\cdot\cos(2+e^x)dx,\int \frac{1}{e^x+e^{-x}}\,dx,\int \frac{e^{2x}}{1+e^{4x}}\,dx$ 如何求？

5.4.2　第二类换元积分法

在第一类换元法中，作变换 $u = \varphi(x)$，把积分 $\displaystyle\int f[\varphi(x)]\cdot\varphi'(x)dx$ 变成 $\displaystyle\int f(u)\,du$ 后再直接积分. 有一类函数（最常见的是含有根式的）需要作以上相反的变换，令 $x = \varphi(t)$，把 $\displaystyle\int f(x)dx$ 化成 $\displaystyle\int f[\varphi(t)]\varphi'(t)dt$ 的形式以后再进行积分运算.

定理 5-6　【第二类换元积分定理】　设 $x = \varphi(t)$ 单调可导，且 $\varphi'(t)\neq 0$，又设 $f[\varphi(t)]\cdot\varphi'(t)$ 具有原函数 $F(t)$，则有

$$\int f(x)\,dx \xrightarrow{\text{令}\,x=\varphi(t)} \int f[\varphi(t)]\cdot\varphi'(t)dt = F(t)+C \xrightarrow{t=\varphi^{-1}(x)} F[\varphi^{-1}(x)]+C.$$

1. 根式代换

当被积函数中含有 $\sqrt[n]{ax+b}$ 的形式，我们可以直接令 $\sqrt[n]{ax+b} = t$ 或 $x = \dfrac{1}{a}(t^n-b).$

【例 5-35】　求 $\displaystyle\int \frac{1}{2(1+\sqrt{x})}\,dx.$

解　令 $x = t^2$，则 $dx = 2tdt$，

$$\int \frac{1}{2(1+\sqrt{x})}\,dx = \int \frac{2t}{2(1+t)}\,dt = \int \left(1-\frac{1}{t+1}\right)dt$$

$$= t-\ln|t+1|+C = \sqrt{x}-\ln(\sqrt{x}+1)+C.$$

【例 5-36】　求 $\displaystyle\int \frac{1}{\sqrt{x}(1+\sqrt[3]{x})}\,dx.$

解　令 $x = t^6$（2 和 3 的最小公倍数为 6），则 $dx = 6t^5 dt$，

$$\int \frac{1}{\sqrt{x}\,(1+\sqrt[3]{x}\,)}\,\mathrm{d}x = \int \frac{6t^5}{t^3(1+t^2)}\,\mathrm{d}t = 6\int \left(1 - \frac{1}{1+t^2}\right)\,\mathrm{d}t$$

$$= 6(t - \arctan t) + C = 6\left(\sqrt[6]{x} - \arctan \sqrt[6]{x}\,\right) + C$$

2. 三角代换

当被积函数中含有 $\sqrt{a^2 - x^2}$ 或 $\sqrt{x^2 - a^2}$ 时,使用根式代换是无效的,为了去根号,我们采用三角代换.

【例 5-37】　求 $\displaystyle\int \sqrt{a^2 - x^2}\,\mathrm{d}x\,(a > 0)$.

解　令 $x = a\sin t\left(-\dfrac{\pi}{2} < t < \dfrac{\pi}{2}\right)$,则 $\sqrt{a^2 - x^2} = a\cos t, \mathrm{d}x = a\cos t\,\mathrm{d}t$,于是

$$\int \sqrt{a^2 - x^2}\,\mathrm{d}x = \int a^2 \cos t \cdot \cos t\,\mathrm{d}t = a^2 \int \cos^2 t\,\mathrm{d}t$$

$$= a^2 \int \left(\frac{1}{2} + \frac{1}{2}\cos 2t\right)\mathrm{d}t = a^2\left(\frac{1}{2}t + \frac{1}{4}\sin 2t\right) + C.$$

为了将变量 t 还原成 x,按原变换 $x = a\sin t$ 作一辅助三角形(图 5-7),则

$$t = \arcsin \frac{x}{a}\,,\sin t = \frac{x}{a}\,,\cos t = \frac{\sqrt{a^2 - x^2}}{a}\,,$$

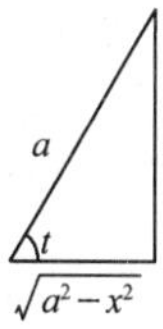

从而有

$$\int \sqrt{a^2 - x^2}\,\mathrm{d}x = a^2\left(\frac{1}{2}\arcsin \frac{x}{a} + \frac{1}{2a^2}x\,\sqrt{a^2 - x^2}\right) + C$$

$$= \frac{a^2}{2}\arcsin \frac{x}{a} + \frac{x}{2} \cdot \sqrt{a^2 - x^2} + C.$$

图 5-7

一般常用的三角代换有下列三种:

(1) 被积函数中含有 $\sqrt{a^2 - x^2}$,令 $x = a\sin t$ 或 $x = a\cos t$;

(2) 被积函数中含有 $\sqrt{a^2 + x^2}$,令 $x = a\tan t$ 或 $x = a\cot t$;

(3) 被积函数中含有 $\sqrt{x^2 - a^2}$,令 $x = a\sec t$ 或 $x = a\csc t$.

【例 5-38】　求 $\displaystyle\int \frac{1}{\sqrt{x^2 + a^2}}\,\mathrm{d}x\,(a > 0)$.

解　令 $x = a\tan t$,则 $\sqrt{x^2 + a^2} = a\sec t, \mathrm{d}x = a\sec^2 t\,\mathrm{d}t$,于是

$$\int \frac{1}{\sqrt{x^2 + a^2}}\,\mathrm{d}x = \int \frac{a\sec^2 t}{a\sec t}\,\mathrm{d}t = \int \sec t\,\mathrm{d}t = \ln|\sec t + \tan t| + C,$$

再作如图 5-8 的辅助三角形,可得

$$\int \frac{1}{\sqrt{x^2 + a^2}}\,\mathrm{d}x = \ln\left|\frac{\sqrt{x^2 + a^2}}{a} + \frac{x}{a}\right| + C_1$$

$$= \ln\left|x + \sqrt{x^2 + a^2}\right| + C.$$

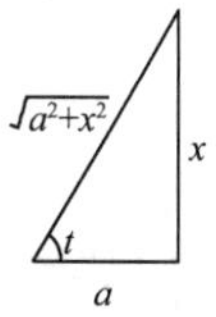

【例 5-39】　求 $\displaystyle\int \frac{\mathrm{d}x}{\sqrt{x^2 - a^2}}$　$(a > 0)$.

图 5-8

解   令 $x = a\sec t$，则 $\mathrm{d}x = a\sec t \cdot \tan t\,\mathrm{d}t$，

$$\int \frac{\mathrm{d}x}{\sqrt{x^2 - a^2}} = \int \frac{1}{a\tan t} a\sec t \cdot \tan t\,\mathrm{d}t = \int \sec t\,\mathrm{d}t$$

$$= \ln|\sec t + \tan t| + C，$$

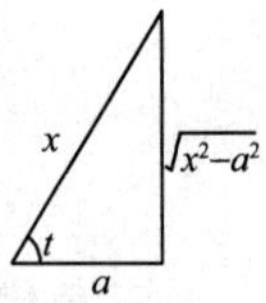

按变换 $x = a\sec t$，作辅助三角形（图 5-9），可得

图 5-9

$$\int \frac{\mathrm{d}x}{\sqrt{x^2 - a^2}} = \ln\left|\frac{x}{a} + \frac{\sqrt{x^2 - a^2}}{a}\right| + C_1$$

$$= \ln\left|x + \sqrt{x^2 - a^2}\right| + C.$$

5.4.3 定积分的换元积分法

定积分的换元积分法与不定积分是相同的，只是须注意定积分上、下限的变化以及定积分的结果.

定理 5-7 【定积分换元积分定理】 假设

(1) 函数 $f(x)$ 在区间 $[a,b]$ 上连续；

(2) 函数 $x = \varphi(t)$ 在区间 $[\alpha,\beta]$ 上有连续且不变号的导数；

(3) 当 t 在 $[\alpha,\beta]$ 变化时，$x = \varphi(t)$ 的值在 $[a,b]$ 上变化，且 $\varphi(\alpha) = a, \varphi(\beta) = b$，则有

$$\int_a^b f(x)\,\mathrm{d}x \xrightarrow{\;\;\diamondsuit\, x = \varphi(t)\;\;} \int_\alpha^\beta f[\varphi(t)]\varphi'(t)\,\mathrm{d}t = F(t)\Big|_\alpha^\beta = F(\beta) - F(\alpha)$$

注意：在应用时必须注意变换 $x = \varphi(t)$ 应满足定理的条件，换元前后积分变量和积分上、下限的变化情况. 即换元要同步换上、下限.

【例 5-40】   计算 $\displaystyle\int_1^2 \frac{\sqrt{x-1}}{x}\,\mathrm{d}x$.

解   令 $\sqrt{x-1} = t$，则 $x = 1 + t^2$，$\mathrm{d}x = 2t\,\mathrm{d}t$. 当 $x = 1$ 时，$t = 0$；当 $x = 2$ 时，$t = 1$.

$$\int_1^2 \frac{\sqrt{x-1}}{x}\,\mathrm{d}x = \int_0^1 \frac{t}{1 + t^2} \cdot 2t\,\mathrm{d}t = 2\int_0^1 \left(1 - \frac{1}{1 + t^2}\right)\mathrm{d}t$$

$$= 2(t - \arctan t)\Big|_0^1 = 2\left(1 - \frac{\pi}{4}\right).$$

【例 5-41】   计算 $\displaystyle\int_0^a \sqrt{a^2 - x^2}\,\mathrm{d}x \quad (a > 0)$.

解   令 $x = a\sin t$，则 $\mathrm{d}x = a\cos t\,\mathrm{d}t$. 当 $x = 0$ 时，$t = 0$；当 $x = a$ 时，$t = \dfrac{\pi}{2}$. 故

$$\int_0^a \sqrt{a^2 - x^2}\,\mathrm{d}x = \int_0^{\frac{\pi}{2}} a\cos t \cdot a\cos t\,\mathrm{d}t$$

$$= \frac{a^2}{2}\int_0^{\frac{\pi}{2}} (1 + \cos 2t)\,\mathrm{d}t$$

$$= \frac{a^2}{2}\left(t + \frac{1}{2}\sin 2t\right)\Big|_0^{\frac{\pi}{2}} = \frac{\pi a^2}{4}.$$

显然,这个定积分的值就是圆 $x^2+y^2=a^2$ 在第一象限那部分的面积(图 5-10).

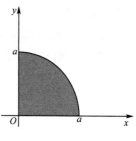

图 5-10

【例 5-42】　计算 $\int_0^{\frac{\pi}{2}}\cos^5 x\sin x\mathrm{d}x$.

解法 1　令 $t=\cos x$,则 $\mathrm{d}t=-\sin x\mathrm{d}x$. 当 $x=0$ 时, $t=1$;当 $x=\frac{\pi}{2}$ 时, $t=0$,于是

$$\int_0^{\frac{\pi}{2}}\cos^5 x\sin x\mathrm{d}x=-\int_1^0 t^5\mathrm{d}t=-\frac{1}{6}t^6\Big|_1^0=\frac{1}{6}.$$

解法 2　不明显地写出新变量 t,这样定积分的上、下限也不要改变. 即

$$\int_0^{\frac{\pi}{2}}\cos^5 x\sin x\mathrm{d}x=-\int_0^{\frac{\pi}{2}}\cos^5 x\mathrm{d}\cos x$$

$$=-\frac{1}{6}\cos^6 x\Big|_0^{\frac{\pi}{2}}$$

$$=-\left(0-\frac{1}{6}\right)=\frac{1}{6}.$$

由此例可以看出:定积分换元公式主要适用于第二类换元法,利用凑微分法换元不需要变换上、下限.

技能训练 5-4

一、基础题

1.求下列不定积分:

(1) $\int\dfrac{\mathrm{d}x}{\sqrt{1-2x}}$;

(2) $\int\dfrac{x}{1+x^2}\mathrm{d}x$;

(3) $\int x^2\sqrt{3+x^3}\mathrm{d}x$;

(4) $\int\dfrac{\mathrm{e}^{\frac{1}{x}}}{x^2}\mathrm{d}x$;

(5) $\int\dfrac{1}{4+9x^2}\mathrm{d}x$;

(6) $\int\cos x\cdot\mathrm{e}^{\sin x}\mathrm{d}x$;

(7) $\int\sin^2 x\,\mathrm{d}x$;

(8) $\int\dfrac{f'(\ln x)}{x}\mathrm{d}x$;

(9) $\int\dfrac{\mathrm{d}x}{1+\sqrt[3]{x}}$;

(10) $\int\dfrac{\sqrt{x^2-1}}{x}\mathrm{d}x$;

(11) $\int\dfrac{x^2}{\sqrt{1-x^2}}\mathrm{d}x$;

(12) $\int\dfrac{\mathrm{d}x}{x^2\sqrt{1+x^2}}$.

2.求下列定积分:

(1) $\int_0^3\mathrm{e}^{2x}\mathrm{d}x$;

(2) $\int_1^{\mathrm{e}}\dfrac{1+\ln x}{x}\mathrm{d}x$;

(3) $\int_1^4\dfrac{1}{1+\sqrt{x}}\mathrm{d}x$;

(4) $\int_0^1 t\mathrm{e}^{\frac{t^2}{2}}\mathrm{d}t$;

(5) $\int_0^{\pi}\sin x\cdot\mathrm{e}^{\cos x}\mathrm{d}x$.

二、应用题

世界石油的消耗总量的增长速度持续上升,根据历史数据估算,从 1990 年到 1995 年初这段时间石油的消耗总量的增长速度可表示为:

$$r(t) = 320\mathrm{e}^{0.05t}(\text{亿桶／年})$$

试求从 1990 年到 1995 年初这段时间内的石油的消耗总量是多少?

5.5　分部积分法

　　数学是知识的工具,亦是其他知识工具的泉源.所有研究顺序和度量的科学均和数学有关.

—— 笛卡尔

由于积分与求导互为逆运算,因此求积分的方法可以借助求导数推导得到.前两节中的直接积分法和换元积分法分别借助函数和(差)的求导法则与复合函数的求导法则推导得到,下面将由求导的乘法法则推出积分的分部积分法.

5.5.1　分部积分公式

由两个函数 $u = u(x), v = v(x)$ 乘积的导数公式

$$(uv)' = u'v + uv' \Rightarrow uv' = (uv)' - u'v;$$

两边求不定积分得

$$\int u \cdot v' \, \mathrm{d}x = \int [(uv)' - u' \cdot v] \mathrm{d}x = u \cdot v - \int u' \cdot v \mathrm{d}x \,.$$

定理 5-8　【分部积分法定理】　设 $u(x), v(x)$ 具有连续的导数,则有

$$\int u(x) \cdot v'(x) \, \mathrm{d}x = u(x) \cdot v(x) - \int u'(x) \cdot v(x) \mathrm{d}x$$

或

$$\int u(x) \mathrm{d}v(x) = u(x) \cdot v(x) - \int v(x) \mathrm{d}u(x) \,.$$

注意:定理 5-8 的主要作用是把左边的不定积分 $\int u(x)\mathrm{d}v(x)$ 转化为右边的不定积分 $\int v(x)\mathrm{d}u(x)$,显然后一个积分较前一个积分要容易求得,否则,该转化是无意义的.

5.5.2　分部积分法的规津

分部积分法的关键是：选定被积函数中的 u. 从而被积函数中的 v' 随之确定，再者，u' 和 v 也就随之确定，然后将 u、v'、u'、v 代入分部积分公式，即可求得积分.

为了能更好地利用分部积分法公式，我们结合下列题题，掌握被积函数中 u 的选择规律.

【例 5-43】　求 $\displaystyle\int x\mathrm{e}^x\,\mathrm{d}x$.

解　选 $u(x) = x, v(x) = \mathrm{e}^x$，

$$\int x\mathrm{e}^x\,\mathrm{d}x = \int x(\mathrm{e}^x)'\,\mathrm{d}x = \int x\mathrm{d}\mathrm{e}^x = x\mathrm{e}^x - \int \mathrm{e}^x\,\mathrm{d}x = x\mathrm{e}^x - \mathrm{e}^x + C.$$

【例 5-44】　求 $\displaystyle\int x^2\mathrm{e}^x\,\mathrm{d}x$.

解　选 $u(x) = x^2, v(x) = \mathrm{e}^x$，

$$\int x^2\,\mathrm{e}^x\mathrm{d}x = \int x^2\mathrm{d}\mathrm{e}^x = x^2\mathrm{e}^x - \int \mathrm{e}^x\mathrm{d}x^2 = x^2\mathrm{e}^x - 2\int x\mathrm{e}^x\mathrm{d}x \quad (\text{利用上例结果})$$
$$= x^2\mathrm{e}^x - 2x\mathrm{e}^x + 2\mathrm{e}^x + C.$$

【例 5-45】　求 $\displaystyle\int x\cos x\mathrm{d}x$.

解　选 $u(x) = x, v(x) = \sin x$，

$$\int x\cos x\mathrm{d}x = \int x\mathrm{d}\sin x = x\sin x - \int \sin x\mathrm{d}x = x\sin x + \cos x + C.$$

【例 5-46】　求 $\displaystyle\int x \cdot \sin(3x-1)\,\mathrm{d}x$.

解　因为 $\sin(3x-1) = \left[-\dfrac{1}{3}\cos(3x-1)\right]'$，所以选 $u(x) = x, v(x) = \cos(3x-1)$，

$$\int x \cdot \sin(3x-1)\,\mathrm{d}x = -\frac{1}{3}\int x\mathrm{d}\cos(3x-1)$$
$$= -\frac{1}{3}x\cos(3x-1) + \frac{1}{3}\int \cos(3x-1)\mathrm{d}x$$
$$= -\frac{1}{3}x\cos(3x-1) + \frac{1}{9}\sin(3x-1) + C$$

【例 5-47】　求 $\displaystyle\int x^3 \cdot \ln x\mathrm{d}x$.

解　选 $u(x) = \ln x, v(x) = \dfrac{1}{4}x^4$，

$$\int x^3 \cdot \ln x\mathrm{d}x = \int \ln x\mathrm{d}\left(\frac{1}{4}x^4\right) = \frac{1}{4}x^4 \cdot \ln x - \int \frac{1}{4}x^4\mathrm{d}\ln x$$
$$= \frac{1}{4}x^4\ln x - \int \frac{1}{x} \cdot \frac{1}{4}x^4\mathrm{d}x$$
$$= \frac{1}{4}x^4\ln x - \frac{1}{4}\int x^3\mathrm{d}x = \frac{1}{4}x^4\ln x - \frac{1}{16}x^4 + C.$$

相对于第一类换元法,分部积分法计算的被积函数的特点更明显,一般有以下三个结论:

(1) 被积表达式为 $x^n e^{ax+b} dx$ 时,可选 $u(x) = x^n$, $dv(x) = e^{ax+b}$(即 $v(x) = \dfrac{1}{a} e^{ax+b}$);

(2) 被积表达式为 $x^n \sin(ax+b) dx$ 时,可选 $u(x) = x^n$, $dv(x) = \sin(ax+b)$(即 $v(x) = -\dfrac{1}{a}\cos(ax+b)$);同理,被积表达式为 $x^n \cos(ax+b) dx$ 时,可选 $u(x) = x^n$, $dv(x) = \cos(ax+b)$(即 $v(x) = \dfrac{1}{a}\sin(ax+b)$);

(3) 被积表达式为 $x^\alpha \cdot \ln x (\alpha \neq -1)$,取 $u(x) = \ln x$, $dv(x) = x^\alpha$(即 $v(x) = \dfrac{1}{\alpha+1} x^{\alpha+1}$).

【思考】 $\displaystyle\int (x+1) e^x dx$,$\displaystyle\int x e^{2x} dx$,$\displaystyle\int x^2 \sin x dx$,$\displaystyle\int \ln x dx$,$\displaystyle\int \sqrt{x}\, \ln x dx$ 如何求?

【例 5-48】 求 $\displaystyle\int \arcsin x dx$.

解 选 $u(x) = \arcsin x$, $v(x) = x$,

$$\int \arcsin x dx = x \arcsin x - \int \frac{x}{\sqrt{1-x^2}} dx$$
$$= x \arcsin x + \frac{1}{2} \int \frac{1}{\sqrt{1-x^2}} d(1-x^2)$$
$$= x \arcsin x + \sqrt{1-x^2} + C.$$

【例 5-49】 求 $\displaystyle\int e^x \sin x dx$.

解 选 $u(x) = \sin x$, $v(x) = e^x$,

$$\int e^x \sin x dx = \int \sin x de^x = e^x \cdot \sin x - \int e^x d\sin x$$
$$= e^x \cdot \sin x - \int \cos x \cdot e^x dx,$$

同理

$$\int \cos x \cdot e^x dx = e^x \cos x + \int e^x \cdot \sin x dx,$$

所以

$$\int e^x \sin x dx = e^x \sin x - e^x \cos x - \int e^x \sin x dx,$$

移项后得

$$2\int e^x \sin x dx = e^x \sin x - e^x \cos x + C_1,$$

于是有

$$\int e^x \sin x dx = \frac{1}{2} e^x (\sin x - \cos x) + C.$$

【思考】 $\int \arccos x \mathrm{d}x, \int \arctan x \mathrm{d}x, \int \mathrm{e}^x \cos x \mathrm{d}x$ 如何求?

5.5.3　定积分的分部积分法

设函数 $u(x)$ 与 $v(x)$ 均在区间 $[a,b]$ 上有连续的导数,由微分法则 $\mathrm{d}(uv) = u\mathrm{d}v + v\mathrm{d}u$,可得

$$u\mathrm{d}v = \mathrm{d}(uv) - v\mathrm{d}u.$$

等式两边同时在区间 $[a,b]$ 上积分,有

$$\int_a^b u\mathrm{d}v = (uv)\Big|_a^b - \int_a^b v\mathrm{d}u.$$

上式称为定积分的**分部积分公式**,其中 a 与 b 是自变量 x 的下限与上限.

【例 5-50】 计算 $\int_1^{\mathrm{e}} \ln x \mathrm{d}x$.

解　令 $u = \ln x, \mathrm{d}v = \mathrm{d}x$,则 $\mathrm{d}u = \dfrac{\mathrm{d}x}{x}, v = x$. 故

$$\int_1^{\mathrm{e}} \ln x \mathrm{d}x = (x\ln x)\Big|_1^{\mathrm{e}} - \int_1^{\mathrm{e}} x \cdot \frac{\mathrm{d}x}{x} = (\mathrm{e} - 0) - (\mathrm{e} - 1) = 1.$$

【例 5-51】 计算 $\int_0^{\pi} x\cos 3x \mathrm{d}x$.

解　
$$\int_0^{\pi} x\cos 3x \mathrm{d}x = \frac{1}{3}\int_0^{\pi} x\mathrm{d}\sin 3x = \frac{1}{3}\left(x\sin 3x\Big|_0^{\pi} - \int_0^{\pi} \sin 3x \mathrm{d}x\right)$$
$$= \frac{1}{3}\left(0 + \frac{1}{3}\cos 3x\Big|_0^{\pi}\right) = -\frac{2}{9}.$$

【例 5-52】 计算 $\int_0^{\frac{\pi}{4}} \dfrac{x}{1+\cos 2x} \mathrm{d}x$.

解　
$$\int_0^{\frac{\pi}{4}} \frac{x}{1+\cos 2x} \mathrm{d}x = \int_0^{\frac{\pi}{4}} \frac{x}{2\cos^2 x} \mathrm{d}x = \frac{1}{2}\int_0^{\frac{\pi}{4}} x\mathrm{d}\tan x$$
$$= \frac{1}{2}\left(x\tan x\Big|_0^{\frac{\pi}{4}} - \int_0^{\frac{\pi}{4}} \tan x \mathrm{d}x\right)$$
$$= \frac{1}{2}\left(\frac{\pi}{4} + \ln\cos x\Big|_0^{\frac{\pi}{4}}\right) = \frac{\pi}{8} - \frac{1}{4}\ln 2.$$

【例 5-53】 计算 $\int_0^1 \mathrm{e}^{\sqrt{x}} \mathrm{d}x$.

解　先用换元法,令 $\sqrt{x} = t$,则 $x = t^2, \mathrm{d}x = 2t\mathrm{d}t$. 当 $x = 0$ 时,$t = 0$;当 $x = 1$ 时,$t = 1$. 于是

$$\int_0^1 \mathrm{e}^{\sqrt{x}} \mathrm{d}x = 2\int_0^1 t\mathrm{e}^t \mathrm{d}t$$

再用分部积分法,得

$$\int_0^1 \mathrm{e}^{\sqrt{x}} \mathrm{d}x = 2\int_0^1 t\mathrm{d}\mathrm{e}^t = 2\left(t\mathrm{e}^t\Big|_0^1 - \int_0^1 \mathrm{e}^t \mathrm{d}t\right) = 2[\mathrm{e} - (\mathrm{e} - 1)] = 2.$$

技能训练 5-5

一、基础题

1.求下列不定积分:

(1)$\int x\cos x\mathrm{d}x$;

(2)$\int (x^2+1)\ln x\mathrm{d}x$;

(3)$\int xe^{-x}\mathrm{d}x$;

(4)$\int e^x \cos x\mathrm{d}x$.

2.求下列定积分:

(1)$\int_0^1 xe^{-x}\mathrm{d}x$;

(2)$\int_1^e x\ln x\mathrm{d}x$;

(3)$\int_0^{\frac{\pi}{2}} x\sin x\mathrm{d}x$;

(4)$\int_0^1 e^{\sqrt{x}}\mathrm{d}x$.

二、应用题

设某产品的需求量 Q 是价格 P 的函数,该商品的最大需求量为 1 000(即 $P=0$ 时 $Q=1\,000$),已知需求量的变化率(边际需求)为 $Q'(P)=-1\,000P\cdot\left(\dfrac{1}{e}\right)^P$,求需求量 Q 与价格 P 的函数关系.

本章任务解决

任务一 ［已知边际求经济应用函数］

解 (1)由边际成本函数 $c'(x)=3x^2-14x+100$,可得生产 x 个产品的总成本函数为:

$$c(x)=\int (3x^2-14x+100)\,\mathrm{d}x=x^3-7x^2+100x+c$$

又由固定成本 $c(0)=10\,000$,代入可得 $c=10\,000$.综上所述生产 x 个产品的总成本函数为 $c(x)=x^3-7x^2+100x+10\,000$;

(2)将产量 Q 与时间 t 的关系 $Q=\dfrac{1}{2}t^2$ 代入边际收益函数,可得

$$R'(Q)=60-8Q=60-4t^2$$

从时刻 $t=1$ 到 $t=3$ 企业的总收益为:

$$R(t)=\int_1^3 (60-4t^2)\mathrm{d}t=\left(60t-\frac{4}{3}t^3\right)\Big|_1^3=\frac{256}{3}$$

所以从时刻 $t=1$ 到 $t=3$ 企业的总收益为 $\dfrac{256}{3}$.

任务二 ［消费者剩余与生产者剩余］

解 (1)已知需求函数 $P=30-0.2\sqrt{Q}$,将 $P^*=10$ 代入,可得 $Q^*=10\,000$,进而可得消费者剩余为:

$$\int_0^{10\,000} (30 - 0.2\sqrt{Q})\mathrm{d}Q - 10 \times 10\,000$$

$$= \left(30Q - \frac{2}{15}Q^{\frac{3}{2}}\right)\Big|_0^{10\,000} - 100\,000$$

$$= 66\,666.67(\text{元}).$$

（2）已知供给函数 $P = 250 + 3Q + 0.01Q^2$，将 $P^* = 425$ 代入，可得 $Q^* = 50$，进而可得生产者剩余为：

$$425 \times 50 - \int_0^{50} (250 + 3Q + 0.01Q^2)\mathrm{d}Q$$

$$= 425 \times 50 - \left(250Q - \frac{3}{2}Q^2 + \frac{Q^3}{300}\right)\Big|_0^{50}$$

$$= 4\,583.339(\text{元})$$

本章小结

1.本章知识结构导图

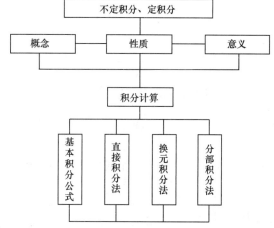

2.本章知识总结

（1）定积分的定义：分割 — 近似代替 — 求和 — 取极限

$$\int_a^b f(x)\mathrm{d}x = \lim_{n \to \infty} \sum_{i=1}^n f(\xi_i)\Delta x_i$$

（2）定积分几何意义：

① $\int_a^b f(x)\mathrm{d}x\,(f(x) \geqslant 0)$ 表示 $y = f(x)$ 与 x 轴，$x = a$，$x = b$ 所围成曲边梯形的面积；

② $\int_a^b f(x)\mathrm{d}x\,(f(x) \leqslant 0)$ 表示 $y = f(x)$ 与 x 轴，$x = a$，$x = b$ 所围成曲边梯形的面积的相反数；

（3）定积分的基本性质

① $\int_a^b k \cdot f(x)\mathrm{d}x = k \cdot \int_a^b f(x)\mathrm{d}x$；

②$\int_a^b [f_1(x) \pm f_2(x)] \mathrm{d}x = \int_a^b f_1(x)\mathrm{d}x \pm \int_a^b f_2(x)\mathrm{d}x$；

③$\int_a^b f(x)\mathrm{d}x = \int_a^c f(x)\mathrm{d}x + \int_c^b f(x)\mathrm{d}x$.

(4) 求定积分的方法

① 定义法：分割 — 近似代替 — 求和 — 取极限；

② 利用定积分几何意义；

③ 定积分基本公式 $\int_a^b f(x)\mathrm{d}x = F(b) - F(a)$，其中 $F'(x) = f(x)$；

(5) 积分计算方法

① 直接积分法；

② 换元积分法；

③ 分部积分法.

■综合技能训练 5

一、基础题

1. 填空题：

(1) 设 $f(x) = \dfrac{1}{x}$，则 $\int f'(x)\mathrm{d}x = $ _____；

(2) 如果 e^{-x} 是函数 $f(x)$ 的一个原函数，则 $\int f(x)\mathrm{d}x = $ _____；

(3) 设 $\int f(x)\mathrm{d}x = \dfrac{1}{6}\ln(3x^2 - 1) + C$，则 $f(x) = $ _____；

(4) $\int_0^1 \sqrt{1 - x^2}\,\mathrm{d}x$ 在几何上表示 _____ 围成的图形的面积；

(5) 若 $f(x)$ 为连续函数，则 $\lim\limits_{x \to a^+} \dfrac{\int_a^x f(x)\mathrm{d}x}{x - a} = $ _____；

(6) 若 $\int_0^a x(2 - 3x)\mathrm{d}x = 2$，则 $a = $ _____.

2. 选择题：

(1) 函数 $\cos\dfrac{\pi}{2}x$ 的一个原函数为（   ）.

A. $\dfrac{\pi}{2}\sin\dfrac{\pi}{2}x$ B. $-\dfrac{\pi}{2}\sin\dfrac{\pi}{2}x$ C. $\dfrac{2}{\pi}\sin\dfrac{\pi}{2}x$ D. $-\dfrac{2}{\pi}\sin\dfrac{\pi}{2}x$

(2) 设 $f(x)$ 的一个原函数为 $F(x)$，则 $\int f(2x)\mathrm{d}x = $（   ）.

A. $F(2x) + C$ B. $F\left(\dfrac{x}{2}\right) + C$

C. $\dfrac{1}{2}F(2x) + C$ D. $2F\left(\dfrac{x}{2}\right) + C$

（3）若 $f(x)$ 为可导、可积函数,则（   ）.

A. $\left[\int f(x)\mathrm{d}x\right]' = f(x)$

B. $\mathrm{d}\left[\int f(x)\mathrm{d}x\right] = f(x)$

C. $\int f'(x)\mathrm{d}x = f(x)$

D. $\int \mathrm{d}f(x) = f(x)$

（4）定积分 $\displaystyle\int_{-\infty}^{+\infty} \frac{x^2\sin x}{1+x^2}\mathrm{d}x = （\quad）$.

A. 2   B. -1 C. 0   D. 1

（5）下列结果正确的是（   ）.

A. $\displaystyle\int_0^{\frac{\pi}{2}} \sin^2 x\mathrm{d}x < \int_0^{\frac{\pi}{2}} \sin^3 x\mathrm{d}x$

B. $\displaystyle\int_e^4 \ln x\mathrm{d}x < \int_e^4 \ln^2 x\mathrm{d}x$

C. $\displaystyle\int_0^1 \mathrm{e}^x\mathrm{d}x < \int_0^1 \mathrm{e}^{x^2}\mathrm{d}x$

D. $\displaystyle\int_{-\frac{\pi}{2}}^0 \cos^3 x\mathrm{d}x < \int_{-\frac{\pi}{2}}^0 \cos^4 x\mathrm{d}x$

3. 计算下列不定积分:

（1）$\displaystyle\int (x-2)^2 \mathrm{d}x$;

（2）$\displaystyle\int \left(1-x+x^3-\frac{1}{\sqrt[3]{x^2}}\right)\mathrm{d}x$;

（3）$\displaystyle\int x(x-2)\mathrm{d}x$;

（4）$\displaystyle\int \left(\frac{x+1}{\sqrt{x}}\right)^2 \mathrm{d}x$;

（5）$\displaystyle\int \cos(3x+4)\mathrm{d}x$;

（6）$\displaystyle\int \sin\frac{1}{2}x\,\mathrm{d}x$;

（7）$\displaystyle\int x\mathrm{e}^{-x^2}\mathrm{d}x$;

（8）$\displaystyle\int \cos^2 x\sin x\mathrm{d}x$;

（9）$\displaystyle\int \frac{\mathrm{e}^x}{\mathrm{e}^x-3}\mathrm{d}x$;

（10）$\displaystyle\int \frac{\mathrm{e}^{\sqrt{x}}}{\sqrt{x}}\mathrm{d}x$;

（11）$\displaystyle\int \frac{1}{\sqrt{x}+\sqrt[3]{x}}\mathrm{d}x$;

（12）$\displaystyle\int \frac{1}{x\sqrt{4-x^2}}\mathrm{d}x$;

（13）$\displaystyle\int \frac{\sqrt{x^2-9}}{x^2}\mathrm{d}x$;

（14）$\displaystyle\int x\mathrm{e}^{10x}\mathrm{d}x$;

（15）$\displaystyle\int x\ln(x+1)\mathrm{d}x$;

（16）$\displaystyle\int x^2\sin x\mathrm{d}x$.

4. 计算下列定积分:

（1）$\displaystyle\int_1^2 (x^2+x-3)\mathrm{d}x$;

（2）$\displaystyle\int_0^1 \frac{1}{x+1}\mathrm{d}x$;

（3）$\displaystyle\int_0^1 x\mathrm{e}^{x^2}\mathrm{d}x$;

（4）$\displaystyle\int_0^2 |1-x|\mathrm{d}x$;

（5）设 $f(x)=\begin{cases} x^2, & -1\leqslant x<0 \\ x+1, & 0\leqslant x\leqslant 1 \end{cases}$,计算 $\displaystyle\int_{-1}^1 f(x)\mathrm{d}x$.

二、应用题

1. 一曲线通过点 $(\mathrm{e}^2,3)$,且在任一点处的切线斜率等于该点的横坐标的倒数,求该曲线的方程.

2.已知质点在某时刻 t 的加速度为 t^2+2,且当 $t=0$ 时,速度 $v=1$、距离 $s=0$,求此质点的运动方程.

3.设生产某产品 x 单位的总成本 C 是 x 的函数 $C(x)$,固定成本(即 $C(0)$)为 20 元,边际成本函数为 $C'(x)=2x+10$(元/单位),求总成本函数.

4.设某工厂生产某产品的总成本 y 的变化率是产量 x 的函数 $y'=9+\dfrac{20}{\sqrt[3]{x}}$,已知固定成本为 100 元,求产量 x 从 1 增加到 8 时所需增加的成本.

数学文化视野

数学家的故事——莱布尼兹简介

莱布尼兹(G. W. Leibniz,1646~1716),是德国最重要的数学家、物理学家、历史学家和哲学家,一个举世罕见的科学天才,和牛顿同为微积分的创始人.生于莱比锡,卒于汉诺威.莱布尼兹的父亲在莱比锡大学教授伦理学,在他六岁时就过世了,留下大量的人文书籍,早慧的他自习拉丁文与希腊文,广泛阅读.1661 年进入莱比锡大学学习法律,又曾到耶拿大学学习几何,1666 年在纽伦堡阿尔多夫大学通过论文《论组合的艺术》,获法学博士,并成为教授,该论文及后来的一系列工作使他成为数理逻辑的创始人.1667 年,他投身外交界,游历欧洲各国,接触了许多数学界的名流并保持联系,在巴黎受惠更斯的影响,决心钻研数学.他的主要目标是寻求可获得知识和创造发明的一般方法,这导致了他一生中的许多发明,其中最突出的是微积分.

与牛顿不同,他主要是从代数的角度,把微积分作为一种运算的过程与方法;而牛顿则主要从几何和物理的角度来思考和推理,把微积分作为研究力学的工具.莱布尼兹于 1684 年发表了第一篇微分学的论文《一种求极大极小和切线的新方法》.是世界上最早的关于微积分的文献,虽仅 6 页,推理也不清晰,却含有现代的微分学的记号与法则.1686 年,他又发表了他的第一篇积分论文,由于印刷困难,未用现在积分记号"$\int$",但在他 1675 年 10 月的手稿中用了拉长的 S"$\int$",作为积分记号,同年 11 月的手稿上出现了微分记号 dx.

有趣的是,在莱布尼兹发表了他的第一篇微分学的论文不久,牛顿公布了他的私人笔记,并证明至少在莱布尼兹发表论文的 10 年之前已经运用了微积分的原理.牛顿还说:在莱布尼兹发表成果的不久前,他曾在写给莱布兹的信中,谈起过自己关于微积分的思想.但是,事后证实,在牛顿给莱布尼兹的信中有关微积分的几行文字,几乎没有涉及这一理论的重要之处.因此,他们是各自独立地发明了微积分.

莱布尼兹思考微积分的问题大约开始于 1673 年,其思想和研究成果,记录在从该年起的数百页笔记本中. 其中他断言, 作为求和的过程的积分是微分的逆. 正是由于牛顿在 1665～1666 年和莱布尼兹在 1673～1676 年独立建立了微积分学的一般方法, 他们被公认为是微积分学的两位创始人. 莱布尼兹创立的微积分记号对微积分的传播和发展起了重要作用, 并沿用至今.

　　莱布尼兹的其他著作包括哲学、法学、历史、语言、生物、地质、物理、外交、神学, 并于 1671 年制造了第一架可作乘法计算的计算机, 他的多才多艺在历史上少有人能与之相比.

　　这一时期经济学的发展. 经济学家借助数学解决了一些实际问题的同时, 开拓了新的研究领域, 为新的研究方法的诞生奠定了基础.

第6章

定积分的应用

■本章概要

与微分学一样,积分学在几何及经济中有着广泛的应用.积分在几何上的应用可以说是积分学对数学的一个贡献,它成功地将古时候无限分割求和获得一些不规则平面图形面积的方法化为简单数学运算,使积分学成为促进其他科学和社会经济发展的有力工具.积分在经济上的应用也正是这种数学工具对经济学的又一贡献.

■学习目标

- 会用定积分表示曲边梯形的面积;
- 会运用定积分计算平面图形的面积及旋转体的体积;
- 会用积分知识解决有关经济问题.

■本章任务提出

任务一 [总成本函数] 对不同的经济问题,可以由已知的边际函数或变化率函数求出相应的经济函数.例如,已知生产某产品的固定成本 $C(0)=5$ 万元,边际成本函数为 $C'(q)=q^2-4q+10$(万元/吨),求总成本函数.

任务二 [绿化带面积] 有一个园艺设计师为一住宅区设计一块绿化带,该绿化带由抛物线 $y^2=x$ 与直线 $y=x-2$ 所围成,求该绿化带的平面面积.

6.1 定积分的几何应用

6.1.1 微元法介绍

微元法是解决实际问题很有效的方法,求不规则平面图形的面积、求旋转体的体积、平面曲线的长度等问题都可以由微元法轻易解决.

引例 6-1　【求曲边梯形的面积】

利用定积分的定义,求由曲线 $f(x)=x^2$ 与 $x=0,x=1$ 以及 x 轴所围成曲边梯形的面积.

解　(1) 分割:我们将时间区间 $[0,1]$ 分成 n 个小区间 $[x_{i-1},x_i]$(图 6-1),记其长度为 $\Delta x_i = x_i - x_{i-1},(i=1,2,\cdots,n)$;

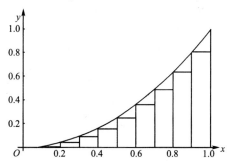

图 6-1

(2) 取近似值: $\Delta A_i \approx f(\xi_i) \cdot \Delta x_i = \left(\dfrac{i}{n}\right)^2 \cdot \dfrac{1}{n}$;

(3) 求和: $A = \displaystyle\sum_{i=1}^{n} \Delta A_i \approx \sum_{i=1}^{n} f(\xi_i)\Delta x_i = \sum_{i=1}^{n} \left(\dfrac{i}{n}\right)^2 \cdot \dfrac{1}{n} = \dfrac{1}{6}\dfrac{n(n+1)(2n+1)}{n^3}$;

(4) 取极限: $A = \displaystyle\lim_{\lambda \to 0}\sum_{i=1}^{n} f(\xi_i)\Delta x_i = \lim_{n \to \infty}\dfrac{1}{6}\dfrac{n+1}{n} \cdot \dfrac{2n+1}{n} = \dfrac{1}{3} = \int_0^1 x^2\,\mathrm{d}x$.

从上面的方法可看出:最关键的步骤是(2)中的微分思想以及(4)中的无限累加.

为了计算方便,在(1)中把区间 $[x_i,x_{i+1}]$ 改用 $[x,x+\mathrm{d}x]$ 代表,此时(2)中的 $\Delta A_i \approx f(x)\mathrm{d}x$,把 $f(x)\mathrm{d}x$ 称为面积 A 的微元,记作

$$\mathrm{d}A = f(x)\mathrm{d}x.$$

对上式在 $[0,1]$ 上进行无限累加,可得积分 $A = \displaystyle\int_0^1 f(x)\mathrm{d}x$.

定义 6-1　【微元法】

(1) 取微元:在 $[a,b]$ 上任取一个微小区间 $[x,x+\mathrm{d}x]$,然后求出在这个小区间上的部分量 ΔA 的近似值,记为 $\mathrm{d}A = f(x)\mathrm{d}x$ (称为 A 的微元);

(2) 求积分:将微元 $\mathrm{d}A$ 在 $[a,b]$ 上无限"累加",即在 $[a,b]$ 上积分,得

$$A = \int_a^b f(x)\mathrm{d}x$$

上述问题的解决方法称为**微元法**.

6.1.2　平面图形的面积

平面图形的面积计算可以分为以下几种类型:

(1) 若函数 $y=f(x)$ 在 $[a,b]$ 上连续,且 $f(x) \geqslant 0$,则由曲线 $y=f(x)$,$x=a$,$x=b$ 以及 x 轴所围成的平面图形(图 6-2)的面积微元为

$$\mathrm{d}A = f(x)\mathrm{d}x,$$

以面积微元为被积表达式,在$[a,b]$上作定积分得所求面积为

$$A = \int_a^b f(x)\mathrm{d}x.$$

(2) 若函数 $y = f(x), y = g(x)$ 在 $[a,b]$ 上连续,且 $f(x) \geqslant g(x)$,则由曲线 $y = f(x), y = g(x), x = a, x = b$ 所围成的平面图形(图 6-3)的面积微元为

$$\mathrm{d}A = [f(x) - g(x)]\mathrm{d}x,$$

以面积微元为被积表达式,在$[a,b]$上作定积分得所求面积为

$$A = \int_a^b [f(x) - g(x)]\mathrm{d}x.$$

(3) 若函数 $x = f(y), x = g(y)$ 在 $[c,d]$ 上连续,且 $f(y) \geqslant g(y)$,则由曲线 $x = f(y), x = g(y), y = c, y = d$ 所围成的平面图形(图 6-4)的面积微元为

$$\mathrm{d}A = [f(y) - g(y)]\mathrm{d}y,$$

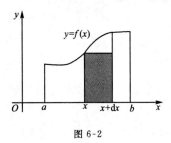

图 6-2

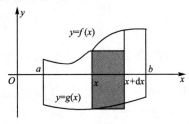

图 6-3

以面积微元为被积表达式,在$[c,d]$上作定积分得所求面积为

$$A = \int_c^d [f(y) - g(y)]\mathrm{d}y.$$

【例 6-1】 求曲线 $y = \cos x$ 与直线 $x = \dfrac{\pi}{6}, x = \pi$ 以及 x 轴所围成的平面图形的面积(图 6-5).

解　$A = A_1 + A_2 = \displaystyle\int_{\frac{\pi}{6}}^{\frac{\pi}{2}} \cos x \mathrm{d}x - \int_{\frac{\pi}{2}}^{\pi} \cos x \mathrm{d}x$

$\qquad = \Big[\sin x \Big]_{\frac{\pi}{6}}^{\frac{\pi}{2}} - \Big[\sin x \Big]_{\frac{\pi}{2}}^{\pi}$

$\qquad = \Big(1 - \dfrac{1}{2} \Big) - (0 - 1) = \dfrac{3}{2}.$

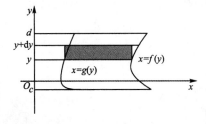

图 6-4

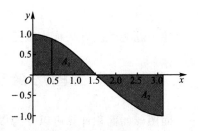

图 6-5

【例 6-2】 求由抛物线 $y^2 = x$ 与直线 $y = 1, x = 0$ 所围成的平面图形(图 6-6)面积.

解法 1　以 x 为积分变量,则

$$A = 1 - \int_0^1 \sqrt{x}\,\mathrm{d}x = 1 - \left[\frac{2}{3}x^{\frac{3}{2}}\right]_0^1 = 1 - \frac{2}{3} = \frac{1}{3}.$$

解法 2　以 y 为积分变量,则

$$A = \int_0^1 y^2\,\mathrm{d}y = \left[\frac{1}{3}y^3\right]_0^1 = \frac{1}{3}.$$

【**例 6-3**】　求抛物线 $y = x^2$ 和 $y^2 = x$ 所围成的平面图形的面积.

解　如图 6-7,解方程组 $\begin{cases} y = x^2 \\ y^2 = x \end{cases}$,得两曲线交点为 $(0,0)$ 和 $(1,1)$,以 x 为积分变量,

则面积微元为 $\mathrm{d}A = (\sqrt{x} - x^2)\mathrm{d}x$,于是

$$A = \int_0^1 (\sqrt{x} - x^2)\,\mathrm{d}x = \left[\frac{2}{3}x^{\frac{3}{2}} - \frac{1}{3}x^3\right]_0^1 = \frac{1}{3}.$$

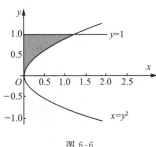

图 6-6

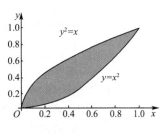

图 6-7

【**思考**】　在上述例题中,取 y 为积分变量如何求面积?

【**例 6-4**】　求由曲线 $y = \sqrt{x}$,直线 $x + y - 2 = 0$,$x + 3y = 0$ 所围成的平面图形面积.

解　如图 6-8,解方程组:

$$\begin{cases} y = \sqrt{x} \\ x + y - 2 = 0 \end{cases},\quad \begin{cases} x + y - 2 = 0 \\ x + 3y = 0 \end{cases},\quad \begin{cases} y = \sqrt{x} \\ x + 3y = 0 \end{cases},$$

得交点分别为 $(1,1)$,$(3,-1)$,$(0,0)$ 取 x 为积分变量,则所求面积微元为

$$\mathrm{d}A_1 = \left[\sqrt{x} - \left(-\frac{1}{3}x\right)\right]\mathrm{d}x,\quad \mathrm{d}A_2 = \left[(2-x) - \left(-\frac{1}{3}x\right)\right]\mathrm{d}x$$

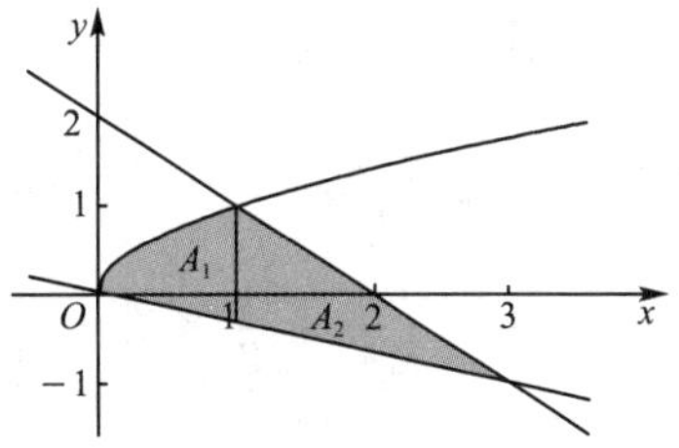

图 6-8

于是

$$A = A_1 + A_2 = \int_0^1 \left(\sqrt{x} + \frac{1}{3}x\right)\mathrm{d}x + \int_1^3 \left(2 - x + \frac{1}{3}x\right)\mathrm{d}x$$

$$= \left[\frac{2}{3}x^{\frac{3}{2}} + \frac{1}{6}x^2\right]_0^1 + \left[2x - \frac{1}{2}x^2 + \frac{1}{6}x^2\right]_1^3 = 2\frac{1}{6}.$$

若以 y 为积分变量,则

$$\mathrm{d}A_1 = \left[(2-y) - y^2\right]\mathrm{d}y,\quad \mathrm{d}A_2 = \left[(2-y) + 3y\right]\mathrm{d}y$$

于是

$$A = A_1 + A_2 = \int_0^1 \left[(2-y) - y^2\right]\mathrm{d}y + \int_{-1}^0 \left[(2-y) + 3y\right]\mathrm{d}y$$

$$= \left[2y - \frac{1}{2}y^2 - \frac{1}{3}y^3 \right]_0^1 + \left[2y + y^2 \right]_{-1}^0 = 2\frac{1}{6}.$$

【例 6-5】　求抛物线 $y^2 = 2x$ 与直线 $x - y = 4$ 所围成的平面图形面积.

解　如图 6-9,解方程组 $\begin{cases} y^2 = 2x \\ x - y = 4 \end{cases}$ 得交点为(2,

-2) 和 $(8,4)$,取 y 为积分变量,则所求面积微元为

$$dA = \left(y + 4 - \frac{1}{2}y^2 \right)dy,$$

于是

$$A = \int_{-2}^4 \left(y + 4 - \frac{1}{2}y^2 \right)dy$$

$$= \left[\frac{1}{2}y^2 + 4y - \frac{1}{6}y^3 \right]_{-2}^4 = 18.$$

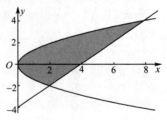

图 6-9

若取 x 为积分变量,则计算比上面方法繁琐.

【例 6-6】　求星形线 $\begin{cases} x = a\cos^3 t \\ y = a\sin^3 t \end{cases}$ $(a > 0, 0 \leqslant$

$t \leqslant 2\pi)$ 所围成的平面图形的面积.

解　如图 6-10,由图形对称性可知:所求面积 A 是图形在第一象限内面积的四倍.

$$A = 4\int_0^a y dx = 4\int_{\frac{\pi}{2}}^0 a\sin^3 t(-3a\cos^2 t\sin t)dt$$

$$= 12a^2 \int_0^{\frac{\pi}{2}} \sin^4 t\cos^2 t dt$$

$$= 12a^2 \int_0^{\frac{\pi}{2}} \sin^4 t(1 - \sin^2 t)dt$$

$$= 12a^2 \left(\int_0^{\frac{\pi}{2}} \sin^4 t dt - \int_0^{\frac{\pi}{2}} \sin^6 t dt \right)$$

$$= 12a^2 \left(\frac{3}{4} \times \frac{1}{2} \times \frac{\pi}{2} - \frac{5}{6} \times \frac{3}{4} \times \frac{1}{2} \times \frac{\pi}{2} \right)$$

$$= \frac{3}{8}\pi a^2$$

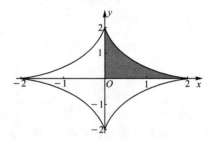

图 6-10

【思考题】　(游泳池的表面面积)一个工程师正用 CAD 设计一游泳池,游泳池的表面是由曲线 $y = \frac{800x}{(x^2+10)^2}$,$y = 0.5x^2 - 4x$ 以及 $x = 8$ 围成的图形(图 6-11),求此游泳池的表面面积.

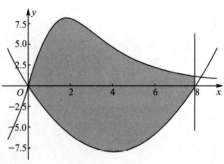

图 6-11

6.1.3　旋转体的体积

旋转体是由一个平面图形绕此平面内一条直线（称为旋转轴）旋转一周而成的立体图形. 例: 圆柱体是矩形绕它的一条边旋转一周而得到的, 圆锥体是直角三角形绕它的一条直角边旋转一周而得到的.

下面求由连续曲线 $y=f(x)(f(x)\geqslant 0)$, 直线 $x=a,x=b(a<b)$ 以及 x 轴所围成曲边梯形绕 x 轴旋转一周而成的旋转体（图 6-12）的体积.

（1）体积微元　$\mathrm{d}v=\pi[f(x)]^2\mathrm{d}x$

（2）所求体积　$v=\int_a^b\pi[f(x)]^2\mathrm{d}x$

同理, 由连续曲线 $x=f(y)(f(y)\geqslant 0)$, 直线 $y=c,y=d(c<d)$ 及 y 轴所围成曲边梯形绕 y 轴旋转一周而成的旋转体（图 6-13）的体积为 $v=\int_c^d\pi[f(y)]^2\mathrm{d}y$.

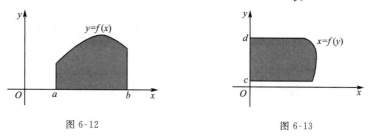

图 6-12　　　　　　　　　图 6-13

【例 6-7】　求由曲线 $y=\sqrt{x}$, 直线 $x=4$ 及 x 轴所围成的图形分别绕 x 轴, y 轴旋转一周所得到旋转体（图 6-14）的体积.

解　绕 x 轴旋转一周形成的旋转体的体积为

$$v_x=\int_0^4\pi(\sqrt{x})^2\mathrm{d}x=\int_0^4\pi x\mathrm{d}x=\frac{1}{2}\pi[x^2]_0^4=8\pi.$$

绕 y 轴旋转一周形成的旋转体的体积为

$$v_y=\int_0^2\pi\cdot 4^2\mathrm{d}y-\int_0^2\pi(y^2)^2\mathrm{d}y=32\pi-\frac{1}{5}\pi[y^5]_0^2$$

$$=32\pi-\frac{32}{5}\pi=\frac{128}{5}\pi.$$

【例 6-8】　设有底面半径为 R 的圆柱, 被一与圆柱底面交成 α 角且过底圆直径的平面所截, 求截下的楔形的体积.

解法 1　如图 6-15, 建立坐标系, 则底圆方程为 $x^2+y^2=R^2$, 楔形体积微元为

$$\mathrm{d}v=\frac{1}{2}y\cdot y\tan\alpha\mathrm{d}x=\frac{1}{2}y^2\tan\alpha\mathrm{d}x$$

$$=\frac{1}{2}(R^2-x^2)\tan\alpha\mathrm{d}x$$

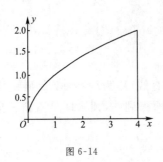
图 6-14

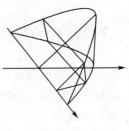
图 6-15

于是楔形的体积为

$$v = \int_{-R}^{R} \frac{1}{2}(R^2 - x^2)\tan\alpha dx = \frac{1}{2}\tan\alpha \int_{-R}^{R}(R^2 - x^2)dx$$

$$= \tan\alpha \int_{0}^{R}(R^2 - x^2)dx = \tan\alpha \cdot \left(R^2 x - \frac{1}{3}x^3\right)\Big|_{0}^{R}$$

$$= \tan\alpha\left(R^3 - \frac{1}{3}R^3\right) = \frac{2}{3}R^3\tan\alpha.$$

解法 2　底圆方程为 $x^2 + y^2 = R^2$，楔形体积微元

$$dv = 2xy\tan\alpha dy = (2y\sqrt{R^2 - y^2}\tan\alpha)dy$$

y 作为积分变量，积分区间 $[0, R]$，得

$$v = \int_{0}^{R}(2y\sqrt{R^2 - y^2}\tan\alpha)dy = -\tan\alpha\int_{0}^{R}\sqrt{R^2 - y^2}\ d(R^2 - y^2)$$

$$= -\frac{2}{3}\tan\alpha(R^2 - y^2)^{\frac{3}{2}}\Big|_{0}^{R} = \frac{2}{3}R^3\tan\alpha.$$

6.1.4　平面曲线的弧长

如图 6-16，设有一光滑曲线 $y = f(x)$（即 $f(x)$ 可导），求曲线从 $x = a$ 到 $x = b$ 的一段弧 $\overset{\frown}{AB}$ 的长度.

使用微分法，在 $[a, b]$ 上任取一微区间 $[x, x + dx]$，则与此相应的弧 $\overset{\frown}{MN}$ 可以用切线段 $|MT|$ 来近似代替，即弧长 s 的微元（弧微分）为

$$ds = \sqrt{(dx)^2 + (dy)^2} = \sqrt{1 + y'^2}dx,$$

在区间 $[a, b]$ 上将 ds 无穷累加，得 $s = \int_{a}^{b}\sqrt{1 + y'^2}dx.$

【例 6-9】　求曲线 $y = \frac{1}{4}x^2 - \frac{1}{2}\ln x(1 \leqslant x \leqslant e)$ 的弧长.

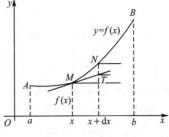
图 6-16

解　由 $y = \frac{1}{4}x^2 - \frac{1}{2}\ln x$，得 $y' = \frac{1}{2}x - \frac{1}{2x} = \frac{1}{2}\left(x - \frac{1}{x}\right)$. 所以

$$ds = \sqrt{1 + y'^2}dx = \sqrt{1 + \frac{1}{4}\left(x - \frac{1}{x}\right)^2}dx = \frac{1}{2}\left(x + \frac{1}{x}\right)dx$$

于是所求弧长 s 为

$$s = \int_1^e \sqrt{1 + y'^2}\, dx = \int_1^e \frac{1}{2}\left(x + \frac{1}{x}\right) dx = \frac{1}{2}\left[\frac{x^2}{2} + \ln x\right]_1^e = \frac{1}{4}(e^2 + 1)$$

技能训练 6-1

一、基础题

1. 计算下列各题中平面图形的面积：

(1) 曲线 $y = \sqrt{x}$ 与直线 $x = 1, x = 4, y = 0$ 所围成的图形；

(2) 抛物线 $y = x^2$ 与直线 $y = 2x$ 所围成的图形；

(3) 曲线 $y = \frac{1}{x}$ 与直线 $y = x, x = 2$ 所围成的图形.

2. 求下列平面图形绕 x 轴旋转产生的立体的体积：

(1) 曲线 $y = \sqrt{x}$ 与直线 $x = 1, x = 4, y = 0$ 所围成的图形；

(2) 在区间 $\left[0, \frac{\pi}{2}\right]$ 上，曲线 $y = \sin x$ 与直线 $x = \frac{\pi}{2}$、$y = 0$ 所围成的图形.

3. 用定积分表示双曲线 $xy = 1$ 从点 $(1,1)$ 到点 $\left(2, \frac{1}{2}\right)$ 之间的一段弧长.

二、应用题

1. 为了使曲线 $y = x - x^2$ 与 $y = ax$ 所围成的平面图形面积是 4.5，试确定 a 的值.

2. 一平面图形是由抛物线 $x = y^2 + 2$ 及该抛物线上点 $A(3,1)$ 处法线和 x 轴、y 轴所围成的，求该图形绕 y 轴旋转一周而成的旋转体的体积.

6.2　定积分在经济分析中的应用

6.2.1　边际函数和经济函数

引例 6-2 【利润问题】

某企业每月生产某种产品 q 单位时，其边际成本函数为 $C'(q) = 5q + 10$（单位：万元），固定成本为 20 万元，边际收益为 $R'(q) = 60$（单位：万元）. 求：

(1) 每月生产多少单位产品时，利润最大？

(2) 如果利润达到最大时的产量，再多生产 10 个单位，利润将有多少变化？

预备知识：边际函数和经济函数间的关系.

在经济领域里，可利用公式 $\int_a^b f(x)\, dx = F(x)\Big|_a^b = F(b) - F(a)$，即 $f(x)$ 与 $F(x)$ 是导数与原函数之间的关系，因此有下列常见的关系式.

1. 由边际函数求经济函数

(1) 已知边际成本 $C'(q)$，固定成本 C_0，则总成本函数为

$$C(q) = \int_0^q C'(t)\mathrm{d}t + C_0 \quad \text{或} \quad C(q) = \int C'(q)\mathrm{d}q, C(0) = C_0;$$

（2）已知边际收益 $R'(q)$，则总收益函数为

$$R(q) = \int_0^q R'(t)\mathrm{d}t \quad \text{或} \quad R(q) = \int R'(q)\mathrm{d}q, R(0) = 0;$$

（3）已知固定成本 C_0，边际利润 $L'(q)$，则总利润函数为

$$L(q) = \int_0^q L'(t)\mathrm{d}t - C_0 \quad \text{或} \quad L(q) = \int L'(q)\mathrm{d}q, L(0) = -C_0.$$

2. 边际函数和经济函数的增量关系

（1）已知边际成本 $C'(q)$，产量由 a 变到 b 时，总成本的增量为

$$\Delta C = \int_a^b C'(q)\mathrm{d}q = C(q)\Big|_a^b = C(b) - C(a);$$

（2）已知边际收益 $R'(q)$，销售量由 a 变到 b 时，收益的增量为

$$\Delta R = \int_a^b R'(q)\mathrm{d}q = R(q)\Big|_a^b = R(b) - R(a);$$

（3）已知边际利润 $L'(q)$，产量由 a 变到 b 时，利润的增量为

$$\Delta L = \int_a^b L'(q)\mathrm{d}q = L(q)\Big|_a^b = L(b) - L(a).$$

【例 6-10】 设某产品的边际成本函数为：$C'(q) = 10q + 28$，固定成本 50，求总成本函数 $C(q)$.

解法 1 $\quad C(q) = \int_0^q C'(t)\mathrm{d}t + C(0) = \int_0^q (10t + 28)\mathrm{d}t + C(0)$

$$= (5t^2 + 28t)\Big|_0^q + 50 = 5q^2 + 28q + 50;$$

解法 2 $\quad C(q) = \int C'(q)\mathrm{d}q = \int (10q + 28)\mathrm{d}q = 5q^2 + 28q + C$

又 $C(0) = 50$，所以 $C = 50$. 故 $C(q) = 5q^2 + 28q + 50$.

【例 6-11】 已知某产品销售量为 q 时，收入变化率为 $R'(q) = 100 - q$. 求：

（1）销售量为 10 时的总收入；

（2）销售量从 20 到 30 时，总收入是多少？

解 （1）$R(10) = \int_0^{10} R'(q)\mathrm{d}q = \int_0^{10} (100 - q)\mathrm{d}q = \left(100q - \dfrac{1}{2}q^2\right)\Big|_0^{10} = 950$，即销售量为 10 时，总收入为 950.

（2）$R(30) - R(20) = \int_{20}^{30} R'(q)\mathrm{d}q = \int_{20}^{30} (100 - q)\mathrm{d}q = \left(100q - \dfrac{1}{2}q^2\right)\Big|_{20}^{30} = 750$，即销售量从 20 到 30 时，总收入为 750.

引例 6-2【利润问题】的求解

（1）因为

$$L'(q) = R'(q) - C'(q) = 60 - (5q + 10) = 50 - 5q,$$

要使利润最大，应有 $L'(q) = 0$，即 $50 - 5q = 0$，解得 $q = 10$，又 $L''(q) = -5 < 0$，唯一的驻点 $q = 10$ 即为最大值点，所以当每月生产 10 个单位产品时利润最大.

（2）再多生产 10 个单位产品时，利润变化为

$$\Delta L = \int_{10}^{20} (R' - C') \mathrm{d}q = \int_{10}^{20} (50 - 5q) \mathrm{d}q = \left(50q - \frac{5}{2}q^2\right)\Big|_{10}^{20} = -250$$

所以，再多生产 10 个单位产品，利润将减少 250 万元.

【例 6-12】　设某种商品投放市场的销售速度（边际销售）为 $f(t) = 160 - 40\mathrm{e}^{-2t}$（单位 kg/ 天），$t$ 为天数，求前 5 天的销售总量 S.

解　因为销售总量是边际销售的一个原函数，按题意有

$$S = \int_0^5 f(t)\mathrm{d}t = \int_0^5 (160 - 40\mathrm{e}^{-2t})\mathrm{d}t = (160t + 20\mathrm{e}^{-2t})\Big|_0^5$$
$$\approx 780.00(\mathrm{kg})$$

所以，前 5 天的销售总量约为 780.00 kg.

6.2.2　资金流在连续复利计息下的现值与将来值

资金是有价值的，因为资金在使用过程中会由于提高了生产率而产生增值. 在经济学上通常使用连续复利计算资金的现值 A_0 和 t 年后的将来值 A_t.

证券市场在交易期间内有成交额，银行系统在营业期间内要发生存款、取款、贷款、还款等业务，这都是随时间变化的资金流（货币流）（Money Flow），即资金流是时间的函数. 那么在时间 $t \in [0, T]$ 内，怎样按连续复利计算该资金流的现值和将来值呢？

引例 6-3　【资金流的现值与将来值】

在讨论连续资金流时，假设按利率 r 以连续复利计息，现有一笔资金流的资金流量为 $R(t)$（元 / 年），下面计算其现值及将来值.

预备知识：资金流，资金流量，现值，将来值.

时刻 t 的一个货币单位在时刻 0 时的价值称为贴现值. 因此，在年利率为 r 的情形下，若采用连续复利，有：

（1）已知现值为 A_0，则 t 年后的未来值为 $A_t = A_0 \mathrm{e}^{rt}$；

（2）已知未来值为 A_t，则贴现值为 $A_0 = A_t \mathrm{e}^{-rt}$.

下面先介绍资金流和资金流量的概念.

若某公司的资金是连续地获得的，则该资金可被看作是一种随时间连续变化的资金流. 而资金流对时间的变化率称为资金流量. 资金流量实际上是一种速率，一般用 $R(t)$ 表示；若时间 t 以年为单位，资金以元为单位，则资金流量的单位为：元 / 年.（时间 t 一般从现在开始计算）. 若 $R(t) = b$ 为常数，则称该资金流具有均匀资金流量.

将来值：现在一定量的资金在未来某一时点上的价值. 现值：将来某一时点的一定资金折合成现在的价值，俗称："本金". 例如：假设银行利率为 5%，你现在存入银行 10 000 元，一年以后可得本息 10 500 元. 10 500 元为 10 000 元的将来值，而 10 000 元为 10 500 元的现值.

和单笔款项一样，资金流的将来值定义为将其存入银行并加上利息之后的本利和；而收益流的现值是这样一笔款项，若把它存入可获息的银行，将来从收益流中获得的总收

益,与包括利息在内的本利和,有相同的价值.

引例 6-3【资金流的现值与将来值】的分析与求解

解　考虑从现在开始$(t=0)$到T年后这一时间段,利用微元法,在区间$[0,T]$内,任取一小区间$[t,t+\mathrm{d}t]$,在该小区间内将$R(t)$近似看作常数,则应获得的金额近似等于$R(t)\mathrm{d}t$元.从现在$(t=0)$算起,$R(t)\mathrm{d}t$这一金额是在t年后的将来而获得,因此在$[t,t+\mathrm{d}t]$内,资金的现值为$R(t)\mathrm{e}^{-rt}\mathrm{d}t$,从而,总现值为

$$R_0 = \int_0^T R(t)\mathrm{e}^{-rt}\mathrm{d}t;$$

在计算将来值时,收入$R(t)\mathrm{d}t$在以后的$(T-t)$年内获息,故在$[t,t+\mathrm{d}t]$内,资金流的将来值为$R(t)\mathrm{e}^{r(T-t)}\mathrm{d}t$,从而,将来值为

$$R_T = \int_0^T R(t)\mathrm{e}^{r(T-t)}\mathrm{d}t.$$

【例 6-13】　假设以年连续复利率$r=0.1$计息.

(1) 求资金流量为 100 元 / 年的资金流在 20 年期间的现值和将来值;

(2) 将来值和现值的关系如何?解释这一关系.

解　(1) 现值 $= \int_0^{20} 100\mathrm{e}^{-0.1t}\mathrm{d}t = 1\,000(1-\mathrm{e}^{-2}) \approx 864.66$(元);

将来值 $= \int_0^{20} 100\mathrm{e}^{0.1(20-t)}\mathrm{d}t = \int_0^{20} 100\mathrm{e}^2 \cdot \mathrm{e}^{-0.1t}\mathrm{d}t = 1\,000\mathrm{e}^2(1-\mathrm{e}^{-2}) \approx 6\,389.06.$

(2) 显然,将来值 = 现值$\times \mathrm{e}^2$.若在$t=0$时刻以现值$1\,000(1-\mathrm{e}^{-2})$作为一笔款项存入银行,以年连续复利率$r=0.1$计息,则 20 年中这笔单独款项的将来值为

$$1\,000(1-\mathrm{e}^{-2})\mathrm{e}^{0.1\times 20} = 1\,000(1-\mathrm{e}^{-2})\mathrm{e}^2,$$

而这正好是上述资金流在 20 年期间的将来值.

【例 6-14】　某公司投资 100 万元建成 1 条生产线,并于 1 年后取得经济效益,年收入为 30 万元,设银行年利率为 10%,问公司多少年后收回投资.

解　设T年后可收回投资.投资回收期应是总收入的现值等于总投资的现值的时间长度,因此有

$$\int_0^T 30\mathrm{e}^{-0.1t}\mathrm{d}t = 100 \text{ 即 } 300(1-\mathrm{e}^{-0.1T}) = 100;$$

解得$T=4.055$,即在投资后的 4.055 年内可收回投资.

【例 6-15】　某一大型投资项目,投资成本$A_0 = 10\,000$(万元),投资收益率$a = 2\,000$(万元 / 年).设银行年利率为 5%,以连续复利计息,求:

(1)5 年内总收益的现值;

(2) 投资回收期;

(3) 投资的资本价值(无限期投资纯收益的现值).

解　(1) 以$T=5,a=2\,000,r=0.05$代入,得 5 年内总收益的现值为

$$A_0 = \frac{2\,000}{0.05}(1-\mathrm{e}^{-0.05\times 5}) \approx 8\,847.97\text{(万元)}$$

（2）再由公式 $A_0 = \dfrac{a}{r}(1 - \mathrm{e}^{-r \times T})$，得

$$T = -\frac{1}{r}\ln\left(1 - \frac{A_0 r}{a}\right)$$

以 $A_0 = 10\ 000, a = 2\ 000, r = 0.05$ 代入上式，可得投资回收期

$$T = -\frac{1}{0.05}\ln\left(1 - \frac{10\ 000 \times 0.05}{2\ 000}\right) = -\frac{1}{0.05}\ln\frac{3}{4} \approx 5.75（年）$$

（3）无限期投资总收益的现值

$$A_\infty = \int_0^{+\infty} 2\ 000\mathrm{e}^{-0.05t}\,\mathrm{d}t = 40\ 000（万元）$$

投资的资本价值（无限期投资纯收益的现值）为

$$A_\infty - A_0 = 40\ 000 - 10\ 000 = 30\ 000（万元）$$

6.2.3   洛伦茨曲线与基尼系数

一个国家的社会收入分配既不会完全平等，也不会完全不平等，而是介于两者之间．在判断某一社会收入分配的平均程度时，洛伦茨曲线（Lorenz Curve）是最常用的工具，基尼系数（Gini Coefficient）是最常用的指标．我们利用图 6-17 来说明基尼系数的计算．

图中横轴 OH 表示人口（按收入由低到高排列）的累计百分比，纵轴 OM 表示收入的累计百分比．一般的，收入分配不平等的程度由曲线（洛伦茨曲线）与对角线 OL（完全平等线）偏离程度的大小所决定，即由面积 A 的大小所决定．因此，经济学上称 A 为不平等面积，而 $\triangle OHL$ 的面积为最大不平等面积．

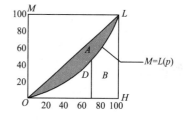

图 6-17

从图中可以看出，当不平等面积 A 为 0 时，即曲线 ODL（称为洛伦茨曲线，方程为 $M = L(p)$）与对角线 OL（称为完全平等线）重合，表示社会收入分配完全平等．例如，70% 的社会成员平均占有 70% 的社会收入．如果不平等面积 A 接近 $\triangle OHL$ 的面积或 B 接近 0 时，其中 B 为洛伦茨曲线 ODL 和折线 OHL 所围成曲边三角形的面积，即曲线 ODL 几乎成为折线 OHL，则表明社会收入分配完全不平等，例如，接近 1% 的社会成员几乎占有 100% 的收入．

为了便于比较和准确刻画，经济学上采用不平等面积 A 占最大不平等面积 $A + B$ 的比例来衡量社会收入分配的不平等程度，这个比值在经济学上称为基尼系数（或称为洛伦茨系数），通常用 G 表示，则 $G = \dfrac{A}{A + B}$．

可见，计算基尼系数的关键在于求出面积 A、B 的值．事实上，$A + B = \dfrac{1}{2}$，则 $G = 2A$．

当 $A = 0$ 时，基尼系数 $G = 0$，分配绝对平均；当 $B = 0$ 时，基尼系数 $G = 1$，分配绝对不平均．A 越接近于 0 或 1，分配越平均（或不平均），贫富差距越小（或大）．

联合国有关组织规定:若基尼系数

(1) 低于 0.2,表示社会收入分配绝对平均;

(2)0.2 ~ 0.3,表示社会收入分配比较平均;

(3)0.3 ~ 0.4,表示社会收入分配相对合理;

(4)0.4 ~ 0.5,表示社会收入分配差距较大;

(5) 大于 0.6,表示社会收入分配差距悬殊.

若 $L'(p_0) = 1$ 时,表示在点 (p_0, M_0) 处,当人口累积比例值 p_0 增加 1% 时,占社会收入的比例值 $M_0 = L(p_0)$ 也增加 1%,说明在人口累积中处于此位置的人的收入恰好是社会平均收入.而处于此累积人口位置之下的 $p\%$ 的人的收入是在社会平均收入水平之下的.

【例 6-16】 某城市对统计调查所得到的社会收入分配数据进行分析后得知,其洛伦茨曲线近似由 $L(p) = p^{\frac{5}{3}}$ 表示.

(1) 求基尼系数;

(2) 该城市的贫富差距的情况如何呢?

(3) 讨论有多少人的收入在社会平均收入之下.

解 (1) 求基尼系数 $G = \dfrac{A}{A+B}$,先求 B 的面积,B 的区域是由曲线 $L(p) = p^{\frac{5}{3}}$ 与横轴(p 轴),纵轴(M 轴)、直线 $p = 1$ 围成的曲边梯形,其面积就是曲线 $L(p) = p^{\frac{5}{3}}$ 在 $[0,1]$ 上的定积分:

$$B = \int_0^1 p^{\frac{5}{3}} \, \mathrm{d}p = \frac{3}{8} p^{\frac{8}{3}} \bigg|_0^1 = \frac{3}{8}$$

所以,基尼系数为

$$G = \frac{A}{A+B} = \frac{\dfrac{1}{2} - B}{\dfrac{1}{2}} = \frac{\dfrac{1}{2} - \dfrac{3}{8}}{\dfrac{1}{2}} = 0.25;$$

(2) 根据联合国有关组织规定,该城市的社会收入分配的贫富差距不大.

(3) 由 $L'(p) = \dfrac{5}{3} p^{\frac{2}{3}} = 1$ 得方程 $\dfrac{5}{3} p^{\frac{2}{3}} - 1 = 0$,解得 0.465,说明有 46.5% 的人收入在平均值之下.

6.2.4　消费者剩余和生产者剩余

在经济生活中,消费者和生产者是两大群体,影响消费者的需求、生产者的供应的主要因素是价格,剩余商品的需求量与供给量都是价格的函数.然而,在实际分析时常用纵坐标表示价格 p,横坐标表示需求量(或供给量)Q.用需求曲线表示需求函数 $p = D(Q)$,用供给曲线表示供给函数 $p = S(Q)$.

在市场条件下,商品的数量和价格在不断调整,最终达到市场平衡(即需求量与供给量相等),此时的价格 p^* 和需求量 Q^* 分别称为均衡价格和均衡数量.而需求曲线和供给曲线的交点(p^*,Q^*)，称为此商品的市场均衡点.

在图 6-18 中，p_0 为供给曲线的纵截距，即价格为 p_0 时供给量为零，只有价格高于 p_0 时，才能供给；p_1 为需求曲线的纵截距，即价格为 p_1 时需求量为零，只有价格低于 p_1 时，才有需求；Q_1 表示当商品免费赠送时的最大需求.

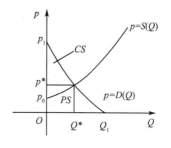

图 6-18

在市场经济中，消费者对某商品或服务愿意支付比市场价格 p^* 更高的价格，但实际所支付的是市场价格 p^*，所节省的费用总量称为消费者剩余（Consumer Surplus，CS）. 如图 6-18，当需求量 $Q \in [0,Q^*]$ 时，由消费者剩余的微元 $[D(Q)-p^*]\mathrm{d}Q$，得消费者剩余为

$$CS = \int_0^{Q^*} [D(Q)-p^*]\mathrm{d}Q = \int_0^{Q^*} D(Q)\mathrm{d}Q - p^* Q^*$$

上式右边两项中，前者为消费者愿意付出价格高于 p^* 的总消费额，后者为实际消费额. 两者之差为消费者节省的费用，即消费者剩余. 遗憾的是，消费者剩余只不过是一种心理感受，它并不意味着实际的收益.

同理，生产者愿意比市场价格 p^* 更低的价格出售他们的商品，但实际得到的价格高于能够接受的价格，所超出的部分称为生产者剩余（Producer Surplus，PS）. 如图 6-18，当供给量 $Q \in [0,Q^*]$ 时，由生产者剩余的微元 $[p^*-S(Q)]\mathrm{d}Q$，得生产者剩余为

$$PS = \int_0^{Q^*} [p^*-S(Q)]\mathrm{d}Q = p^* Q^* - \int_0^{Q^*} S(Q)\mathrm{d}Q$$

上式右边两项中，前者为实际销售额，后者为生产者愿意售出价格低于 p^* 的销售额，两者之差为生产者所得额外收益，即生产者剩余. 生产者剩余有实际收益，是实实在在的.

【例 6-17】　某商品的需求函数为 $p = D(Q) = 24-3Q$，供给函数为 $p = S(Q) = 2Q+9$，求：

（1）该商品的市场均衡点，消费者剩余和生产者剩余；

（2）若政府对于商品生产者给予 2 元／单位的补贴，求该商品新的市场均衡点，消费者剩余和生产者剩余.

解　（1）由已知条件可求出该商品的市场均衡点，令 $D(Q) = S(Q)$，即 $24-3Q = 2Q+9$，得 $p^* = 15，Q^* = 3$，消费者剩余

$$CS = \int_0^3 (24-3Q)\mathrm{d}Q - 15 \times 3 = \left(24Q - \frac{3}{2}Q^2\right)\Big|_0^3 - 45 = 13.5;$$

生产者剩余

$$PS = 15 \times 3 - \int_0^3 (2Q+9)\mathrm{d}Q = 45 - (Q^2+9Q)\Big|_0^3 = 9.$$

（2）政府给予生产者补贴，相当于生产者成本降低了，新的供给函数为 $p = 2Q+7$，令 $24-3Q = 2Q+7$，解得 $p^* = 13.8，Q^* = 3.4$，新的市场均衡点为 $(3.4,13.8)$，消费者剩余

$$CS = \int_0^{3.4} (24 - 3Q)\,\mathrm{d}Q - 13.8 \times 3.4 = \left(24Q - \frac{3}{2}Q^2\right)\bigg|_0^{3.4} - 46.92 = 17.34;$$

生产者剩余

$$PS = 13.8 \times 3.4 - \int_0^{3.4}(2Q + 7)\,\mathrm{d}Q = 46.92 - (Q^2 + 7Q)\bigg|_0^{3.4} = 11.56$$

可见,政府给予补贴,支持了企业健康发展,消费者也得到实惠.

技能训练 6-2

应用题

1. 设有一项计划现在($t = 0$)需要投入 1 000 万元,在 10 年中每年收益为 200 万元. 若连续利率为 5%,求收益资本价值 W. (设购置的设备 10 年后完全失去价值).

2. 设某产品的总产量函数是 $Q = Q(t)$,t 是时间,已知:$Q'(t) = 10t^2 + 5$. 求从 $t = 1$ 到 $t = 5$ 这段时间内的总产量的改变量.

3. 已知某产品的边际收益为 $R'(q) = 100 - 2q$,q 为生产量. 求:

(1) 生产 10 个单位产品时的总收益;

(2) 已经生产 10 个单位产品后,如果再多生产 10 个单位产品,问总收益增加了多少?

本章任务解决

任务一　[总成本函数]

解　因为总成本函数

$$C(q) = C(0) + \int_0^q C'(t)\,\mathrm{d}t ,$$

所以

$$C(q) = C(0) + \int_0^q C'(t)\,\mathrm{d}t = 5 + \int_0^q (t^2 - 4t + 10)\,\mathrm{d}t$$

$$= 5 + \left[\frac{1}{3}t^3 - 2t^2 + 10t\right]_0^q = \frac{1}{3}q^3 - 2q^2 + 10q + 5.$$

任务二　[绿化带面积]

解　解方程组 $\begin{cases} y^2 = x \\ y = x - 2 \end{cases}$,得交点 $A(1, -1)$,$B(4, 2)$,所求面积为

$$A = A_1 + A_2 = 2\int_0^1 \sqrt{x}\,\mathrm{d}x + \int_1^4 [\sqrt{x} - (x - 2)]\,\mathrm{d}x$$

$$= 2\left[\frac{2}{3}x^{\frac{3}{2}}\right]_0^1 + \left[\frac{2}{3}x^{\frac{3}{2}} - \left(\frac{1}{2}x^2 - 2x\right)\right]_1^4 = \frac{9}{2}.$$

本章小结

1. 平面图形的面积

由连续曲线 $y = f(x)$,$y = g(x)$ 及直线 $x = a$,$x = b(a < b)$ 所围成的平面图形的面积为

$$A = \int_a^b \mid f(x) - g(x) \mid \mathrm{d}x$$

由连续曲线 $x = \Phi(y), x = \Psi(y)$ 及直线 $y = c, y = d(c < d)$ 所围成的平面图形的面积为

$$A = \int_c^d \mid \Phi(y) - \Psi(y) \mid \mathrm{d}y$$

2. 旋转体的体积

由连续曲线 $y = f(x)(f(x) \geqslant 0)$，直线 $x = a, x = b(a < b)$ 及 x 轴所围成曲边梯形绕 x 轴旋转一周而成的旋转体的体积为

$$V_x = \pi \int_a^b y^2 \, \mathrm{d}x = \pi \int_a^b \left[f(x) \right]^2 \, \mathrm{d}x$$

同理由连续曲线 $x = \Phi(y)(\Phi(y) \geqslant 0)$，直线 $y = c, y = d(c < d)$ 及 y 轴所围成曲边梯形绕 y 轴旋转一周而成的旋转体的体积为

$$V_y = \pi \int_c^d x^2 \, \mathrm{d}y = \pi \int_c^d \left[\Phi(y) \right]^2 \, \mathrm{d}y$$

3. 定积分在经济上的应用

总成本函数　$C(q) = C(0) + \int_0^q C'(t) \mathrm{d}t$;

总收益函数　$R(q) = \int_0^q R'(t) \mathrm{d}t$;

总利润函数　$L(q) = R(q) - C(q)$;

4. 平均值

连续函数 $f(x)$ 在区间 $[a, b]$ 上所取得一切值的平均值为 $\overline{y} = \dfrac{1}{b-a} \int_a^b f(x) \mathrm{d}x$.

综合技能训练 6

一、基础题

1. 计算下列各题中平面图形的面积：

(1) 曲线 $y = \mathrm{e}^x, y = \mathrm{e}^{-x}$ 与直线 $x = 1$ 所围成的图形；

(2) $y = \ln x, y$ 轴与直线 $y = \ln a, y = \ln b(b > a > 0)$ 所围成的图形；

(3) 曲线 $y = \dfrac{x^2}{2}$ 与 $x^2 + y^2 = 8$ 所围成的图形(两部分均应计算)；

(4) 曲线 $y = 2x - x^2$ 与直线 $x + y = 0$ 所围成的图形.

2. 求下列平面图形绕 x 轴旋转产生的立体的体积：

(1) 由椭圆 $\dfrac{x^2}{a^2} + \dfrac{y^2}{b^2} = 1$ 所围成的图形绕 x 轴旋转一周而成的旋转体的体积；

(2) 由 $y = x^2, x = y^2$ 所围成的图形绕 x 轴旋转一周而成的旋转体的体积.

3. 求曲线 $y = \dfrac{1}{4}x^2 - \dfrac{1}{2}\ln x(1 \leqslant x \leqslant \mathrm{e})$ 的弧长.

二、应用题

1. 某企业每月生产 q 个单位产品时，费用函数 $F(q)$，费用率为 $F'(q) = 2q - 30$

(单位/元),且已知 $F(0)=8$,单位产品价格为 20 元.求:

(1) 费用函数 $F(q)$;

(2) 每天生产多少个单位产品时,总利润最大?最大利润是多少?

(3) 在最大利润的基础上,再生产 10 个单位的产品,利润会如何变化?

2.已知某产品的边际成本及边际收入分别为

$$C'(x)=4+0.25x(万元/吨);\quad R'(x)=80-x(万元/吨),$$

其中 x 是产量.

(1) 求产量由 10 吨增加到 50 吨时,总成本与总收入各增加多少?

(2) 设固定成本为 $C(0)=10(万元)$,求总成本函数和总收入函数.

3.某产品的总成本 C(万元)的变化率(边际成本)$C'(x)=1$,总收益 R(万元)的变化率(边际收益)为产量 x(百台)的函数 $R'(x)=5-x$.

(1) 求产量为多少时,总利润 $L=R-C$ 最大?

(2) 从利润最大的产量又生产了 100 台,总利润减少了多少?

4.某产品的边际收益函数 $R'(q)=10\times(10-q)e^{-\frac{q}{10}}$,其中 q 为销售量,求该产品的总收益函数 $R(q)$.

5.某城市对统计调查所得到的社会收入分配数据进行分析后得知,其洛伦茨曲线近似由 $L(p)=p^2$ 表示.

(1) 求基尼系数;

(2) 该城市的贫富差距的情况如何呢?

(3) 讨论有多少人的收入在社会平均收入之下.

数学文化视野

数学之神阿基米德

一、生平事迹简介

阿基米德(Achimedes 公元前约 287～公元前约 212)生于希腊叙拉古附近的一个小村庄.父亲费吉亚是一位数学家和天文学家,是叙拉古王希隆的亲戚.他 11 岁时去埃及,到当时世界著名学术中心、被誉为"智慧之都"的亚历山大城学习,是著名数学家欧几里得的学生.

在亚历山大城期间,阿基米德结识了许多同行好友,如科农、多西修斯等,在回到叙拉古之后,阿基米德仍和他们保持密切的联系,因此阿基米德也算是亚历山大学派的成员,他的许多学术成果就是通过和亚历山大学者的通信往来保存下来的.

公元前 240 年,阿基米德由埃及回到故乡叙拉古,并担任了国王的顾问.从此开始了对科学的全面探索,在物理学、数学等领域取得了举世瞩目的成果,成为古希腊最伟大的科学家之一.他发明了各种各样的精巧机械,这些发明也使他远近闻名,不过他认为这些事情只是"研究几何学之余的消遣",并不太看重它们.

阿基米德还是一名爱国主义者,他曾发明许多机械有效地阻止了罗马人对叙拉古城的围攻.据说,玛塞勒斯(罗马统帅)曾不无戏谑地对他的工程师和工匠们说了以下这段话,"难道我们就不能结束与这位几何学家的百年巨人的战斗么?他悠闲地坐在海边,随意地摆弄我们的战舰,让我们莫名其妙,还向我们投掷大量的飞石,难道他真的比神话中的百年巨人还厉害吗?"阿基米德一生发明了实用的机械共 40 多种,被誉为"力学之父".

阿基米德死的时候,也像他活的时候一样,正陷于对数学的思考.公元前 212 年的一天,当叙拉古人民正在庆祝他们一年一度的阿尔杰米达节时,马赛勒斯乘机命令士兵通过一道冷僻的城甬用云梯偷偷爬进了城.罗马士兵冲入城内,闯进了阿基米德的房间.当时阿基米德在全神贯注地研究一个几何图形,面对罗马士兵的屠刀,他毫不畏惧,镇静自若的对罗马士兵说,再给我一点时间,让我证完这条定理,以免给后人留下一道尚未证完的问题,并高声斥责罗马士兵说"不要碰我的图纸!"士兵认为这句话损害了他作为胜利者的威严,尽管在破城之后马赛勒斯曾下令不得伤害阿基米德,但凶残的罗马士兵还是以剑刺向这位 75 岁的老人,伟大学者倒在血泊之中.马赛勒斯为了笼络人心,下令处死了杀害阿基米德的凶手,对阿基米德的家属做了安顿,并为他修了一座颇为壮观的坟墓,根据其生前遗愿,在墓碑上铭刻了球内切于圆柱的图形.

此外,还有很多关于阿基米德的故事,它们大都耳熟能详,如澡盆里测出金冠的密度、豪言壮语"给我一个支点,我可以移动这个地球"(Give me a place to stand on ,and I can move the earth!)等等.

二、主要著作及贡献

阿基米德留下的数学著作不下 10 种,著作的体例深受欧几里得《几何原本》的影响,先设立若干定义和假设,再依次证明各个命题.各篇独立成章,虽然不像《原本》那样浑然一体,但所言均有依据,论证也是严格的.著作有《论球与圆柱》《圆的度量》《劈锥曲面与回转圆柱体》《论螺线》《平面图形的平衡与其重心》《数沙器》《抛物线图形求积法》《论浮体》《引理集》《群牛问题》.

阿基米德用穷竭法和杠杆原理得到所测面积和体积的结果,然后用归谬法给出严格的证明,他的这种方法已经具有近代积分思想的雏形,对 17 世纪微积分的产生很大影响,他和牛顿、欧拉、高斯并称为"数坛四杰".

阿基米德在其他科学中,以"阿基米德原理"、杠杆定律、平面图形中重心求法、天文仪器及螺旋水泵的制作等成就彪炳史册,被誉为将熟练的计算机能和严格的证明融为一体,将抽象理论与工程技术的具体应用紧密结合的典范.

三、伟大成就的背后

阿基米德能有如此大的成就,难道就仅仅是因为他天资聪慧?他个人的后天学习、努力、掌握的各种方法恐怕还是最重要的因素.

1.顽强的工作和浓厚的兴趣

古希腊历史学家普卢塔克这样说:"阿基米德这种顽强工作的精神使最难的事也变得容易,仿佛他家中有一个绝色的美女,与他形影不离,使他神魂颠倒,忘了吃,忘了喝,也忘了自己.有时甚至在洗澡时,也用手指在炉灰上画几何图形,或者在涂满擦身油的身上画线条,他完全被神女谬斯的魅力所征服."

2.独特的思想方法

阿基米德注意理论与实际的结合,常常通过实践直觉地洞察到事物的本质,然后运用逻辑方法使经验上升为理论(如浮力问题),再用理论去指导实际工作.

第7章

Mathematica 数学实训

Mathematica 是一款科学计算软件,很好地结合了数值和符号计算引擎、图形系统、编程语言、文本系统、和与其他应用程序的高级连接.很多功能在相应领域内处于世界领先地位,它也是迄今为止使用最广泛的数学软件之一. Mathematica 的发布标志着现代科技计算的开始,Mathematica 是世界上通用计算系统中最强大的系统.自从 1988 年发布以来,它已经对如何在科技和其他领域运用计算机产生了深刻的影响.掌握并灵活应用 Mathematica 是当代高职学生必须具备的一项重要能力,本章选用软件版本为 Mathematica 8.0 中文版.

本章数学实训设计了 9 项任务,内容包括两个部分:第一部分为基础实训,有 Mathematica 入门、函数与作图、方程求解、微积分运算、最优化、插值和拟合、微分方程、程序设计;第二部分为综合实训,选编了若干个实际问题,要求学生合作完成,提交一份实训报告,报告内容包括模型假设、模型建立、数学软件求解、模型检验.

7.1　Mathematica 入门

一、实训内容

Mathematica 8.0 界面和数学助手,基本运算.

二、实训目的

熟悉数学助手基本操作,掌握基本运算.

三、实训过程

1. Mathematica 8.0 界面和数学助手介绍

(1)Mathematica 8.0 界面

启动 Mathematica 8.0 中文版,鼠标依次点击"文件—新建(N)—笔记本(.nb)",将出现 Mathematica 8.0 工作界面,如图 7-1 所示.

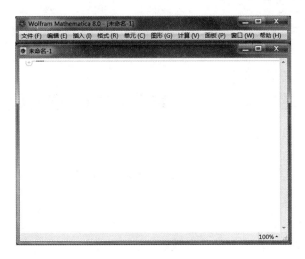

图 7-1

图中上面部分称为菜单栏,列出了从文件到帮助总共 10 个菜单.

图中下面部分称为编辑窗口,我们可以在这里输入想要计算的表达式.

提示:图的右下角"100％"可以对编辑窗口的文字大小进行缩放,让我们看得更清晰.

(2)数学助手介绍

鼠标依次点击"面板(P)—数学助手",将出现 Mathematica 8.0 数学助手,如图 7-2 所示.

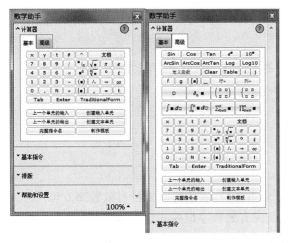

图 7-2

数学助手其实就是帮助我们输入表达式的软键盘.

图中左侧部分是数学助手的基本部分,如开根号、括号、π 等.

图中右侧部分是数学助手的高级部分,有三角函数、指数、对数、积分符号等.

数学助手包括了所有常用表达式,内容很多,请同学们自己依次点击展开各个子菜单熟悉相关命令.

2. Mathematica 8.0 基本运算

(1)输入和输出

问题 1　计算 $1+\dfrac{2}{3}$.

解　如图 7-3 所示.

图 7-3

输入分式应借助数学助手里的分式模板.

图中"In[1]:="表示第一行输入,"Out[1]:="表示对应的第一行输出结果,这两个符号由 Mathematica 自动生成.

图中"In[1]:="这一行的右侧中括号表示输入单元格,"Out[1]:="这一行的右侧中括号表示输出单元格,最右边大中括号表示这个问题的完整输入输出单元格.

提示 1:可对单元格进行操作,比如鼠标点击"Out[1]:="这一行的右侧中括号,然后点击右键并选择删除,就可以把输出行删掉.

提示 2:运行程序按下键盘右下角"Enter"键,笔记本电脑按下"Enter+Shift"组合键;中断、结束程序运行需要依次点击"计算—退出内核—Local".

(2)近似值

问题 2　求 $1+\dfrac{2}{3}$ 的近似值,保留 6 位有效数字.

解法 1　输入:

$$N\left[1+\frac{2}{3},6\right]$$

输出:

1.66667

输入中"N[]"表示取近似值,参数",6"表示有效数字 6 位.

提示:N[]命令默认的有效数字位数 6 位,参数",6"可以省略.

注意:Mathematica 里所有命令的第一个字母都要大写!

解法 2　输入:

$$1.+\frac{2}{3}$$

输出:

1.66667

说明:"1."表示把 1 作为小数,此时 Mathematica 默认计算结果输出近似值.

注意:"1."也可写成"1.0",作用一样.

提示：Mathematica 计算结果保留 16 位有效数字，最简单的查看办法是把输出结果 6 位数字复制"Ctrl＋C"，再在下一行里粘贴"Ctrl＋V"，就可以得到 16 位有效数字，如下．

1.6666666666666665

注意：前 16 位是有效数字，而末位数字 5 不是准确值！

提示：N[]命令并不能取任意位有效数字，这是 Mathematica 内部计算决定的，在使用中如果发现不能取到想要的几位有效数字，那就自己手动取．

（3）常数符号

Mathematica 里常用的常数符号见表 7-1．

表 7-1

圆周率 π：π，或 Pi	自然数 e：e，或 E，≈2.718 28
角度°：°，或 Degree	无穷大∞：∞，或 Infinity
虚数单位 i：i	

问题 3　求圆周率 π 的近似值，保留 20 位有效数字，并求小数点后第 19 位准确数字．

解　输入：

N[π,20]

输出：

3.1415926535897932385

提示：输出结果最后一位数字是四舍五入的，因此不能断定小数点后第 19 位准确数字是 5．可以多取几位数字，比如 22 位，就可以看到圆周率 π 小数点后第 19 位准确数字是 4，如下所示．

输入：

N[π,22]

输出：

3.141592653589793238463

（4）常用函数

Mathematica 里常用函数符号见表 7-2．

表 7-2

函数名	书写格式	Mathematica 输入格式
平方	x^2	x^2
平方根	$\sqrt{x}$	√x，或 Sqrt[x]
三角函数	$\sin x, \cos x, \tan x, \cot x$	Sin[x]，Cos[x]，Tan[x]，Cot[x]
	注意：$\sin^2 x$ 在 Mathematica 里应输入成 sin[x]^2	
反三角函数	$\arcsin x, \arccos x,$ $\arctan x, \arccot x$	ArcSin[x]，ArcCos[x]， ArcTan[x]，ArcCot[x]
指数函数	e^x, a^x	e^x 或 Exp[x]，a^x

（续表）

函数名	书写格式	Mathematica 输入格式
对数函数	$\ln x, \log_a x$	Log[x], $\log_a$x
绝对值	$\|x\|$	Abs[x]
取整	$[x]$	Round[x], 就近取整
上取整	$\lceil x \rceil$	Ceiling[x], 向上取整
下取整	$\lfloor x \rfloor$	Floor[x], 向下取整
阶乘	$n!$	n!

问题 4 求 Logistic 曲线 $y = \dfrac{100}{1+10e^{-0.5x}}$ 的函数值 $y(1.5)$.

解 输入：

$$N\left[\frac{100}{1+10e^{-0.5*1.5}}\right]$$

输出：

17.4713

（5）括号、分号、百分号的用法

括号、分号、百分号的用法整理成表 7-3.

表 7-3

小括号( )	优先计算，Mathematica 里统一采用小括号. 注意：书写格式里也有中括号、大括号表示优先计算的，但在 Mathematica 里都应改成小括号
中括号[ ]	函数格式，跟在函数名后面表示函数的自变量等
大括号{ }	表示数组、集合
分号；	加在某一行末尾，表示该行计算结果不显示
百分号％	表示上一行计算结果

问题 5 求 $\left\{1-\left[(\sqrt{2}-\sqrt{3})+4\pi\right]\right\} \div (5e-6)$，只输出近似值.

解 输入：

$(1-((\sqrt{2}-\sqrt{3})+4\pi))/(5e-6)$；

N[％]

输出：

-1.48175

3. Mathematica 8.0 帮助

在菜单工具栏中,点击"帮助(H)—参考资料中心(C)",可以进入 Mathematica 8.0
帮助文档系统,也就是参考资料中心,如图 7-4 所示.

图 7-4

Mathematica 8.0 帮助文档系统提供了所有命令的解释和范例,是我们学习
Mathematica 8.0 的最有效的途径.

下面通过一个简单的例子说明 Mathematica 8.0 帮助文档的使用方法.

提示:Mathematica 8.0 帮助文档允许输入中文查找命令和用法,这是很方便的.

问题 6　求正弦函数 $y=\sin x$ 的图形和展开式.

解　在参考资料中心里输入"正弦"查找,点击第 3 个搜索结果"Sin"就可以打开正弦
函数的参考资料.

然后在范例里找到第 3、4 个例子就可以看到正弦函数的图形以及展开式,图形如图
7-5 所示.

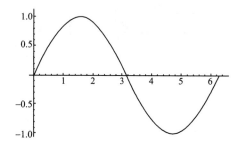

图 7-5

正弦函数的展开式前 5 项:$\sin x = x - \dfrac{x^3}{6} + \dfrac{x^5}{120} - \dfrac{x^7}{5040} + \dfrac{x^9}{362880} + O[x^{11}]$,末项表示
高阶无穷小.

说明:正弦展开式的作用非常大,数学软件就是根据这个公式计算正弦函数值的.

习题 7-1

1. 公元 263 年，中国数学家刘徽用"割圆术"计算圆周率，割圆到 1536 边形，求出 3072 边形的面积，得到令自己满意的圆周率 $\dfrac{3\,927}{1\,250}$. 求刘徽圆周率的近似值，并求该值和圆周率 π 的相对误差百分数.

2. 公元 480 年左右，南北朝时期的数学家祖冲之进一步得出精确到小数点后 7 位的结果，给出不足近似值 3.141 592 6 和过剩近似值 3.141 592 7，还得到两个近似分数值，密率 $\dfrac{355}{113}$ 和约率 $\dfrac{22}{7}$. 密率是个很好的分数近似值，要取到 $\dfrac{52\,263}{16\,204}$ 才能得出比 $\dfrac{355}{113}$ 略准确的近似. 求密率 $\dfrac{355}{113}$ 的近似值，并求该值和圆周率 π 的相对误差百分数.

3. 计算 $\dfrac{\sqrt{20}-\sqrt{5}}{4\pi}+2\mathrm{e}-1.6$，保留 10 位有效数字.

4. 计算 $3\sin\dfrac{\pi}{8}+\sqrt{7\mathrm{e}-1}$，保留 8 位有效数字.

5. 计算 $\left(60\mathrm{e}\cdot\cos\dfrac{\pi-1}{5}-2\right)\sqrt{37^2-100}$，保留 20 位有效数字.

6. 计算 $2\arctan 200.6-\mathrm{e}^3$，保留 3 位有效数字.

7. 计算 $108\mathrm{arccot}300-(\mathrm{e}+2)^{0.8}$，保留 6 位有效数字.

8. 计算 $(\mathrm{e}+\sqrt{\pi})^8-77\arccos^2 0.54$，保留 12 位有效数字.

9. 计算 $0.66\left\{\left[60\mathrm{e}\cdot\left(\cos\dfrac{\pi-1}{5}-2\right)-200\right]+\mathrm{e}^5\right\}-20.5\sqrt{52.6^2-80}$.

10. 计算 $2.1\sqrt{46^2-103}\div\left\{345-\left[300-8.9\pi\cdot\left(\sqrt{\dfrac{\pi+200}{5}}-2\right)\right]^5\right\}$.

7.2　函数与作图

一、实训内容

初等函数求值、代数式化简，函数作图.

二、实训目的

掌握函数定义、求值和表达式化简，熟练函数作图.

三、实训过程

1. 基本命令

(1) N[x,y]

清除命令，将前面用到过的变量清空，防止上一题变量干扰本题的计算.

(2)y[x_]＝

定义 y 是 x 的函数.

注意:函数在首次定义时必须在 x 后面加下划线,以后引用时不再加下划线.

(3)Simplify[y[x]],或 FullSimplify[y[x]]

化简 $y(x)$ 表达式,FullSimplify 包括特殊函数的化简.

(4)Piecewise[{{y1[x],x≤x0},{y2[x],x＞x0}}]

分段函数,分段表达式 y_1、y_2.

注意:分段函数里每段表达式和 x 取值范围必须用大括号括起来,表示组合.最外面还要一个大括号表示数组形式.

(5)Plot[y[x],{x,x0,x1}]

画出函数 $y(x)$ 的图形,作图区间 $[x_0,x_1]$.

(6)Plot[{y1[x],y2[x]},{x,x0,x1}]

同时画出函数 $y_1(x)$、$y_2(x)$ 的图形,作图区间 $[x_0,x_1]$.

(7)Show[g1,g2]

把第二幅图形 g_2 叠加在第一幅图形 g_1 里.

2.实训案例

问题 1 设函数 $y＝\sin x＋\cos x$,求函数值 $y(43°)$,保留 10 位有效数字.

解 输入:

Clear[x,y]

y[x_]＝Sin[x]＋Cos[x];

y[43°];

N[%,10]

输出:

1.413352062

问题 2 设函数 $y＝\dfrac{\sin(x+10)}{x^2-2}$,求函数值 $y(1)$,$y(3)$,$y(6)$.

解 输入:

Clear[x,y]

$y[x\_]＝\dfrac{Sin[x+10]}{x^2-2}$;

y[{1.,3.,6.}]

输出:

{0.99999,0.0600239,−0.00846774}

输入里把常数1、3、6都加点表示取近似值,让计算结果直接给出小数.

说明:大括号表示把常数1、3、6组合成数组,这样可以同时求函数值,计算结果也表示为大括号数组形式.

问题 3 化简函数 $y＝\dfrac{3+2x}{5+3x+x^2}-\dfrac{2}{11+(3+2x)^2}$.

解 输入:

Clear[x,y]

$$y[x\_] = \frac{3+2x}{5+3x+x^2} - \frac{2}{11+(3+2x)^2};$$

Simplify

输出：

$$\frac{5+4x}{10+6x+2x^2}$$

问题 4　化简函数 $y=\sqrt{x^2}$，假设 $x>0$.

解　输入：

Clear[x,y]

$$y[x\_] = \sqrt{x^2};$$

Simplify[%]

Simplify[%,x>0]

输出：

$$\sqrt{x^2}$$

x

如果只用 Simplify 无法得出最简形式，这是数学的严谨.

把已知条件 $x>0$ 加入到化简命令里，就可以得出符合条件的最简结果.

问题 5　已知分段函数 $y=\begin{cases} \cos x-1, & x\leqslant 0 \\ x^2, & 0<x\leqslant 1 \\ 1, & x>1 \end{cases}$，作出函数在区间 $[-4,4]$ 上的图

形，并求函数值 $y(-2)$、$y(2)$.

解　输入：

Clear[x, y]

y[x_]=Piecewise [{Cos[x]-1,x<=0},{x²,0<x≤1},{1, x>1}}];

Plot[y[x],{x,-4,4}]

y[-2.]

y[2.]

输出（图 7-6）：

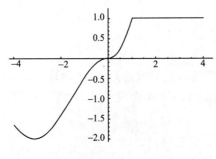

图 7-6

-1.41615

1

分段函数输入格式要求各个分段表达式和自变量 x 取值范围必须用大括号括起来，表示组合. 最外面还要一个大括号表示数组形式.

问题 6　已知两个函数 $y_1 = 2\sin x$、$y_2 = e^x$，同时作出这两个函数图形，区间 $[-3, 3]$.

解　输入：

Clear[x, y1, y2]

y1[x_]＝2Sin[x]；

y2[x_]＝e^x；

Plot[{y1[x], y2[x]},{x,-3,3}]

输出（图 7-7）：

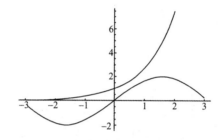

图 7-7

图中正弦函数 $y_1 = 2\sin x$ 自动用蓝色标出，指数函数 $y_2 = e^x$ 自动用紫色标记.

问题 7　已知两个函数 $y_1 = 3\cos x$、$y_2 = e^x - 1$，分别作出这两个函数图形，第一个曲线用红色标记，第二个曲线用绿色标记，区间 $[-3, 3]$；然后把这两个图形叠加在一起.

解　输入：

Clear[x, y1, y2]

y1[x_]＝3Cos[x]；

y2[x_]＝$e^x - 1$；

g1＝Plot[y1[x],{x,-3,3}, PlotStyle→Red]；

g2＝Plot[y2[x],{x,-3,3}, PlotStyle→Green]；

Show[g1, g2, PlotRange→{{-3,3},{-3,20}}]

输出（图 7-8）：

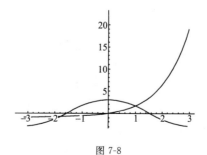

图 7-8

图形颜色选项参考资料：在"帮助—参考资料中心—搜索"里输入 Plot，打开 Plot 文件里的"选项—PlotStyle"，可以看到指定颜色的命令.

注意：Show 命令把两个图形放在一起，如果没有参数控制，则第二幅只能部分显示.

要想完整显示两个图形，需要加上 PlotRange 参数指定作图范围. 这里 x 范围为 $[-3,3]$，y 范围最小值由余弦函数 $y_1=3\cos x$ 给出，为 -3；最大值由指数函数 $y_2=e^x-1$ 给出，约为 20.

问题 8 已知函数 $y=x\cos x$，作出函数图形，区间 $[-40,40]$，要求坐标轴按真实情况绘制.

解 输入：

Clear[x，y]

y[x_]＝x＊Cos[x]；

Plot[y[x]，{x，−40，40}，AspectRatio→Automatic]

输出（图 7-9）：

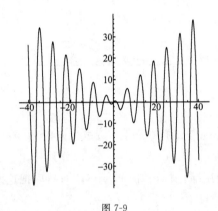

图 7-9

Mathematica 在绘图时，坐标轴的比例关系是自动给定的，并不符合真实情况.

Plot 命令里加入坐标轴比例参数 AspectRatio→Automatic，表示坐标轴比例按真实情况即单位刻度相等绘出.

Plot 命令坐标轴比例参数的参考资料：在参考资料中心的 Plot 文件里，打开的"选项—AspectRatio"，可以看到坐标轴比例的命令.

问题 9 已知函数 $y=x-5\sin x$，作出函数图形，区间 $[-10,10]$，要求标记坐标轴，横坐标 x、纵坐标 $y=x-5\sin x$.

解 输入：

Clear[x，y]

y[x_]＝x−5Sin[x]；

Plot[y[x]，{x，−10，10}，AxesLabel→{x，"y＝"y[x]}]

输出（图 7-10）：

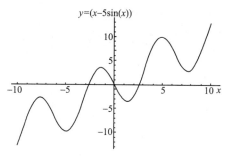

图 7-10

Plot 命令里加入坐标轴标记参考 AxesLabel→{x,"y="y[x]},表示横坐标记为 x,纵坐标记为 $y=x-5\sin x$.这里"y="表示先标出 $y=$ 符号.

Plot 命令坐标轴标记的参考资料:在参考资料中心的 Plot 文件里,打开的"选项—AxesLabel",可以看到坐标轴标记的命令.

习题 7-2

1. Logistic 函数或 Logistic 曲线是一种常见的 S 形函数,它是皮埃尔·弗朗索瓦·韦吕勒在 1844 或 1845 年在研究它与人口增长的关系时命名的.广义 Logistic 曲线可以模仿一些情况如人口增长的 S 形曲线.起初阶段大致是指数增长;然后随着开始变得饱和,增加变慢;最后,达到成熟时增加停止.求 Logistic 函数 $y=\dfrac{100}{1+10\mathrm{e}^{-0.5x}}$ 的曲线图形,作图区间 $[0,20]$,并观察函数图形的特点.

2. 阻尼振动又称衰减振动.不论是弹簧振子还是单摆由于外界的摩擦和介质阻力总是存在,在振动过程中要不断克服外界阻力做功,消耗能量,振幅就会逐渐减小,经过一段时间,振动就会完全停下来.这种振幅越来越小的振动叫作阻尼振动.振幅 y 随时间 t 减小的振动称为阻尼振动.求阻尼振动函数 $y=100\mathrm{e}^{-3t}\cos(20t+1)$ 的曲线图形,作图区间 $[0,1.6]$,纵坐标 80,并观察函数图形的特点.

3. 牛顿冷却定律(Newton's law of cooling):温度高于周围环境的物体向周围媒质传递热量逐渐冷却时所遵循的规律.当物体表面与周围存在温度差时,单位时间从单位面积散失的热量与温度差成正比,比例系数称为热传递系数.牛顿冷却定律是牛顿在 1701 年用实验确定的.已知物体温度 T,时间 t,求牛顿冷却函数 $T=90\mathrm{e}^{-0.26t}+20$ 的曲线图形,作图区间 $[0,30]$,纵坐标 110,并观察函数图形的特点.

4. 化简函数 $y=\dfrac{2\cos^2 x-1}{2\tan\left(\dfrac{\pi}{4}-x\right)\sin^2 x\left(\dfrac{\pi}{4}+x\right)}$.

5. 化简函数 $y=\dfrac{27x^3-8}{3x^2-2x}+\dfrac{9x^3-8x^2+3x-4}{x^2-x}$.

6. 已知分段函数 $y=\begin{cases}10\sin x+1, & x\leqslant 0 \\ x^2+1, & x>0\end{cases}$,作出函数在区间 $[-5,5]$ 上的图形,并求

函数值 $y(-3)$、$y(3)$.

7. 已知函数 $y=\dfrac{x-1}{(x-2)^2}-3\sin x$，画出其图形，区间 $[-2,2]$，并找出它和横坐标轴有几个交点？

8. 把两个函数 $y_1=3\sin x(x-2)^2$、$y_2=x+20\cos x$ 的图形画在同一幅图上，第一个曲线用红色标记，第二个曲线用蓝色标记，区间 $[-5,5]$，并找出它们之间总共有几个交点.

9. 已知函数 $y=0.8x\sin x-\ln(x+1)$，画出其图形，区间 $[0,20]$，要求图形符合真实情况.

10. 画出曲线 $y=\mathrm{e}^{0.2x}+2.2\cos 3.3x$ 在区间 $[-4\pi,5\pi]$ 上的图形，要求图形真实并进行坐标轴标记.

7.3　方程求解

一、实训内容

方程求解、方程求数值解，方程组求解.

二、实训目的

掌握方程和方程组求解，尤其是求数值解.

三、实训过程

1. 基本命令

(1) Solve[y[x]==0,x]

求方程 y[x]=0 的解析解，也就是准确解.

(2) NSolve[y[x]==0,x]

求方程 y[x]=0 的数值解，也就是近似解.

(3) Solve[{y1[x]==0,y2[x]==0},{x1,x2}]

求方程组的解析解.

(4) NSolve[{y1[x]==0,y2[x]==0},{x1,x2}]

求方程组的数值解.

(5) Solve[y[x]==0,x,Reals]，或 NSolve[y[x]==0,x,Reals]

求方程 y[x]=0 在实数范围内的准确解或数值解.

(6) FindRoot[y[x]==0,{x,x0}]

寻根命令，搜索超越方程 y[x]=0 在 x=x0 附近的近似解.

(7) FindRoot[{y1[x]==0,y2[x]==0},{x1,x_0^1},{x2,x_0^2}]

寻根命令，搜索超越方程组在 x1=x_0^1、x2=x_0^2 附近的近似解.

(8) Reduce[y[x]==0,x]

求出方程 y[x]＝0 所有可能的解,包括那些对参数有特殊要求的解.

2. 实训案例

问题 1　求方程 $x^2+2x-7=0$ 的解.

解　输入:

Clear[x，y]

y[x_]＝x²＋2x－7;

Solve[y[x]＝＝0，x]

输出:

$\{\{x \to -1-2\sqrt{2}\}, \{x \to -1+2\sqrt{2}\}\}$

这是方程的解析解,也就是准确解.

同学们可以自己应用求根公式验证计算结果.

注意:解方程命令 Solve[]里必须使用双等号!

问题 2　求方程 $x^2-3x-5=0$ 的数值解.

解法 1　输入:

Clear[x，y]

y[x_]＝x²－3x－5;

NSolve[y[x]＝＝0，x]

输出:

$\{\{x \to -1.19258\}, \{x \to 4.19258\}\}$

输出的结果是这个方程的数值解,也就是近似解.

如果想输出指定有效数字位数 10 位,则再加上参数如下:

解法 2　输入:

Clear[x，y]

y[x_]＝x²－3x－5;

NSolve[y[x]＝＝0，x，10]

输出:

$\{\{x \to -1.192582404\}, \{x \to 4.192582404\}\}$

问题 3　求解方程组 $\begin{cases} x^2+y=10 \\ x-2y=-5 \end{cases}$

解　输入:

Clear[x，f1，f2]

f1[x_]＝x²＋y－10;

f2[x_]＝x－2y+5;

Solve[{f1[x]＝＝0，f2[x]＝＝0}，{x，y}]

输出:

$\{\{x \to -3, y \to 1\}, \{x \to \frac{5}{2}, y \to \frac{15}{4}\}\}$

输入时应把原方程进行移项,右边移到左边,再定义为一个函数.

方程组求解要用大括号表示联立两个方程,自变量也要联立.

输出结果是这个方程组的准确解.

问题 4　求方程组 $\begin{cases} x+\sqrt{y}=9 \\ x^2-2y=-4 \end{cases}$ 的数值解.

解　输入:

Clear[x, f1, f2]

f1[x_]=x+$\sqrt{y}$-9;

f2[x_]=x^2-2y+4;

NSolve[{f1[x]==0, f2[x]==0},{x, y}]

输出:

{{x→5.1159, y→15.0862}}

输出结果是这个方程组的数值解,也就是近似解.

这个方程组恰好有 1 组解.

问题 5　求高次方程 $x^4-10x+4=0$ 在实数范围内的解.

解　输入:

Clear[x, y]

y[x_]=x^4-10x+4;

Solve[y[x]==0, x, Reals]

输出:

{{x→2},{x→Root[-2+4#1+2#1^2+#1^3 &, 1]}}

如果不加实数范围的条件,该方程具有 4 个根,和 x 的最高次数相同.4 个根里面,2 个实数根,2 个复数根.

约束 x 在实数范围里则只有 2 个根.

说明:输出的第二个根表示为 Root[]形式,这是因为 Mathematica 求不出方程根的精确表达式,也就是说这个根可能本来就没有准确表达式.

问题 6　求高次方程 $x^4-10x+4=0$ 在实数范围内的两个数值解之和.

解　输入:

Clear[x, y]

y[x_]=x^4-10x+4;

s=NSolve[y[x]==0, x, Reals]

s[[1, 1, 2]]+s[[2, 1, 2]]

输出:

{{x→0.402628},{x→2.}}

2.40263

输出结果是这个高次方程的两个数值解,对比上一题可以发现,第二个 Root[]形式的根其实可以求出近似值.

说明:输入的第 3 行把 NSolve[]的结果记为 s,在第 4 行对数值解进行引用.

s[[1,1,2]]表示引用结果 s 第 1 部分里的第 1 子部分里的第 2 元素.

s[[2,1,2]]表示引用结果 s 第 2 部分里的第 1 子部分里的第 2 元素.

请同学们熟练计算结果的引用,而不要直接把计算结果的数值进行复制!

问题 7　求超越方程 $x+3\cos x=2$ 的所有根.

解　输入:

Clear[x, y]

y[x_]=x+3Cos[x]−2;

Plot[y[x],{x,−20, 20}]

FindRoot[y[x],{x,{−1, 1, 4}}]

输出(图 7-11):

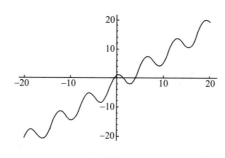

图 7-11

{x→{−0.552945, 1.35364, 3.98801}}

超越方程概念:当一元方程 $f(x)=0$ 的左端函数 $f(x)$ 不是 x 的多项式时,称之为超越方程,如指数方程、对数方程、三角方程、反三角方程等.

求超越方程的所有根应先画图,区间大些,比如[−100,100].进行观察后,发现方程根集中在[−20,20]内,再修改区间重新画图.最后认定只有 3 个根.

提示:寻根命令 FindRoot[]需要指定初始点 x_0 参数,从图上可以看出 3 个根分别位于−1、1、4 附近,可用大括号括起来同时寻根.

说明:如果要提取输出结果的 3 个根,可先定义 s=FindRoot[],然后引用 s[[1,2, 1]]、s[[1,2,2]]、s[[1,2,3]],含义如下:

s[[1,2,1]]表示计算结果 s 里第 1 部分的第 2 子部分的第 1 个元素;

s[[1,2,2]]表示计算结果 s 里第 1 部分的第 2 子部分的第 2 个元素;

s[[1,2,3]]表示计算结果 s 里第 1 部分的第 2 子部分的第 3 个元素.

请同学们练习提取输出结果,求这 3 个根的和.

问题 8　求超越方程组 $\begin{cases} x+2\sin y=4 \\ x^2-5\pi y=13 \end{cases}$ 在初始点(4,0)附近的数值解.

解　输入:

Clear[x, y, f1, f2]

f1=x+2Sin[y]−4;

f2=x²−5π*y−13;

FindRoot[{f1==0, f2==0}, {x, 4},{y, 0}]

输出：

{x→3.80861, y→0.958427}

先验证初始点(4,0)的合理性，可以发现第 1 个方程就符合了，而第 2 个方程也较为接近，可以认为这个初始点是可行的，也就是可能有解的.

注意：如果初始点选择不好，Mathematica 可能找不到方程根，这是由寻根命令 FindRoot[]内部计算的迭代次数限制的.

输入第 2 行把第 1 个方程进行移项，并记为 f1. 输入第 3 行把第 2 个方程进行移项，并记为 f2.

输入第 4 行同时指定了两个自变量的初始点.

问题 9 讨论方程 $ax^2 - b = 0$ 的解及其条件.

解 输入：

Clear[x]

Reduce[ax^2-b==0, x]

输出：

$$(b==0 \ \&\& \ a==0) \ || \ \left(a \neq 0 \ \&\& \ \left(x == -\frac{\sqrt{b}}{\sqrt{a}} \ || \ x == \frac{\sqrt{b}}{\sqrt{a}} \right) \right)$$

Reduce[]命令可以找出方程的所有根，非常适用于含不定参数的情况，也就是需要讨论方程根的时候.

说明：输出里"&&"表示并且，"||"表示或者.

输出结果表明一共 3 个根. 第 1 个解取任意值，条件是 $a = b = 0$，显然这个时候方程恒成立；第 2 个解 $x = \sqrt{\dfrac{b}{a}}$，第 3 个解 $x = -\sqrt{\dfrac{b}{a}}$，条件是 $a \neq 0$，其实就要求分母不为 0.

本题引自 Mathematica 帮助文件里的原题.

Mathematica 解方程的参考资料：在参考资料中心输入"解方程"，搜索结果里点击第 2 个就可以进入解方程教程.

习题 7-3

1. 大约公元前 480 年，中国人已经使用配方法求得了二次方程的正根，但是并没有提出通用的求解方法.《九章算术》勾股章中的第二十题，是通过求相当于 $x^2 + 34x + 71\,000 = 0$ 的正根而解决的. 求该一元二次方程的准确解、数值解.

2. 一元三次方程 $x^3 + px + q = 0 (p, q \in \mathbf{R})$ 的求根公式于 1545 年由意大利学者卡尔丹发表在《关于代数的大法》一书中，人们就把它叫作卡尔丹公式(有的数学资料叫"卡丹公式"). 可是事实上，发现公式的人并不是卡尔丹(卡丹)本人，而是塔塔利亚. 求一元三次方程 $x^3 + 114x - 365 = 0$ 的准确解、实数范围内的数值解.

3. 一元四次方程 $ax^4 + bx^3 + cx^2 + dx + e = 0$ 的求根公式是由卡丹的学生费拉里找到的. 求一元四次方程 $2x^4 + 14x^3 - 61x^2 + x = 0$ 的准确解、实数范围内的数值解.

4.16 世纪时,意大利数学家塔塔利亚和卡丹等人,发现了一元三次方程的求根公式,费拉里找到了四次方程的求根公式.当时数学家们非常乐观,以为马上就可以写出五次方程、六次方程,甚至更高次方程的求根公式了.然而,时光流逝了几百年,谁也找不出这样的求根公式.大约三百年之后,在 1825 年,挪威学者阿贝尔(Abel)终于证明了:一般一个代数方程,如果方程的次数 $n \geqslant 5$,那么此方程不可能用根式求解.即不存在根式表达的一般五次方程求根公式,这就是著名的阿贝尔定理.求 5 次方程 $5x^5 - 24x^4 + 77x^2 - 10x + 6 = 0$ 的实数解.

5.方程有三种类型:一种叫低次方程,可以有求根公式,例如 $ax + b = 0$、$ax^2 + bx + c = 0$;一种叫高次方程,如 $ax^4 + bx^3 + cx^2 + dx + e = 0$;剩下的全叫超越方程,例如 $x = \sin 3x$.前面 2 种统称为代数方程,可以用 NSolve 命令求解,最后的超越方程只能用 FindRoot 寻根.画出该超越函数的图形,判断方程根个数,并求出该超越方程的所有实数解.

6.求方程组 $\begin{cases} x^3 + 3y = 41 \\ x^2 - \sqrt{y-2} = -2 \end{cases}$ 的实数解.

7.求方程组 $\begin{cases} 3x - xy = 100 \\ \sqrt{x-1} - 16y^3 = 61 \end{cases}$ 的实数解,保留 10 位有效数字.

8.求超越方程 $100x - e^{0.77x} = 23$ 的所有根.

9.求超越方程组 $\begin{cases} 2x - 9\sin y = 8 \\ 3x + 10.6y^2 = 11 \end{cases}$ 在初始点 $(4,0)$ 附近的数值解.

10.讨论方程 $x^2 - 2y^2 = 3$ 的实数解及其条件.

7.4　微积分运算

一、实训内容

求极限,求导函数和导数值,求不定积分和定积分.

二、实训目的

学会求极限,重点掌握导数和积分的运算.

三、实训过程

1.基本命令

(1)Limit[y[x],x→x0]

求函数 y[x]在 x→x0 时候的极限.

(2)Limit[y[x],x→x0,Direction→1],

　　Limit[y[x],x→x0,Direction→−1]

求函数 y[x]在 x→x0 时候的左极限,或右极限.

(3)y′[x],或 D[y[x],x]

求函数 y[x]对 x 的导函数.

(4)y″[x]、y‴[x],或 D[y[x],{x,n}]

求函数 y[x]对 x 的 2、3 阶导函数,或 n 阶导函数.

(5)D[f(x,y[x]),x]

求隐函数 f(x,y[x])对 x 的导函数.

(6)Integrate[y[x],x]

求函数 y[x]对 x 的不定积分.

(7)Integrate[y[x],{x,a,b}]

求函数 y[x]对 x 在区间[a,b]上的定积分.

(8)Integrate[y[x],{x,x0,+∞}],Integrate[y[x],{x,−∞,x0}],

　　Integrate[y[x],{x,−∞,+∞}]

求函数 y[x]对 x 在无穷区间上的广义积分.

2.实训案例

问题 1　求极限 $\lim\limits_{x \to 0} \dfrac{1-\cos^2 x}{x^2}$.

解　输入:

Clear[x, y]

$y[x\_] = \dfrac{1-\text{Cos}[x]^2}{x^2}$;

Limit[y[x], x→0]

输出:

1

请同学们用第一重要极限验证这个结果.

问题 2　求左右极限 $\lim\limits_{x \to 0^-} \dfrac{|x|}{x}$、$\lim\limits_{x \to 0^+} \dfrac{|x|}{x}$.

解　输入:

Clear[x, y]

$y[x\_] = \dfrac{\text{Abs}[x]}{x}$;

Limit [y[x], x→0, Direction→1]

Limit [y[x], x→0, Direction→−1]

输出:

−1

1

说明:求极限的参数 Direction→1 表示取 x 轴正方向,即从左边靠近点 x_0,所以是左极限.求极限的参数 Direction→−1 表示取 x 轴负方向,即从右边靠近点 x_0,所以是右极限.

问题 3　已知函数 $y=x+2\sin x$，求导函数 y' 和导数值 $y'(1)$.

解　输入：

Clear［x，y，d1］

y［x_］＝x＋2Sin［x］；

y'［x］

y'［1.］

输出：

1＋2Cos［x］

2.0806

说明：Mathematica 求导符号和我们平时的书写规则完全一致，这是很方便的，当然，我们也可以采用 D［］命令来求导，见下一题.

问题 4　已知函数 $y=e^{\sqrt{x-1}}$，求高阶导函数 $y^{(3)}$ 和导数值 $y^{(3)}(2)$.

解　输入：

Clear［x，y，d3］

y［x_］＝$e^{\sqrt{x-1}}$；

d3［x_］＝D［y［x］，{x，3}］；

Simplify［％］

d3［2.］

输出：

$$\frac{e^{\sqrt{x-1}}(2-3\sqrt{-1+x}+x)}{8(-1+x)^{5/2}}$$

0.339785

输入第 3 行把求出的 3 阶导函数定义成 d3［x］，方便第 5 行代值求导数.

提示：高阶导数一般都比较复杂，必须进行化简，如输入的第 4 行.

问题 5　已知函数 $y=x^2-x-1$，作出 $x=1$ 处的曲线及其切线、法线的图形. 要求曲线用黑色标记，切线用红色标记，法线用蓝色标记，并且图形真实.

解　输入：

Clear［x，y，t，n］

y［x_］＝x^2－x－1；

t［x_］＝y［1］＋y'［1］(x－1)；

n［x_］＝y［1］＋$\dfrac{1}{y'[1]}$(x－1)；

Plot［{y［x］，t［x］，n［x］}，{x，0，2}，PlotStyle→{Black，Red，Blue}，

AspectRatio→Automatic］

输出（图 7-12）：

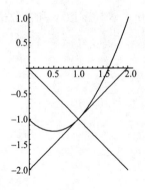

图 7-12

切线 T 的点斜式方程：$T=y(x_0)+k_T(x-x_0)$，其中切线斜率 $k_T=y'(x_0)$，输入里采用小写 t.

法线 N 的点斜式方程：$N=y(x_0)+k_N(x-x_0)$，其中法线斜率 $k_N=\dfrac{-1}{k_T}=\dfrac{-1}{y'(x_0)}$，输入里采用小写 n.

从输出的真实图形可知，该点处的切线和法线刚好互相垂直.

作图的颜色参数和坐标轴比例参考请参考 7.2 节.

问题 6 已知 $3x^2-2xy+4y=1$，求隐函数 $y(x)$ 的导函数 $y'(x)$.

解 输入：

Clear[x, y, f]
f[x_]=3x²-2x*y[x]+4y[x]-1；
f'[x]
Solve[%==0，y'[x]]

输出：

6x-2y[x]+4y'[x]-2xy'[x]

$\{\{y'[x]\to\dfrac{3x-y[x]}{-2+x}\}\}$

输入的第 2 行把原方程进行移项，并定义为函数 $f[x]$.

输入的第 2 行定义函数 $f[x]$ 时需要指定自变量为 x，这是因为 $y(x)$ 是因变量，真正的自变量只有 x.

输入的第 3 行求 $f[x]$ 对 x 的全导数，第 4 行求解出 $y'[x]$，这两条语句共同组成了求隐函数导数的方法.

问题 7 已知 $y=3x-\cos 2x-1$，求其原函数即不定积分 $\int y\mathrm{d}x$.

解 输入：

Clear[x, y]
y[x_]=3x-Cos[2x]-1；
$\int y[x]\mathrm{d}x$

输出：

$-x+\dfrac{3x^2}{2}-\dfrac{1}{2}\operatorname{Sin}[2x]$

说明:输出结果和书写格式有所不同,不定积分理论上要求+C.

问题 8　已知曲线 $y=\sin(2x-4\pi)$,求其一拱(区间 $[2\pi,\dfrac{5}{2}\pi]$)的图形,并求这一拱和

横坐标围成图形的面积,即定积分 $\displaystyle\int_{2\pi}^{\frac{5}{2}\pi}ydx$ 的值.

解　输入:

Clear[x, y]

y[x_]=Sin[2x-4π];

Plot[y[x], {x, 2π, $\dfrac{5}{2}$π}]

$\displaystyle\int_{2\pi}^{\frac{5}{2}\pi}$y[x]dx

输出(图 7-13):

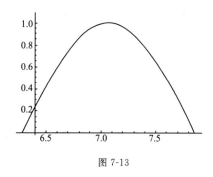

图 7-13

1

从输出结果可知,该正弦函数的一拱所围成的面积刚好是 1.

问题 9　已知曲线 $y=10e^{-2x+1}$,求该曲线在正半轴(区间 $[0,+\infty)$)内的图形,并求

该图形和横坐标围成区域的面积,即广义积分 $\displaystyle\int_{0}^{+\infty}ydx$ 的值,保留 10 位有效数字.

解　输入:

Clear[x, y]

y[x_]=10e^{-2x+1};

Plot[y[x], {x, 0, 3}]

N[$\displaystyle\int_{0}^{+\infty}$ y[x]dx, 10]

输出(图 7-14):

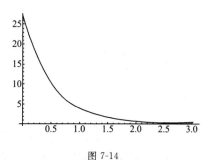

图 7-14

13.59140914

作图区间不能输入为[0，+∞)，因为+∞不是一个数，Mathematica 没法计算求点.

输入作图区间[0，3]比较合理，图形显示清晰、完整，能反映曲线的主要特征，即无限逼近横坐标.

输出结果表明，该无穷积分收敛，是一个确定的常数.

Mathematica 微积分运算的参考资料：在参考资料中心输入"微积分"，搜索结果里点击第 2 个就可以看到求导和积分命令.

习题 7-4

1. 极限 $\lim\limits_{x\to 0}\dfrac{\sin x}{x}=1$ 在微积分中被人们称为第一重要极限，历史上是谁给出了这个极限的证明是一个令人感兴趣的问题. 第一重要极限的历史和正弦函数 $\sin x$ 的导数有关. 1737 年英国数学家托马斯·辛普森在他的《流数论》中给出了正弦的求导公式："任意圆弧和它的正弦值的流数之比等于半径和余弦值之比". 而这一结论的证明是由英国数学家罗杰·柯泰斯(1682～1716)利用微分三角形给出的，罗杰·柯泰斯的这个证明实际已经孕育极限 $\lim\limits_{x\to 0}\dfrac{\sin x}{x}=1$ 的一些基本思想. 此后，数学家相继给出了这个公式的一些证明，如欧拉在 1755 年出版的《微分学原理》中证明了微分公式 $d(\sin x)=\cos x dx$. 第一个明确给出这个极限解析证明的是法国数学家拉格朗日，他在《解析函数论》的第 23 节，给出了这个极限. 他指出："当 x 是一个无穷小的弧，则有 $\sin x=x$"，并且给出了证明.

求极限 $\lim\limits_{x\to \frac{\pi}{2}}\dfrac{2x-\cos 5x-\pi}{\cot 3x}$.

2. e 作为数学常数，是自然对数函数的底数. 有时称它为欧拉数(Euler number)，以瑞士数学家欧拉命名；也有个较鲜见的名字纳皮尔常数，以纪念苏格兰数学家约翰·纳皮尔(John Napier)引进对数. 就像圆周率 π 和虚数单位 i，e 是数学中最重要的常数之一. 它的其中一个定义是 $\lim\limits_{x\to 0}(1+x)^{\frac{1}{x}}=e$，其数值约为 2.71828. 1727 年欧拉开始用 e 来表示这常数，而 e 第一次在出版物用到，是 1736 年欧拉的《力学》(Mechanica). 用 e 表示的真实原因不明，但可能因为 e 是"指数"(exponential)一词的首字母. 很多增长或衰减过程都可以用指数函数模拟. 指数函数的重要方面在于它是唯一的函数与其导数相等(乘以常数). e 是无理数和超越数(见林德曼-魏尔施特拉斯定理(Lindemann-Weierstrass)). 这是第一个获证的超越数，而非故意构造的（比较刘维尔数），由夏尔·埃尔米特(Charles Hermite)于 1873 年证明.

求极限 $\lim\limits_{x\to +\infty}\left(1+\dfrac{3}{2x-6}\right)^{4x+10}$，保留 10 位有效数字.

3. 大约在 1629 年，法国数学家费马研究了作曲线的切线和求函数极值的方法；1637 年左右，他写了一篇手稿《求最大值与最小值的方法》. 在作切线时，他构造了特殊的表达式,其中就包含了我们所说的导数.17 世纪中叶,大数学家牛顿、莱布尼兹从不同的角度开始系统地研究微积分.牛顿的微积分理论被称为"流数术",他称变量为流量,称变量的变化率为流数,相当于我们所说的导数.牛顿的有关"流数术"的主要著作是《求曲边形面积》《运用无穷多项方程的计算法》《流数术和无穷级数》.流数理论的实质概括为:他的重点在于一个变量的函数而不在于多变量的方程;在于自变量的变化与函数的变化的比的构成;在于决定这个比当变化趋于零时的极限.

已知函数 $y = \dfrac{\sin x + 2}{x}$,求导函数 y' 和导数值 $y'(1)$,保留 6 位有效数字.

4.已知函数 $y = \cos 3x - x\mathrm{e}^{1-6x}$,求高阶导数 y''' 和导数值 $y'''(0)$,保留 6 位有效数字.

5.已知 $4x^3 - xy^2 + 8y = 11$,求隐函数 $y(x)$ 的导函数 $y'(x)$.

6.已知函数 $y = 1 - 0.2\sin 4x$,作出 $x = 0.6$ 处的曲线及其切线、法线的图形.要求曲线用黑色标记,切线用红色标记,法线用蓝色标记,并且图形真实.

7.已知 $y = x - x\mathrm{e}^{2x} + 3$,求其原函数即不定积分 $\int y\mathrm{d}x$.

8.已知曲线 $y = 3 - 3\cos(2x - 1)$,求其一拱(区间 $[\dfrac{1}{2}, \dfrac{1}{2} + \pi]$)的图形,并求这一拱和横坐标围成图形的面积,即定积分 $\int_{\frac{1}{2}}^{\frac{1}{2}+\pi} y\mathrm{d}x$ 的值.

9.已知曲线 $y = x - 5\sin(x - 2)$,作出 $x = 1$ 处的曲线及其切线 T 的真实图形,作图区间 $[0, 5]$,要求曲线用黑色标记,切线用红色标记.再求该切线和曲线的交点 (x_0, y_0),并求曲线和切线围成图形的面积,即定积分 $\int_1^{x_0} (T - y)\mathrm{d}x$ 的值.

10.已知阻尼振动曲线 $y = 10\mathrm{e}^{-0.5x}\cos(3x + 2)$,求该曲线在正半轴(区间 $[0, +\infty)$)内的图形,作图区间 $[0, 8]$.并求该图形和横坐标围成各个区域的总面积,即广义积分 $\int_0^{+\infty} |y| \mathrm{d}x$ 的值,保留 10 位有效数字.

7.5　最优化

一、实训内容

求函数极大值、极小值、最大值、最小值,求整数规划.

二、实训目的

学会求函数极值,重点掌握条件极值,包括整数规划.

三、实训过程

1.基本命令

(1)FindMinimum[y[x],{x,x0}]

求函数 y[x]在 x=x0 附近的局部极小值.

(2)FindMaximum[y[x],{x,x0}]

求函数 y[x]在 x=x0 附近的局部极大值.

(3)Minimize[y[x],x]

求函数 y[x]的全局最小值.

(4)NMinimize[y[x],x]

求函数 y[x]的全局最小值数值解.

(5)Maximize[y[x],x]

求函数 y[x]的全局最大值.

(6)NMaximize[y[x],x]

求函数 y[x]的全局最大值数值解.

(7)NMinimize[{y[x],x>x0 或 x<x0},x],

   或 NMaximize[{y[x],x>x0 或 x<x0},x]

求函数 y[x]在约束条件下的最小值或最大值,约束条件可以有多个.

(8)Minimize[y[x],x,Integers],或 Maximize[y[x],x,Integers]

求函数 y[x]在 x 取整条件下的最小值或最大值,特殊是只能取 0、1 两个值.

2.实训案例

问题 1   搜索函数 $y=x\cos x$ 在区间$[1,6]$内的局部极小值.

解   输入：

Clear[x, y]

y[x_]=x * Cos[x];

Plot[y[x],{x, 1, 6}]

FindMinimum[y[x],{x, 3}]

输出(图 7-15)：

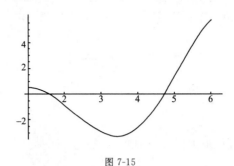

图 7-15

$\{-3.28837,\{x\rightarrow 3.42562\}\}$

先画出给定区间上的图形,观察后可以发现极小值大概在 3 附近.

再输入初始点 $x=3$,让 FindMinimum[]命令搜寻极小值.

说明:初始点位置必须合理,否则 FindMinimum[]命令在搜寻过程中会提示警告信息.

请同学们把初始点选为 $x=3.5$,重新搜寻极小值,观察 Mathematica 的提示信息.

问题 2   搜索函数 $y=x\sin(0.4x-1)$ 在区间$[0,20]$内的局部极大值.

解　输入：

Clear［x，y］

y［x_］＝x＊Sin［0.4x－1］；

Plot［y［x］，{x，0，20}］

FindMaximum［y［x］,{x，7}］

输出（图 7-16）：

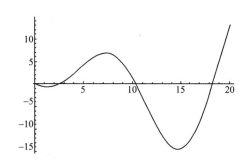

图 7-16

{6.8607,{x→7.25645}}

先画出给定区间上的图形,观察后可以发现极大值大概在 7 附近.

再输入初始点 $x＝7$,让 FindMaximum［］命令搜寻极大值.

说明:极大值是局部概念,从图形上可知,该区间内的最大值出现在右端点上.

问题 3　已知函数 $y＝2x^2－3x＋5$,求其全局最小值.

解　输入：

Clear［x，y］

y［x_］＝2x²－3x＋5；

Plot［y［x］，{x，－100，100}］

Minimize［y［x］，x］

输出：

$$\left\{\frac{31}{8},\left\{x→\frac{3}{4}\right\}\right\}$$

先画出函数图形,区间较大比如［－100,100］,观察后可以发现全局最小值必定在底部.

全局最小值命令 Minimize［］无须加上初始点条件.

问题 4　已知函数 $y＝3x^4－200x^2＋5$,求其全局最小值数值解.

解法 1　输入：

Clear［x，y］

y［x_］＝3x⁴－200x²＋5；

Plot［y［x］，{x，－100，100}］

NMinimize［y［x］，x］

输出（图 7-17）：

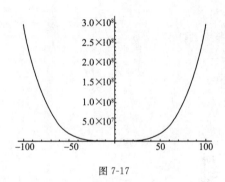

图 7-17

$\{-3328.33, \{x \to 5.7735\}\}$

先画出函数图形，区间较大比如$[-100, 100]$，观察后可以发现全局最小值必定在底部.

全局最小值数值解命令 NMinimize[] 可看成 N[]、Minimize[] 两命令的组合.

说明：该函数全局最小值点共有 2 个，可缩小作图区间$[-10, 10]$进行仔细观察，并验证输出结果只是其中 1 个，解法如下.

解法 2 输入：

Clear[x，y]

y[x_]=3x⁴−200x²+5；

Plot[y[x]，{x，−10，10}]

FindMinimum[y[x]，{x，−5}]

FindMinimum[y[x]，{x，5}]

输出（图 7-18）：

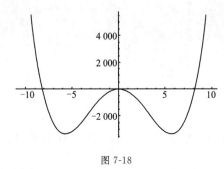

图 7-18

$\{-3328.33, \{x \to -5.7735\}\}$

$\{-3328.33, \{x \to 5.7735\}\}$

可知函数全局最小值点的确共有 2 个，这两个点的值刚好相等.

问题 5 已知函数 $y = -2x^2 - 3x + 5$，求其全局最大值.

解 输入：

Clear[x，y]

y[x_]=−2x²−3x+5；

Plot[y[x]，{x，−10，10}]

Maximize[y[x]，x]

输出(图 7-19)：

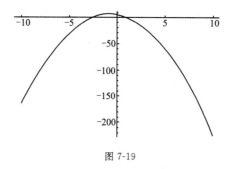

图 7-19

$$\left\{\frac{49}{8},\left\{x\rightarrow-\frac{3}{4}\right\}\right\}$$

先画出函数图形,区间合理比如[−10,10],观察后可以发现全局最大值必定在顶部.

全局最大值命令 Maximize[]无须加上初始点条件.

问题 6　已知函数 $y=-x^4-3x^2+x$,求其全局最大值数值解.

解　输入：

Clear[x, y]

y[x_]=−x⁴−3x²+x；

Plot[y[x],{x,−10, 10}]

NMaximize[y[x], x]

输出(图 7-20)：

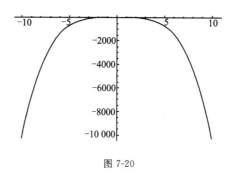

图 7-20

{0.0825888 ,{x→0.16374}}

先画出函数图形,区间合理比如[−10,10],观察后可以发现全局最大值必定在顶部.

说明：该函数由于含有 x 项,因此其全局最大值只有 1 个.

请同学们把作图区间缩小为[−1,1],验证全局最大值只有 1 个.

问题 7　已知曲线 $y=100\mathrm{e}^{-x}\sin(x+2)$,作出其在区间[0,10]上的图形,并求其在约束条件 $x>0$ 下的最小值.

解　输入：

Clear[x, y]

y[x_]=100e⁻ˣ Sin[x+2]；

Plot[y[x],{x, 0, 10}]

NMinimize[{y[x], x>0}, x]

输出(图 7-21)：

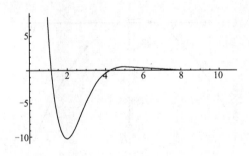

图 7-21

$\{-10.2945,\{x\rightarrow1.92699\}\}$

先画出函数在指定区间上的图形,观察后可以发现最小值大概在 $x=2$ 处.

在 NMinimize[] 命令里加入约束条件 $x>0$,可求得唯一的最小值.

注意:NMinimize[] 命令里 y[x] 和约束条件要用大括号括起来.

问题 8　已知函数 $y=1.3x^4-20x^3+6$,求其在区间 $[-10,20]$ 上的图形,并求其在 x 取整约束下的最小值.

解　输入：

Clear[x, y]

y[x_]=1.3x⁴-20x³+6;

Plot[y[x],{x,-10, 20}]

Minimize[y[x], x, Integers]

输出(图 7-22)：

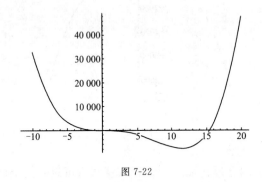

图 7-22

$\{-7597.2,\{x\rightarrow12\}\}$

先画出函数在指定区间上的图形,观察后可以发现最小值大概在 $x=12$ 处.

在 Minimize[] 命令里加入约束条件 x 取整,可求得唯一的最小值点 $x=12$.

注意:Minimize[y[x],x,Integers] 命令不可随意改为 NMinimize[y[x],x,Integers].

如果想使用 NMinimize[] 命令求整数约束最值,请参照下一题.

问题 9　已知函数 $y=22x^2\sin(3x+5)-3x^3-4$,求其在区间 $[-10,10]$ 上的图形,并求其在 $x>0$ 且取整两个约束条件下的最大值.

解　输入：

Clear[x, y]

$y[x\_]=22x^2*Sin[3x+5]-3x^3-4;$
$Plot[y[x],\{x,-10,10\}]$
$NMaximize[\{y[x],\ x>0,\ x\in Integers\},\ x]$
输出(图 7-23)：

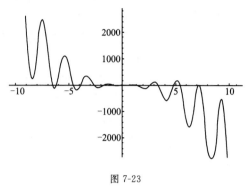

图 7-23

$\{111.14,\{x\to3\}\}$

先画出函数在指定区间上的图形，观察后可以发现 $x>0$ 时的最大值大概在 $x=3$、$x=5$处．

在 NMaximize[]命令里加入 $x>0$ 且取整两个约束条件，可求得唯一的最大值点 $x=3$．

说明：输入第 4 行里 $x\in Integers$ 表示自变量属于整数范围．

注意：NMinimize[]和 NMaximize[]命令里可以有多个约束条件，但这些约束条件都要用大括号括起来．

Mathematica 最优化的参考资料：在参考资料中心输入"最优化"，搜索结果里点击第1 个就可以看到所有的最优化命令．从中可以看到，最优化命令总体上分为数值最优化和符号最优化，符号最优化也就是准确解．

习题 7-5

1.公元前 500 年古希腊在讨论建筑美学中就已发现了长方形长与宽的最佳比例为1.618，称为黄金分割比．其倒数 0.618 至今在优选法中仍得到广泛应用．在微积分出现以前，已有许多学者开始研究用数学方法解决最优化问题．例如阿基米德证明：给定周长，圆所包围的面积为最大．这就是欧洲古代城堡几乎都建成圆形的原因．但是最优化方法真正形成为科学方法则是在 17 世纪以后．17 世纪，牛顿和莱布尼兹在他们所创建的微积分中，提出求解具有多个自变量的实值函数的最大值和最小值的方法．以后又进一步讨论具有未知函数的函数极值，从而形成变分法．这一时期的最优化方法可以称为古典最优化方法．Mathematica 求局部极值命令 FindMinimum[]、FindMaximum[]就是基于牛顿迭代法的，需要利用导函数信息．

已知函数 $y=0.4x^2-8\cos(5x-1)$，作出其在区间$[-10,10]$上的图形，并求 $x=1$ 附近的局部极大值．

2.最优化也称作运筹学(Operations Research,在台湾有时又被称作作业研究),是一应用数学和形式科学的跨领域研究,利用统计学、数学模型和算法等方法,去寻找复杂问题中的最佳或近似最佳的解答.运筹学经常用于解决现实生活中的复杂问题,特别是改善或优化现有系统的效率.研究运筹学的基础知识包括实分析、矩阵论、随机过程、离散数学和算法基础等.而在应用方面,多与仓储、物流、算法等领域相关.因此运筹学与应用数学、工业工程、计算机科学等专业密切相关.1955年我国从"运筹帷幄之中,决策千里之外"(见《史记》)这句话摘取"运筹"二字,将 O. R. 正式译作运筹学.在中国古代文献中就有记载,如田忌赛马、丁渭主持皇宫修复等.说明在已有的条件下,经过筹划、安排,选择一个最好的方案,就会取得最好的效果.可见,筹划安排是十分重要的.普遍认为,运筹学是近代应用数学的一个分支,主要是将生产、管理等事件中出现的一些带有普遍性的运筹问题加以提炼,然后利用数学方法进行解决.前者提供模型,后者提供理论和方法.

已知函数 $y=10-0.2x^2+\sin(15x)$,作出其在区间 $[-20,20]$ 上的图形,观察全局最大值存在的位置并求全局最大值.

3.最优化问题的解一般称为最优解.如果只考察约束集合中某一局部范围内的优劣情况,则解称为局部最优解.如果是考察整个约束集合中的情况,则解称为总体最优解.对于不同优化问题,最优解有不同的含意,因而还有专用的名称.例如,在对策论和数理经济模型中称为平衡解;在控制问题中称为最优控制或极值控制;在多目标决策问题中称为非劣解(又称帕雷托最优解或有效解).在解决实际问题时情况错综复杂,有时这种理想的最优解不易求得,或者需要付出较大的代价,因而对解只要求能满足一定限度范围内的条件,不一定过分强调最优.20 世纪 50 年代初,在运筹学发展的早期就有人提出次优化的概念及其相应的次优解.提出这些概念的背景是:最优化模型的建立本身就只是一种近似,因为实际问题中存在的某些因素,尤其是一些非定量因素很难在一个模型中全部加以考虑.另一方面,还缺乏一些求解较为复杂模型的有效方法.1961 年西蒙进一步提出满意解的概念,即只要决策者对解满意即可.

已知函数 $y=0.4+e^{-0.1x}\sin(2x+1)$,作出其在区间 $[-15,15]$ 上的图形,并求 $x=5$ 附近的局部极小值.

4.已知函数 $y=-x+\sin(3x-2)$,作出其在区间 $[-3,3]$ 上的图形,并搜索局部极大值.

5.已知函数 $y=0.2x^4-12x-610$,作出其在区间 $[-12,12]$ 上的图形,观察全局最小值存在的位置并求全局最小值,保留 10 位有效数字.

6.已知函数 $y=-0.3x^4-12x+745$,作出其在区间 $[-14,14]$ 上的图形,观察全局最大值存在的位置并求全局最大值,保留 10 位有效数字.

7.已知振动曲线 $y=12.1e^{-0.8x}\cos(x-1.5)$,作出其在区间 $[0,10]$ 上的图形,观察极大值、极小值存在的位置并求极大值、极小值.

8.已知函数 $y=2\sin x-\cos(3x+1)$,作出其在区间 $[-16,16]$ 上的图形,观察最大值、最小值存在的位置并求最大值、最小值,保留 10 位有效数字.

9.已知函数 $y=14x\cos(x+20)+0.2x^3-40$,求其在区间 $[-9,9]$ 上的图形,并求该区间内部 $x>0$ 且取整条件下的最大值,不包含区间两端点.

10. 已知波动函数 $y = 10\cos(x+20) - \sin(20x+6)$，求其在区间 $[-10,10]$ 上的图形，并求该区间内部 x 取整条件下的最大值、最小值.

7.6　插值和拟合

一、实训内容

求多项式插值函数、样条插值函数，求拟合函数.

二、实训目的

学会求近似函数，重点掌握样条插值和多项式拟合函数.

三、实训过程

1. 基本命令

(1) ListPlot$[\{\{x1,y1\},\{x2,y2\},\cdots\}]$

画出数据点的散点图，数据点一般是 (x_i, y_i) 成对格式.

(2) InterpolatingPolynomial$[\{\{x1,y1\},\{x2,y2\},\cdots\},x]$

求数据点的多项式插值函数，常用次数 1～3 次.

(3) Interpolation$[\{\{x1,y1\},\{x2,y2\},\cdots\}]$

求数据点的样条插值函数，也就是分段 3 次插值函数.

(4) Fit$[\{\{x1,y1\},\{x2,y2\},\cdots\},\{1,x,\cdots\},x]$

求数据点的多项式拟合函数，常用次数 1～3 次.

(5) Fit$[\{\{x1,y1\},\{x2,y2\},\cdots\},\{非多项式\},x]$

求数据点的非多项式拟合函数，可以是三角函数、指数函数等.

(6) FindFit$[\{\{x1,y1\},\{x2,y2\},\cdots\},\{表达式\},\{参数\},x]$

求数据点的给定函数表达式里的参数拟合值，参数可以有多个.

(7) FindFit$[\{\{x1,y1\},\{x2,y2\},\cdots\},\{表达式,约束条件\},\{参数\},x]$

求数据点的给定函数表达式里的参数拟合值，约束条件可以有多个.

(8) $r = \sum_{i=1}^{n} (y(x_i) - y_i)^2$

求数据点和它的拟合函数值之间的离差平方和，用来检验拟合程度的好坏，离差平方和越小越好.

2. 实训案例

问题 1　已知实验数据点为 $(1,0.62)$、$(2,1.33)$、$(3,1.84)$、$(5,0.96)$，其中第 4 个点缺失. 作出数据点的散点图，要求加粗并用红色标记.

解　输入：

data=$\{\{1, 0.62\},\{2, 1.33\},\{3, 1.84\},\{5, 0.96\}\}$;

ListPlot[data，PlotStyle→{PointSize[0.02]，Red}]

输出（图 7-24）：

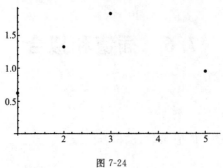

图 7-24

输入里数据点要用大括号括起来.

输入第 2 行 ListPlot[]命令里加入了 PointSize[]参数指定点的大小,参数值 0.02 比较合适,同时指定了红色参数.

问题 2　已知实验数据点同问题 1,不考虑实验误差,求其三次近似函数即插值函数,并在散点图上叠加该函数图形,最后求缺失点 $x=4$ 时的插值函数值.

解　输入：

Clear[x，y]

data={{1，0.62},{2，1.33},{3，1.84},{5，0.96}};

g1=ListPlot[data，PlotStyle→{PointSize[0.02]，Red}];

y[x_]=InterpolatingPolynomial[data，x]

Expand[%]

g2=Plot[y[x],{x，1，5}];

Show[g1，g2，PlotRange→{0，2}]

y[4]

输出（图 7-25）：

$0.96+(0.085+(-0.2625-0.0541667(-3+x))(-1+x))(-5+x)$

$0.035+0.414167x+0.225x^2-0.0541667x^3$

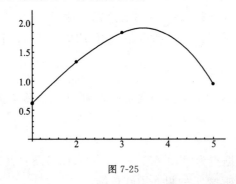

图 7-25

1.825

多项式插值命令 InterpolatingPolynomial[],最高次数总是比数据点个数少 1 次.本题 4 个点,可知刚好 3 次函数.

输入第 5 行 Expand[]命令用来展开插值函数.

输入末行加入了 PlotRange[]参数,指定了纵坐标范围,可使图形显示完整.

说明:从输出图形可知,三次插值函数刚好经过各个点,这就是插值函数的性质,也就是不考虑实验误差.

问题 3　已知实验数据点$(1,0.45)$、$(2,1.19)$、$(4,2.24)$、$(5,3.26)$、$(6,2.08)$、$(7,1.15)$,其中第 3 个点缺失.求其多项式插值函数和样条插值函数,并在散点图上叠加这两个函数图形,其中样条插值函数曲线要求加粗并用蓝色标记.

解　输入:

Clear[x, y1, y2]

data＝{{1, 0.45}, {2, 1.19},{4, 2.24},{5, 3.26},{6, 2.08},{7, 1.15}};

g1＝ListPlot[data, PlotStyle→{PointSize[0.02], Red}];

y1＝InterpolatingPolynomial[data, x]

Expand[%]

g2＝Plot[y1,{x, 1, 7}, PlotStyle→Black];

y2＝Interpolation data

g3＝Plot[y2[x], {x, 1, 7}, PlotStyle→{Blue, Thick}];

Show [g1, g2, g3, PlotRange→{0, 4}]

输出(图 7-26):

$-12.71+26.2665x-17.8049x^2+5.39683x^3-0.735083x^4+0.0366667x^5$

InterpolatingFunction[{{1., 7.}},< >]

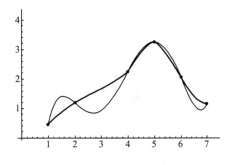

图 7-26

由于数据点有 6 个,所以多项式插值函数为 5 次.

样条插值命令 Interpolation[],其原理就是分段 3 次插值.

输入第 7 行的样条插值函数 y2 的引用格式为 y2[x].

输入第 8 行加入了 PlotStyle[]参数,对样条插值函数进行加粗并用蓝色标记.

说明:Interpolation[]命令的输出只显示插值,并不给出具体表达式.

注意:从输出图形可知,样条插值曲线比高次多项式插值曲线更平滑,无较多扭曲,所以能更好地符合实际情况,这也是样条插值函数广泛使用的原因.

问题 4　已知实验数据点同问题 1,考虑实验误差,求其三次近似函数即拟合函数,并在散点图上叠加该函数图形,最后求缺失点 $x=4$ 时的拟合函数值.

解 输入:

Clear[x, y]

data＝{{1, 0.62},{2, 1.33},{3, 1.84},{5, 0.96}};

g1＝ListPlot[data, PlotStyle→{PointSize[0.02], Red}];

y[x_]＝Fit[data,{1, x, x^2, x^3}, x]

g2＝Plot [y[x],{x, 1, 5}];

Show[g1, g2, PlotRange→{0, 2}]

y[4]

输出(图 7-27):

$0.035 +0.414167x+0.225x^2-0.0541667x^3$

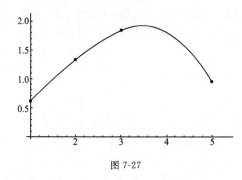

图 7-27

1.825

拟合函数的使用条件是允许数据点存在误差,也就是拟合曲线可以不经过数据点,这是插值和拟合的最本质区别.

拟合命令 Fit[],必须指定拟合多项式的各次项,常用的为 1~3 次.

请同学们对比问题 2 的结果,找出本题拟合函数和问题 2 的 3 次插值函数的差异.

说明:本题拟合函数为 3 次,而数据点 4 个,此时拟合就等同于 3 次插值.因此,本题拟合函数和问题 2 的 3 次插值函数完全相同.一般来说,当数据点个数较多时,拟合函数肯定不同于插值函数,见下一题.

问题 5 已知实验数据点同问题 3,考虑实验误差,求其三次拟合函数,并在散点图上叠加该函数图形和问题 3 里的两个插值函数图形,要求拟合函数曲线为粉红色加粗虚线,最后求缺失点 $x=3$ 时的多项式插值函数值、样条插值函数值、三次拟合函数值.

解 输入:

Clear[x, y1, y2, y3]

data＝{{1, 0.45},{2, 1.19},{4, 2.24},{5, 3.26},{6, 2.08},{7, 1.15}};

g1＝ListPlot[data, PlotStyle→{PointSize[0.02], Red}];

y1[x_]＝InterpolatingPolynomial[data, x];

g2＝Plot[y1[x],{x, 1, 7}, PlotStyle→Black];

y2＝Interpolation[data];

g3＝Plot[y2[x],{x, 1,7}, PlotStyle→{Blue, Thick}];

y3[x_]=Fit[data, {1, x, x², x³}, x]
g4=Plot[y3[x], {x, 1, 7}, PlotStyle→{Pink, Thick, Dashed}];
Show[g1, g2, g3, g4, PlotRange→{0, 4}]
y1[3]
y2[3]
y3[3]

输出(图 7-28):

$0.217143-0.0263095x+0.324643x^2-0.0433333x^3$

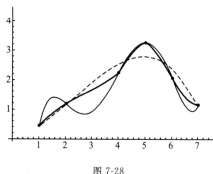

图 7-28

0.928

1.66833

1.89

输入第 9 行加入了 PlotStyle[]参数,指定了粉红色 Pink、加粗 Thick、虚线 Dashed. 从输出图形上可知,三次拟合曲线和数据点的离差较大,这是由最高次 3 次决定的.

三个曲线里,样条插值曲线吻合数据点,而且形状最光滑无扭曲,这再次说明了样条曲线的优良性质.

说明:当数据点个数较多时,插值函数会变得很繁琐而不实用. 而现实中大量的实验数据也的确存在误差,这就要求我们把握变化的主要规律,而忽略掉次要因素. 此时,拟合函数将发挥最大用处,其表达式简单易用是很大的优点. 我们要根据实际情况,合理选用插值和拟合两个方法,不能想当然的认为哪个好哪个不好.

问题 6　已知实验数据点同问题 3,考虑实验误差,猜测其函数表达式可能为 $y=a+b\sin x+c\sin 2x$,请利用拟合办法求该表达式的 3 个参数值,并在散点图上叠加该函数图形,要求拟合函数曲线为蓝色加粗虚线.

解　输入:

Clear[x, y]
data{{1, 0.45}, {2, 1.19}, {4, 2.24}, {5, 3.26}, {6, 2.08}, {7, 1.15}};
g1=ListPlot[data, PlotStyle→{PointSize[0.02], Red}];
y[x_]=Fit[data, {1, Sin[x], Sin[2x]}, x]
g2=Plot[y[x], {x, 1, 7}, PlotStyle→{Blue, Thick, Dashed}];
Show[g1, g2, PlotRange→{0, 4}]

输出(图 7-29):

$1.85851-1.05738\,Sin[x]-0.327758\,Sin[2x]$

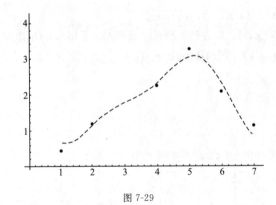

图 7-29

输入第 5 行加入了 PlotStyle[]参数,指定了蓝色 Blue、加粗 Thick、虚线 Dashed.

从输出图形可知,本题的三角函数表达式和数据点较为吻合. 对比问题 5 的拟合曲线,可发现拟合效果有了很大提高.

说明:拟合曲线一般优先选用 1~3 次多项式,但如果数据点呈现出振动较多的情况,此时可合理选用三角函数.

问题 7　已知实验数据点同问题 1,考虑实验误差,猜测其函数表达式可能为 $y = a + b\cos cx$,请拟合该表达式的 3 个参数值,并在散点图上叠加该函数图形,要求拟合函数曲线为蓝色加粗虚线.

解　输入:

Clear[x, y, a, b, c]

data={{1, 0.62},{2, 1.33},{3, 1.84},{5, 0.96}};

g1=ListPlot[data, PlotStyle→{PointSize[0.02], Red}];

s=FindFit[data, a+b∗Cos[c∗x],{a, b, c}, x]

a=s[[1, 2]]；b=s[[2, 2]]；c=s[[3, 2]]；

y[x_]=a+b∗Cos[c∗x]

g2=Plot[y[x],{x, 1, 5}, PlotStyle→{Blue, Thick, Dashed}];

Show[g1, g2,PlotRange→{0, 2}]

输出(图 7-30):

{a→1.06171 , b→−0.791711 , c→0.967562}

1.06171−0.791711 Cos[0.967562 x]

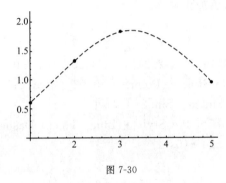

图 7-30

拟合一个给定表达式的参数的命令为 FindFit[], 其功能比 Fit[] 更为强大, 特别适用于含有三角函数、指数、对数的情况.

输入第 4 行 FindFit[] 里需要给出表达式和参数列表, 各参数用大括号括起来.

说明: 参数拟合 FindFit[] 的输出是参数值, 其提取格式见输入第 4 行.

$a = s[[1,2]]$ 表示提取计算结果的第 1 部分的第 2 个元素;

$b = s[[2,2]]$ 表示提取计算结果的第 2 部分的第 2 个元素;

$c = s[[3,2]]$ 表示提取计算结果的第 3 部分的第 2 个元素.

输入第 6 行定义了拟合函数表达式.

从输出图形可知, 拟合曲线和数据点高度吻合, 这表明 3 个拟合参数值非常合理.

问题 8　已知实验数据点同问题 1, 考虑实验误差, 猜测其数学模型即函数表达式可能为 $y = a + b \sin cx$, 并已知约束条件 $a < 0, b > 0, c > 0$. 请拟合该数学模型的 3 个参数值, 并在散点图上叠加该函数图形, 要求拟合函数曲线为蓝色加粗虚线.

解　输入:

Clear[x, y, a, b, c]
data = {{1, 0.62}, {2, 1.33}, {3, 1.84}, {5, 0.96}};
g1 = ListPlot[data, PlotStyle→{PointSize[0.02], Red}];
model = a + b * Sin[c * x];
s = FindFit[data, {model, {a<0, b>0, c>0}}, {a, b, c}, x]
a = s[[1, 2]]; b = s[[2, 2]]; c = s[[3, 2]];
y[x_] = model
g2 = Plot[y[x], {x, 1, 5}, PlotStyle→{Blue, Thick, Dashed}];
Show[g1, g2, PlotRange→{0, 2}]

输出 (图 7-31):

{a→−0.483792 , b→2.27845 , c→0.489828}

−0.483792 + 2.27845 Sin[0.489828 x]

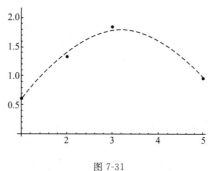

图 7-31

参数命令为 FindFit[], 里面可以附加上参数的多个约束条件, 此时称为条件拟合.

输入的第 4 行先给出数学模型 model, 方便在 FindFit[] 引用.

输入的第 5 行在 FindFit[] 加上参数的 3 个约束条件.

输入的第 6 行提取参数计算结果.

输入的第 7 行定义了拟合函数 y[x].

从输出图形可知,拟合曲线和数据点高度吻合,这表明 3 个拟合参数值非常合理.

问题 9　已知实验数据点同问题 3,考虑实验误差,分别求其二次和三次拟合函数,并在散点图上叠加这两个函数图形,要求二次拟合曲线黑色、三次拟合曲线蓝色加粗. 再通过离差平方和判断哪个拟合函数和数据点的吻合程度更好.

解　输入:

Clear[x, y1, y2]

data={{1, 0.45}, {2, 1.19}, {4, 2.24}, {5, 3.26}, {6, 2.08}, {7, 1.15}};

g1=ListPlot[data, PlotStyle→{PointSize[0.02], Red}];

y1[x_]=Fit[data, {1, x, x²}, x]

g2=Plot[y1[x], {x, 1, 7}, PlotStyle→Black];

y2[x_]Fit[data, {1, x, x², x³}, x]

g3=Plot[y2[x], {x, 1, 7}, PlotStyle→{Blue, Thick}];

Show[g1, g2, g3, PlotRange→{0, 4}]

$$r1=\sum_{i=1}^{6}(y1[data[[i, 1]]]-data[[i, 2]])^2$$

$$r2=\sum_{i=1}^{6}(y2[data[[i, 1]]]-data[[i, 2]])^2$$

输出(图 7-32):

$-1.39486+1.84136x-0.208357x^2$

$0.217143-0.0263095x+0.324643x^2-0.0433333x^3$

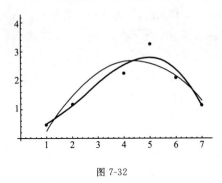

图 7-32

14.9491

14.428

输入的第 4 行把二次拟合函数定义为 y1[x],方便后面代值计算.

输入的第 6 行把三次拟合函数定义为 y2[x],方便后面代值计算.

输入的第 7 行加入了 PlotStyle[]参数,指定了蓝色 Blue、加粗 Thick.

输入的第 10、11 行分别求出了二次、三次拟合函数的离差平方和.

说明:数据点数组 data 的引用格式为双中括号,其含义如下:

data[[i,1]]表示引用数组 data 里第 i 个数据点的第 1 元素,即 x 值;

data[[i,2]]表示引用数组 data 里第 i 个数据点的第 2 元素,即 y 值.

离差平方和公式：$r = \sum_{i=1}^{n} (y(x_i) - y_i)^2$，它表示拟合函数和数据点的偏离程度，用来检验拟合程度的好坏，离差平方和越小越好.

从输出图形来看，两个曲线都和数据点存在较大离差. 此时可利用离差平方和来判断，由于三次拟合函数的离差平方和 14.428 小于二次拟合函数的离差平方和 14.9491，因此可认为三次拟合曲线和数据点的吻合程度更好.

说明：拟合函数选用几次多项式应根据实际情况决定，并不能简单的依据离差平方和的大小来直接判断. 本题中两个拟合函数的离差平方和较为接近，所以二次拟合函数也是可以选择的.

Mathematica 插值和拟合的参考资料：在参考资料中心输入"插值"，搜索结果里点击第 1 个就可以看到近似函数和插值的教程. 在参考资料中心输入"拟合"，搜索结果里点击第 4 个就可以看到曲线拟合和近似函数的指南. 从中可以看到，实验数据点的近似函数可分为插值函数和拟合函数两种.

习题 7-6

1. 早在 6 世纪，中国的刘焯已将等距二次插值用于天文计算. 插值就是在离散数据的基础上补插连续函数，使得这条连续曲线通过全部给定的离散数据点. 插值是离散函数逼近的重要方法，利用它可通过函数在有限个点处的取值状况，估算出函数在其他点处的近似值. 17 世纪之后，牛顿、拉格朗日分别讨论了等距和非等距的一般插值公式. 在近代，插值法仍然是数据处理和编制函数表的常用工具，又是数值积分、数值微分、非线性方程求根和微分方程数值解法的重要基础，许多求解计算公式都是以插值为基础导出的.

已知实验数据点为 $(1,1.22)$、$(2,1.78)$、$(4,2.04)$、$(5,1.31)$，其中第 3 个点缺失. 不考虑实验误差，求其三次插值近似函数，并在散点图上叠加该函数图形，要求散点红色加粗，最后求缺失点 $x=3$ 时的插值函数值.

2. 多项式插值也称为拉格朗日插值法，是以法国十八世纪数学家约瑟夫·拉格朗日命名的一种多项式插值方法. 许多实际问题中都用函数来表示某种内在联系或规律，而不少函数都只能通过实验和观测来了解. 如对实践中的某个物理量进行观测，在若干个不同的地方得到相应的观测值，拉格朗日插值法可以找到一个多项式，其恰好在各个观测的点取到观测到的值. 这样的多项式称为拉格朗日（插值）多项式. 数学上来说，拉格朗日插值法可以给出一个恰好穿过二维平面上若干个已知点的多项式函数. 拉格朗日插值法最早被英国数学家爱德华·华林于 1779 年发现，不久后（1783 年）由莱昂哈德·欧拉再次发现. 1795 年，拉格朗日在其著作《师范学校数学基础教程》中发表了这个插值方法，从此他的名字就和这个方法联系在一起.

已知实验数据点为 $(1,1.22)$、$(2,1.78)$、$(4,2.04)$、$(5,1.31)$、$(6,0.55)$，其中第 3 个点缺失. 不考虑实验误差，求其拉格朗日插值近似函数，并在散点图上叠加该函数图形，要求散点红色加粗，最后求缺失点 $x=3$ 时的插值函数值.

3. 样条函数的研究始于 20 世纪中叶,到了 60 年代它与计算机辅助设计相结合,在外形设计方面得到成功的应用.样条理论已成为函数逼近的有力工具,它的应用范围也在不断扩大.样条是一种特殊的函数,由多项式分段定义.样条的英语单词 spline 来源于可变形的样条工具,那是一种在造船和工程制图时用来画出光滑形状的工具.在中国,早期曾经被称作"齿函数".后来因为工程学术语中"放样"一词而得名.在插值问题中,样条插值通常比多项式插值好用.用低阶的样条插值能产生和高阶的多项式插值类似的效果,并且可以避免被称为龙格现象的数值不稳定的出现.

已知实验数据点同上一题,其中第 3 个点缺失.不考虑实验误差,求其样条插值近似函数,并在上一题的图形上叠加该函数图形,要求样条插值函数曲线蓝色加粗,最后求缺失点 $x=3$ 时的样条插值函数值.

4. 已知实验数据点为 $(0,20)$、$(1,21.3)$、$(2.6,19.8)$、$(3.9,22.4)$,不考虑实验误差,求其三次插值近似函数,并在散点图上叠加该函数图形,要求散点红色加粗,最后求缺失点 $x=2$ 时的插值函数值.

5. 曲线拟合俗称拉曲线,就是把现有数据通过数学方法得出一条数学表达式.科学和工程问题可以通过诸如采样、实验等方法获得若干离散的数据,根据这些数据,我们往往希望得到一个连续的函数(也就是曲线)或者更加密集的离散方程与已知数据相吻合,这过程就叫作拟合(fitting).曲线拟合(curve fitting)可以选择适当的曲线类型来拟合观测数据,并用拟合的曲线方程分析两变量间的关系.

已知实验数据点为 $(1,2.45)$、$(2,2.78)$、$(3,3.61)$、$(4,3.01)$、$(5,2.66)$,考虑实验误差,求三次拟合近似函数,并在散点图上叠加该函数图形,要求散点红色加粗.

6. 离差平方和就是用来评价拟合好坏的一种常用的方法,显然,拟合次数越高离差平方和越小.但是,现实中我们并不是通过提高多项式的次数来更好的拟合曲线,关于这点,有以下原因:(1)即使存在精确的拟合,也不意味着必须得到这样的拟合,根据使用的算法不同,我们可能需要太多的计算机时去得到精确的拟合.(2)我们往往宁愿得到一个近似的拟合,而不愿为了精确拟合数据而使拟合的曲线产生扭曲,比如高次往往不能经过两点连线的中点.

已知实验数据点同上一题,考虑实验误差,求二次拟合近似函数,并在上一题的图形上叠加该函数图形,要求二次拟合曲线为粉色加粗虚线.最后,对比二次、三次的拟合离差平方和大小,判断哪个拟合曲线更好.

7. 参数拟合,就是已知试验或者真实数据,然后寻找一个模型对其规律进行模拟的过程中,求取模型中未知参数的一个过程.

已知实验数据点为 $(1,10)$、$(2.2,9.5)$、$(3,11.4)$、$(5,9.66)$,考虑实验误差,猜测其数学模型即函数表达式可能为 $y=a+b\sin cx$,并已知约束条件 $a>0,b>0,c>0$.请拟合该数学模型的 3 个参数值,并在散点图上叠加该函数图形,要求拟合函数曲线为蓝色加粗虚线.

8. 来自国家统计局的数据,我国国内生产总值 GDP 的信息如表 7-4(GDP 单位亿元):

表7-4

年份	1980	1985	1990	1995	2000	2005	2010	2011	2012
GDP	4 545.6	9 016.0	18 667.8	60 793.7	99 214.6	184 937.4	401 512.8	473 104.0	518 942.1

先作出我国GDP散点图,散点红色加粗;再观察走势特点,选用合适的多项式求出拟合函数,并在散点图上叠加该函数图形,要求拟合曲线蓝色加粗;最后根据该拟合函数预测我国2013年GDP值.

9.来自国家统计局的数据,我国近些年国内生产总值GDP的信息如表7-5(GDP单位亿元):

表7-5

年份	2005	2006	2007	2008	2009	2010	2011	2012
GDP	184 937.4	216 314.4	265 810.3	314 045.4	340 902.8	401 512.8	473 104.0	518 942.1

先作出近些年GDP散点图,散点红色加粗;再观察走势特点,选用合适的多项式求出拟合函数,并在散点图上叠加该函数图形,要求拟合曲线蓝色加粗;最后根据该拟合函数预测我国2013年GDP值.

已知我国2013年GDP值568 845.0亿元,对比本题和上一题的预测值,判断哪个预测更准确,并说明理由.

10.来自浙江省统计局的数据,我省近些年国内生产总值GDP的信息如表7-6(GDP单位亿元):

表7-6

年份	2005	2006	2007	2008	2009	2010	2011	2012
GDP	13 417.7	15 718.5	18 753.7	21 462.7	22 990.4	27 722.3	32 318.9	34 606.0

先作出我省近些年GDP散点图,散点红色加粗;再观察走势特点,选用合适的多项式求出拟合函数,并在散点图上叠加该函数图形,要求拟合曲线蓝色加粗;最后根据该拟合函数预测我省2013年GDP值.

已知我省2013年GDP值37 568.5亿元,求预测值的相对误差百分比.

7.7　微分方程

一、实训内容

微分方程求解,带初始值微分方程求解,微分方程数值解.

二、实训目的

学会微分方程求解,重点掌握初始条件和数值解.

三、实训过程

1. 基本命令

(1) DSolve[eqn,y[x],x]

求微分方程 eqn 的符号解,注意计算结果 y[x] 不是函数格式.

(2) DSolve[{eqn,y[x0]==y0},y[x],x]

求微分方程 eqn 在初始条件 y[x0]==y0 时的符号解.

(3) DSolve[eqn,y,x]

　　DSolve[{eqn,y[x0]==y0},y,x]

求微分方程 eqn 的函数解 y;或求微分方程 eqn 在初始条件 y[x0]==y0 时的函数解 y. 注意此时计算结果 y 将是函数格式.

(4) DSolve[{eqn1,eqn2,…},{y1[x],y2[x],…},x]

求微分方程组{eqn1,eqn2,…}的符号解,注意计算结果{y1[x],y2[x],…}不是函数格式.

(5) DSolve[{eqn1,eqn2,…,y1[x]==y_1^0,y2[x]==y_2^0,…},{y1[x],y2[x],…},x]

求微分方程组在初始条件{y1[x]==y_1^0,y2[x]==y_2^0,…}时的符号解{y1[x], y2[x],…}.

(6) DSolve[{eqn1,eqn2,…},{y1,y2,…},x]

　　DSolve[{eqn1,eqn2,…,y1[x]==y_1^0,y2[x]==y_2^0,…},{y1,y2,…},x]

求微分方程组{eqn1,eqn2,…}的函数解,或求微分方程组在初始条件{y1[x]==y_1^0, y2[x]==y_2^0,…}时的函数解{y1,y2,…}.注意此时计算结果{y1,y2,…}将是函数格式.

(7) NDSolve[eqns,y,{x,xmin,xmax}]

求微分方程 eqns 的数值解,计算结果 y 是函数格式,自变量取值范围{x,xmin, xmax}.

(8) NDSolve[eqns,{y1,y2,…},{x,xmin,xmax}]

求微分方程组 eqns 的数值解,计算结果{y1,y2,…}是函数格式,自变量取值范围{x, xmin,xmax}.

2. 实训案例

问题 1 已知微分方程 $y'+y=2\sin x$,求其通解.

解 输入:

Clear[x, y]

DSolve[y'[x]+y[x]==2Sin[x], y[x], x]

输出:

{{y[x]→e^{-x}C[1]−Cos[x]+Sin[x]}}

微分方程的一般解称为通解.

输入第 2 行要用双等号,并且 y 要改为 y[x] 格式.

输出结果里 C[1] 表示积分常数.

说明:输入里如果采用 y[x] 格式,那么输出计算结果将仅仅是一个符号解,并不是函数格式,也就是说不能用来计算,比如代值、求导等.在后面的学习中,我们将进一步体会这一区别.

问题 2　已知微分方程 $y'+y=2\sin x$,给定初始条件 $y(0)=0$,求其特解.

解　输入:

Clear[x, y]

DSolve[{y'[x]+y[x]==2Sin[x], y[0]==0}, y[x], x]

输出:

{{y[x]→e⁻ˣ(−1+eˣCos[x]−eˣ Sin[x])}}

微分方程的初始条件可以用来确定积分常数,此时微分方程的解将唯一确定,称为微分方程的特解.

输入第 2 行里要把微分方程和初始条件用大括号括起来.

说明:对比问题 1 的结果,可以知道问题 1 里的积分常数 C[1]=−1.

问题 3　已知微分方程 $y'+y=2\sin x$,给定初始条件 $y(0)=0$,求其特解,要求是函数格式.

解　输入:

Clear[x, y]

DSolve[{y'[x]+y[x]==2Sin[x], y[0]==0}, y, x]

输出:

{{y→Function[{x}, −e⁻ˣ(−1+eˣCos[x]−eˣSin[x])]}}

输入第 2 行里把因变量记为 y.

输出结果里 Function[] 表明 y 是函数格式.

说明:当在输入里指定因变量 y 格式,则输出结果将是函数格式,即 y 可以用来计算,比如代值、求导等,具体引用办法见下面两题.

问题 4　已知微分方程 $y'+y=2\sin x$,给定初始条件 $y(0)=0$,求其特解的函数格式,并提取函数表达式,最后求函数值 $y(1)$.

解　输入:

Clear[x, y]

s=DSolve[{y'[x]+y[x]==2Sin[x], y[0]==0}, y, x];

y[x_]=s[[1, 1, 2, 2]]

y[1.]

输出:

{{y→Function[{x}, −eˣ(−1+eˣCos[x]−eˣSin[x])]}}

−e⁻ˣ(−1+eˣCos[x]−eˣSin[x])

0.669048

输入第 2 行把计算结果记为 s,方便后面引用.

输入第 3 行提取计算结果的函数表达式,并定义为 y[x].

说明:微分方程的函数解提取格式为 s[[1,1,2,2]],其含义如下:

s[[1]] 表示提取结果的第 1 部分,即去掉外面的大括号;

s[[1,1]]表示提取 s[[1]]里的第 1 部分,即去掉里面的大括号;

s[[1,1,2]]表示提取 s[[1,1]]里的第 2 部分,即去掉 y→;

s[[1,1,2,2]] 表示提取 s[[1,1,2]]里的第 2 部分,即函数表达式.

从上面的引用格式来看,微分方程的函数解提取办法比较繁琐,为此,Mathematica 专门提供了一种简便的提取格式,见下一题.

问题 5 已知微分方程 $y'+y=2\sin x$,给定初始条件 $y(0)=0$,求其特解的函数格式,并快速计算函数值 $y(1)$,不提取函数表达式.

解 输入:

Clear[x, y]

s＝DSolve[{y′[x]+y[x]==2Sin[x], y[0]==0}, y, x]

y[1.]/. s

输出:

{{y→Function[{x},−e^{-x}(−1+e^{x}Cos[x]−e^{x}Sin[x])]}}

{0.669048}

输入的前 2 行和问题 4 相同.

输入第 3 行加入了计算结果引用命令/. s,表示 y 函数引自输入第 2 行的计算结果 s.

说明:符号/. 称为替换运算符,它可以很方便地把/. 前面的符号的值替换为/. 后面的符号的值. 比如输入第 3 行 y[1.]/. s,/. 的作用是把前面 y 函数用第 2 行的计算结果 s 替换掉,也就是直接引用第 2 行的计算结果 s 里的函数表达式.

注意:只有当微分方程的解为函数格式 y 时,引用计算结果才可以代值运算,如果微分方程的解为符号格式 y[x],则不能代值运算.

请同学们把输入的前 2 行的因变量改为 y[x],重新运行程序,对比本题计算结果,能得出什么结论?

问题 6 已知微分方程组 $\begin{cases} y'=2xy \\ z'=5z \end{cases}$,两个因变量 y、z,自变量为 x,求其通解.

解 输入:

Clear[x, y]

DSolve[{y′[x]==x∗2y[x],z′[x]==5z[x]},{y, z}, x]

输出:

{{y→Function[{x},e$^{x^2}$ C[1]], z→Function[{x} ,e^{5x} C[2]]}}

输入第 2 行把微分方程组用大括号括起来,两个因变量也用大括号.

输出结果为函数格式.

问题 7 已知微分方程组 $\begin{cases} y'=2xy \\ z'=5z \end{cases}$,两个因变量 y、z,自变量为 x,给定初始条件 $\begin{cases} y(0)=1 \\ z(1)=1 \end{cases}$,求其特解.

解 输入:

Clear[x, y]

DSolve[{y′[x]==x∗2y[x]，z′[x]==5z[x]，y[0]==1，z[1]===1}，{y，z}，x]

输出：

{{y→Function[{x}，e^{x^2}]，z→Function[{x}，e^{-5+5x}]}}

输入第 2 行把微分方程组和初始条件用大括号括起来，两个因变量也用大括号.

输出结果为函数格式.

问题 8　已知非线性微分方程 $y′+xy^3=1$，给定初始条件 $y(0)=0$ 和区间 $[0,10]$，求其解析解和数值解，并求函数值 $y(5)$.

解　输入：

Clear[x，y]

DSolve[{y′[x]+x∗y[x]^3==1，y[0]==0}，y，x]

NDSolve[{y′[x]+x∗y[x]^3==1，y[0]==0}，y，{x，0，10}]

y[5.]/. %

输出：

DSolve[{x y[x]^3+y′[x]==1，y[0]==0}，y，x]

{{y→InterpolatingFunction[{{0.，10.}}，<>]}}

{0.59284}

非线性微分方程是指微分方程里 y 或 y′ 的次数不为 1 次，非线性微分方程在理论上往往不存在解析解，也就是没有准确解.

输入的第 2 行把微分方程组和初始条件用大括号括起来.

输入的第 3 行把微分方程组和初始条件用大括号括起来，并且给出了自变量 x 的范围.

说明：微分方程数值解命令 NDSolve[]，命令需要给定初始条件，并指出自变量 x 的取值区间.

输入的第 4 行求函数值 y[5]，/. % 表示提取上一行计算结果.

从输出结果第 1 行可知，该非线性微分方程得不到解析解.

从输出结果第 2 行可知，微分方程的数值解表示为插值函数形式，并不给出具体表达式，但可以引用来计算、作图等，作图办法请参照下一题.

注意：非线性微分方程的求解比较困难，一般先用 DSolve[] 命令尝试求出解析解，如果发现得不到解析解，那就只能改用 NDSolve[] 命令求出数值解，也就是近似解.

问题 9　已知非线性微分方程 $y′+xy^3=1$，给定初始条件 $y(0)=0$ 和区间 $[0,10]$，作出该函数在给定区间上的图形，并求函数最大值.

解　输入：

Clear[x，y]

s=NDSolve[{y′[x]+x∗y[x]^3==1，y[0]==0}，y，{x，0，10}]

Plot[y[x]/. s，{x，0，10}]

FindMaximum[y[x]/. s，{x，1}]

输出（图 7-33）：

{{y→InterpolatingFunction　[{{0.，10.}}，<>]}}

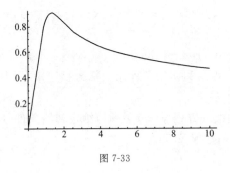

图 7-33

{0.907481 ,{x→1.3381}}

输入的第 3 行引用计算结果表达式,作出函数图形,从图形可知,函数最大值出现在 $x=1$ 附近.

输入的第 4 行寻找函数最大值,指定初始点 $x=1$.

输出的第 1 行给出微分方程数值解的插值函数形式.

输出的第 2 行给出函数图形,函数在该区间上先增后减.

输出的第 3 行求出了函数在该区间上的最大值.

说明:非线性微分方程虽然得不到解析解,但是 Mathematica 能够给出近似数值解,而且能够计算、作图,由此可知,微分方程数值解在实际中是非常有用的.

Mathematica 微分方程的参考资料:在参考资料中心输入"微分方程",搜索结果里点击第 2 个就可以看到微分方程的教程.从中可以看到,Mathematica 解释了微分方程计算结果将给出符号格式和函数格式两种.如果想更多地了解非线性微分方程,请在搜索结果里点击第 3 个进入微分方程的分类,从中可知,微分方程有三种基本类型:常微分方程(ODE)、偏微分方程(PDE)或者微分-代数方程(DAE).

习题 7-7

1. 生长曲线(growth curve),就是把生长现象在图上用曲线表示出来.可分为个体生长曲线和群体(平均)生长曲线.一般是在横轴上标出时间,纵轴上标出测定值.群体生长多呈 S 形曲线(sigmoid curve),这是最普通的生长曲线.从微生物直到人类的生物种群,其个体数的增加(人口增加),也常常符合此曲线.此曲线可分为两种形态,即促进生长的前期和生长减衰的后期.两种形态的转折点(曲折点),植物为开花期,动物相当于成熟期(青春期).随着动植物的种类和生长的时期以及器官的种类的不同,还可以得出另外的各种生长曲线,并能求出适合于这些曲线的方程式.一生中的生长也常可分为几个生长曲线(指数曲线和 S 形曲线,二或三个 S 状曲线等).

生长曲线表达式来自微分方程的求解,下面我们以树的生长来建立生长曲线的数学模型.设树生长的最大高度为 $H=5$ m,在 t 年时的高度为 $h(t)$,开始时树苗高度 $h(0)=0.2$ m.根据生长规律有:$\dfrac{\mathrm{d}h(t)}{\mathrm{d}t}=kh(t)\left[H-h(t)\right]$,其中 $k=0.3$ 是比例常数,这个方程称为生长方程,它是一阶线性常系数微分方程.请求解该微分方程得出生长函数表达式,并绘出生长曲线图形.

2.阻尼振动是指振动过程中因需要不断克服外界阻力做功,消耗能量,振幅就会逐渐减小,经过一段时间,振动就会完全停下来.这种振幅 y 随时间 t 减小的振动叫作阻尼振动.阻尼振动表达式来自阻尼振动微分方程的求解.下面我们以轿车为例来建立阻尼振动的数学模型.

已知轿车前悬架空载簧载质量 $m=260$ kg(单轮),前悬架弹簧刚度 $k=210$ N/cm,前减震器的阻尼系数 $c=13$ N·s/cm,则可写出前悬架减振运动 $y(t)$ 的动力学方程即二阶微分方程;$my''+100cy'+100ky=0$.给定初始位移 $y(0)=0$ m、初始速度 $y'(0)=1$ m/s,请求解该微分方程得出阻尼振动的函数表达式,并绘出阻尼振动曲线图形.

3.牛顿冷却定律是由英国物理学家艾萨克·牛顿爵士(1642~1727)所提出的一个经验性的关系,其论述一个物体所损失的热的速率与物体和其周围环境间的温度差是成比例的,一个物体和其周围处于一个不同的温度下的话,最终这个物体会和其周围达成一个相同的温度.牛顿冷却定律揭示了任何物体冷却共同遵守的数学规律,并且在提出后应用于各学科研究至今.但是在实际生活中,不断有人发现,某些情况下,物体冷却速率并非只和外部与物体的温差有关.比如有人观察到,两杯除了温度分别是 100 ℃ 和 70 ℃ 其他各种状态都相同的水,放到冰箱里,居然是 100 ℃ 的水先结冰.这种现象被称为姆潘巴现象.

牛顿冷却定律表达式来自微分方程的求解.设物体温度 $T(t)$,时间 t,忽略表面积以及外部介质性质和温度的变化,则它的冷却速率 $\dfrac{\mathrm{d}T(t)}{\mathrm{d}t}$ 与该物体的温度 $T(t)$ 与周围环境的温度 T_0 的差 $(T(t)-T_0)$ 成正比,即存在微分方程:$\dfrac{\mathrm{d}T(t)}{\mathrm{d}t}=k(T(t)-T_0)$,其中 k 为比例系数.已知物体初始温度 $T(0)=100$ ℃,环境的温度 $T_0=20$ ℃,比例系数 $k=-0.1$,请求解该微分方程得出牛顿冷却定律的函数表达式,并绘出冷却曲线图形.

4.已知一阶线性微分方程 $y'+5y-x=10$,给定初始条件 $y(0)=0$,求其特解.

5.已知一阶线性微分方程 $y'-10y-8e^x=3$,给定初始条件 $y(1)=1$,求其特解,要求是函数格式.

6.已知二阶线性微分方程 $y''-y'+2y=3x$,给定初始条件 $y(0)=0$、$y'(0)=1$,求其特解的函数格式,并求函数值 $y(10)$.

7.已知一阶线性微分方程 $y'+2xy=x-1$,给定初始条件 $y(0)=1$,求其特解的函数格式,并绘出函数在区间 $[0,10]$ 上的图形,最后求该区间上的最小值.

8.已知微分方程组 $\begin{cases} y'-6y=2x \\ z'+7z=x+1 \end{cases}$,两个因变量 y、z,自变量为 x,给定初始条件 $\begin{cases} y(0)=0 \\ z(1)=1 \end{cases}$,求其特解.

9.已知一阶非线性微分方程 $y'+3xy^2-2x=8$,给定初始条件 $y(0)=0$ 和区间 $[0,6]$,求其解析解和数值解,并绘出函数在该区间上的图形,最后求该区间上的最大值.

10.已知二阶非线性微分方程 $2y''-y'+y^2=5x-1$,给定初始条件 $y(1)=1$、$y'(1)=$

1,求微分方程在区间[0,8]上的数值解,并绘出函数在该区间上的图形,最后求该区间上的最大值.

7.8 程序设计

一、实训内容

建立矩阵,读写 Excel 数据,循环和条件语句.

二、实训目的

学会建立矩阵、添加行、和 Excel 数据交换,重点掌握循环和条件语句.

三、实训过程

1. 基本命令

(1)A=Table[a[i,j],{i,n},{j,m}]

建立矩阵 A,A 的每个元素记为 a[i,j],矩阵行数 n,列数 m.

(2)A=Table[expr,{i,imin,imax},{j,jmin,jmax}]

建立矩阵 A,给出元素取值表达式 expr,行变量 i 从 imin 到 imax,列变量 j 从 jmin 到 jmax.

(3)Append[tab,row]

添加行,即把行元素 row 添加到矩阵 tab 里.

(4)tab=Import[file,"Data"],或 Export[file,tab]

数据读写,读入文件 file 里的数据并存入矩阵 tab 里,或把矩阵 tab 输出到文件 file 里.最常用的文件 file 为 Excel 类型.

(5)For[start,test,incr,body]

循环命令,执行初始值 start,然后重复计算操作语句 body 和增量 incr,直到测试条件 test 不能给出真值 True.

(6)If[condition,t,f],或 Which[test1,value1,test2,value2,…]

条件命令 If,如果条件 condition 计算为真 True 则给出取值 t,如果它计算为假 False 则给出取值 f,或条件命令 Which,依次计算每个测试条件 testi,返回产生真值 True 的第一个取值.

(7)Print[expr]

输出命令,在屏幕上显示内容 expr.

(8)Break[]

中断命令,退出本层的循环结构 For.

2. 实训案例

问题 1 建立方阵 A_{33},A_{33} 的每个元素记为 a[i,j],并引用第 4 个元素.

解　输入：

Clear[a]

A＝Table[a[i, j],{ i, 3},{j, 3}]

MatrixForm [A]

A[[2，1]]

a[2，1]

输出：

{{a[1，1]，a[1，2]，a[1，3]，a[2，1]，a[2，2]，a[2，3]，a[3，1]，a[3，2]，a[3，3]}}

$$\begin{pmatrix} a[1,1] & a[1,2] & a[1,3] \\ a[2,1] & a[2,2] & a[2,3] \\ a[3,1] & a[3,2] & a[3,3] \end{pmatrix}$$

a[2，1]

a[2，1]

矩阵的行数和列数相同时称为方阵,方阵 A_{33} 下标表示 3 行 3 列.

元素 a[i,j]表示第 i 行第 j 列元素,第 4 个元素也就是第 2 行第 1 列元素.

输入第 2 行 Table[]命令建立了一个矩阵 A,元素 a[i,j],其输出第 1 行将是一个数表形式.

输入第 3 行 MatrixForm[]命令把输出指定为矩阵格式,其输出第 2 行排列为一个矩阵,容易观察.

输入第 4 行用 A[[2,1]]格式引用第 4 个元素.

输入第 5 行用 a[2,1]格式引用第 4 个元素.

说明:矩阵元素的引用可以有两种格式,如果采用矩阵名称 A 引用,则需要双中括号格式 A[[2,1]];而如果采用元素名称 a 引用,则只需要中括号格式 a[2,1].

问题 2　建立方阵 A_{33},A_{33} 的每个元素依次取自然数平方 1^2,2^2,…,9^2.

解　输入：

Clear[a]

A＝Table[(3(i−1)＋j)^2,{i, 3},{j, 3}]

MatrixForm[A]

输出：

{{1，4，9},{16，25，36},{49，64，81}}

$$\begin{pmatrix} 1 & 4 & 9 \\ 16 & 25 & 36 \\ 49 & 64 & 81 \end{pmatrix}$$

输入第 2 行 Table[]命令建立了一个矩阵 A,同时指定了元素取值表达式为自然数平方.

输入第 3 行 MatrixForm[]命令输出矩阵格式.

说明:元素取值表达式来自行、列变量的分析,先考虑取自然数,因为同行前后列元素取值相差 1,同列上下行元素取值刚好相差 3,所以取自然数的规则为 $3(i-1)+j$,最终元素的取值表达式为 $(3(i-1)+j)^2$.

问题 3 已知方阵 A_{33},A_{33} 的每个元素依次取自然数平方 1^2,2^2,$\cdots$,9^2,要求在矩阵后面添加一行,元素取值 10^2,11^2,12^2.

解 输入:

Clear[a]

A＝Table[$(3(i-1)+j)^2$,{i, 3},{j, 3}];

row＝{10^2, 11^2, 12^2}

A＝Append[A, row]

MatrixForm[A]

输出:

{100, 121, 144}

{{1, 4, 9},{16, 25, 36},{49, 64, 81},{100, 121, 144}}

$$\begin{bmatrix} 1 & 4 & 9 \\ 16 & 25 & 36 \\ 49 & 64 & 81 \\ 100 & 121 & 144 \end{bmatrix}$$

输入第 3 行把添加行定义为 row 矩阵,这里用大括号直接给出一行元素,这也是建立矩阵的一个办法.

输入第 4 行 Append[] 命令把 row 矩阵添加到矩阵 A 里,新矩阵仍然记为 A.

输入第 5 行 MatrixForm[] 命令输出矩阵格式.

说明:Append[] 命令默认在一个矩阵的末尾添加行,也可以添加一个新矩阵,要求列数必须相同.

问题 4 已知 EXCEL 文件 data.xls,其数据为:

1	4	9
16	25	36
49	64	81

要求先从该文件读入数据并记为矩阵 A,然后在矩阵后面添加一行,元素取值 10^2,11^2,12^2,最后重新写回 data.xls.

解 输入:

file＝"D:\\用户目录\\Documents\\data.xls";

s＝Import[file, "Data"];

MatrixForm[s]

A＝s[[1]];

MatrixForm[A]

row＝{10^2, 11^2, 12^2};

A＝Append[A, row];

MatrixForm[A]

Export[file，A]

输出：

$$\left(\begin{pmatrix} 1. \\ 4. \\ 9. \end{pmatrix} \begin{pmatrix} 16. \\ 25. \\ 36. \end{pmatrix} \begin{pmatrix} 49. \\ 64. \\ 81. \end{pmatrix} \begin{pmatrix} 100. \\ 121. \\ 144. \end{pmatrix} \right)$$

$$\begin{pmatrix} 1. & 4. & 9. \\ 16. & 25. & 36. \\ 49. & 64. & 81. \\ 100. & 121. & 144. \end{pmatrix}$$

$$\begin{pmatrix} 1. & 4. & 9. \\ 16. & 25. & 36. \\ 49. & 64. & 81. \\ 100. & 121. & 144. \\ 100 & 121 & 144 \end{pmatrix}$$

D:\\用户目录\Documents \data. xls

输入第 1 行指定了文件及其路径,路径的输入方法为:点击菜单"插入—文件路径", 然后打开 EXCEL 文件所在的目录并选择 data. xls.

输入第 2 行 Import[]命令读取 EXCEL 文件 data. xls 里的数据 Data,并记为矩阵 s.

输入第 4 行提取 Import[]命令读取结果 s 矩阵里的第一部分,并记为矩阵 A.

说明:Import[]命令读入的数据为三大括号格式,并不直接是矩阵格式,这是因为 EXCEL 里面先是表格 sheet1,然后才是表格里的行和列,所以需要提取它的第一部分,即数据块的矩阵.

输入第 7 行对矩阵 A 进行添加行操作.

输入第 9 行把矩阵 A 写回 EXCEL 文件 data. xls.

说明:Export[]命令写回 EXCEL 文件时,默认位置为表格 sheet1 的左上角.

问题 5　建立方阵 A_{33} ,A_{33} 的每个元素记为 a[i,j];然后采用循环命令 For[]对元素依次赋值为自然数平方 1^2 ,2^2 ,…,9^2 .

解　输入：

```
Clear[a]
A＝Table[a[i, j],{i, 3},{ j, 3}];
For[i＝1, i≤3, i++,
 For[j＝1, j≤3, j++,
   a[i, j]＝(3(i－1)＋j)²;
   ]]
MatrixForm[A]
```

输出：

$$\begin{pmatrix} 1 & 4 & 9 \\ 16 & 25 & 36 \\ 49 & 64 & 81 \end{pmatrix}$$

输入前 2 行建立了一个矩阵 A,元素 a[i,j].

输入第 3 行 For[]命令开始行循环,输入第 4 行 For[]命令开始列循环.

输入第 5 行对元素 a[i,j]进行赋值,给出了取值表达式.

输入末行 MatrixForm[]命令输出矩阵格式.

说明:循环增量 i++表示循环变量 i=i+1,这是一种省略写法.

问题 6 已知函数 $y=x^3-50x+1$,区间$[-10,10]$,请用条件命令 If[]定义绝对值函数 $y_1=|y|$,并作图比较两个函数图形.

解 输入:

Clear[x, y, y1]

y[x_]=x³-50x+1;

y1[x_]=If[y[x]≥0,y[x],-y[x]];

Plot[{y[x], y1[x]},{x,-10, 10}]

输出(图 7-34):

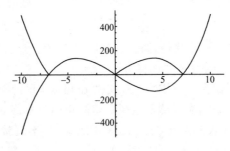

图 7-34

输入第 2 行定义了函数 y[x].

输入第 3 行条件命令 If[]定义了绝对值函数 $y_1=|y|$,条件判断准则为 y[x]→0,当条件成立时 y[x]不变,否则,当 y[x]为负值时,y[x]=-y[x].

从输出图形可知,当 y[x]图形在横坐标以上时,两图形一致;当 y[x]图形在横坐标以下时,两图形将上下对称.

问题 7 已知分段函数 $y=\begin{cases}\sin x, & x<0 \\ x^2, & 0\leqslant x<2 \\ 4, & x\geqslant 2\end{cases}$,区间$[-5,5]$,请用条件命令 Which[]作出该函数图形.

解 输入:

Clear[x, y]

y[x_]=Which[x<0, Sin[x], 0≤x<2, x², x≥2, 4];

Plot[y[x],{x,-5, 5}]

输出(图 7-35):

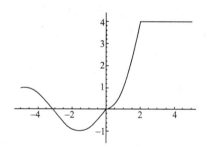

图 7-35

输入第 2 行条件命令 Which[] 定义了一个分段函数,并记为 y[x].

从输出图形可知该分段函数是连续的.

说明:条件命令 Which[] 可以看作是多个 If[] 命令的嵌套使用,是一种简便格式.

虽然 Which[] 命令可以表示分段函数,但它同分段函数命令 Piecewise[] 存在本质的区别.条件命令 Which[] 的格式总是先写判断条件,而分段函数命令 Piecewise[] 更为专业.

请同学们用分段函数命令 Piecewise[] 解答本题,并对比两个命令 Which[]、Piecewise[] 的差别.

问题 8　已知方阵 A_{33},A_{33} 的每个元素取值为自然数平方 1^2,2^2,$\cdots$,9^2.采用循环命令 For[] 检查每个元素,如果元素值超过 50 就中断循环,并输出循环次数.

解　输入:

Clear[a]

A＝Table[(3(i−1)＋j)², {i, 3}, { j, 3}];

For[i＝1, i≤3, i＋＋,

　For[j＝1, j≤3, j＋＋,

　　If[A[[i, j]]≥50,

　　　Print["循环次数＝", 3(i−1)＋j];

　　　Break[ ];];

　　]]

输出:

循环次数＝8

输入第 2 行定义了自然数平方矩阵 A.

输入第 3 行 For[] 命令开始行循环,输入第 4 行 For[] 命令开始列循环.

输入第 5 行条件命令 If[] 检查元素值是否超过 50,如果超过就用 Print[] 命令输出循环次数,并用 Break[] 命令中断循环.

输出的结果为循环次数 8 次.

说明:从矩阵元素可知,第 3 行第 1 个元素 49 没超过 50,而第 3 行第 2 个元素 64 就已经超过 50,此时循环次数刚好为 8 次.由此可知,末次循环应为 If[] 命令判断条件不成立的那一次循环.

问题 9　二分法是求解方程根的一个常用方法,其思路是:对于区间 [a,b] 上连续且 $f(a) \cdot f(b) < 0$ 的函数 $y = f(x)$,通过不断地把函数 $f(x)$ 的零点即方程根所在的区间一

分为二,使区间的两个端点逐步逼近零点,进而得到零点近似值.已知超越函数 $y=x-\frac{1}{2}\sin2x-\frac{\pi}{6}$ 在区间 $[0,2]$ 上存在唯一的根 $x_0=0.984\,484$,请用循环命令 For[] 编写二分法求根程序,并输出二分法每次迭代的区间中点 x 值、中点的函数值 y、中点 x 值和方程根 x_0 的误差值 $x-x_0$,要求方程根误差不超过 10^{-6}、总迭代次数不超过 100 次.

解 输入:

```
Clear[x, y]
```

$$y[x\_]=x-\frac{1}{2.}\,Sin[2x]-\frac{\pi}{6};$$

```
x1=0;
x2=2;
```

$\mu=10^6;$

```
nmax=100;
guocheng={{"次数","x 值","y 值","x－x0 误差值"}};
For [i=1, i⩽nmax, i++,
```

$$x=\frac{x1+x2}{2.};$$

```
    guocheng=Append [guocheng,{i, x, y[x],x－0.984484}];
    If[Abs[y[x]]⩽μ,Break[ ]];
    If[y[x1] * y[x]>0&.& y[x] * y[x2]<0, x1=x,
    If[y[x1] * y[x]<0&.& y[x] * y[x2]>0, x2=x];];
    ];
guocheng // MatrixForm
```

输出:

次数	x 值	y 值	x－x0 误差值
1	1.	0.0217525	0.015516
2	0.5	-0.444334	-0.484484
3	0.75	-0.272346	-0.234484
4	0.875	-0.140592	-0.109484
5	0.9375	-0.0631417	-0.46984
6	0.96875	-0.0216059	-0.015734
7	0.984375	-0.000151747	-0.000109
8	0.992188	0.0107445	0.0077035
9	0.988281	0.00528235	0.00379725
10	0.986328	0.00256179	0.00184412
11	0.985352	0.00120414	0.000867562
12	0.984863	0.000525979	0.000379281
13	0.984619	0.000187061	0.000135141
14	0.984497	0.0000176436	0.0000130703
15	0.984436	-0.000067055	-0.0000479648
16	0.984467	-0.0000247065	-0.0000174473
17	0.984482	-3.53169×10^{-6}	-2.18848×10^{-6}
18	0.984489	7.0559×10^{-6}	5.44092×10^{-6}
19	0.984486	1.76209×10^{-6}	1.62622×10^{-6}
20	0.984484	-8.84801×10^{-7}	-2.81128×10^{-7}

　　输入的第 2 行定义了超越函数 y[x]，注意"2."表示把 2 当作近似值处理，方便后面输出数值解.

　　输入的第 3 行给出了初始区间左端点，输入的第 4 行给出了初始区间右端点.

　　输入的第 5 行给出方程根误差不超过 10^{-6}.

　　输入的第 6 行给出总迭代次数不超过 100 次.

　　输入的第 7 行定义了过程矩阵 guocheng，用来记录每次迭代的计算值，这里用双大括号直接给出矩阵形式.

　　输入的第 8 行 For[]命令开始循环迭代.

　　输入的第 9 行给出各次迭代区间中点 x 的取值表达式.

　　输入的第 10 行 Append[]命令把该次迭代计算值添加到矩阵 guocheng 里.

　　输入的第 11 行 If[]命令判断方程根误差不超过 10^{-6}，如果满足误差要求，就用 Break[]命令中断循环.

　　输入的第 11 行 If[]命令判断方程根存在的区间，如果左边子区间 $f(a)\cdot f(b)>0$ 就说明该区间内不存在方程根，那就抛弃左区间而取右区间；反之亦然. 这里采用了两个 If[]命令嵌套使用.

　　输入的末行给出了计算结果 guocheng 的矩阵形式.

　　从输出结果可知，总迭代次数为 20 次，此时方程根误差不超过 10^{-6}.

　　说明：二分法是最基本的求根方法，本题仅给出了区间内刚好存在 1 个根的情况下的求解程序. 实际应用中，不一定和本题假设一致，这就需要根据方程根的情况对程序进行修改，而不能盲目套用.

　　提示：编写程序最好在一开始就先画出流程图，详细地指出流程的逻辑关系和每步计算的变量名称及其表达式，这样我们在编写程序时就有了依据，写完后进行检查改正时也更为清晰明了.

　　Mathematica 程序设计的参考资料：程序设计文件比较分散，主要由矩阵、数据读写、循环命令、条件命令、中断命令等组成. 比如在参考资料中心输入"导入数据"，搜索结果里点击第 4 个就可以看到导入和导出数据教程，里面介绍了如何从 EXCEL 文件、文本文件里读入、写出数据. 从中可知，Import 和 Export 不仅能处理表格数据，还能处理图形、声音甚至整个文件的数据，功能非常强大.

习题 7-8

　　1. 将一些元素排列成若干行，每行放上相同数量的元素，就是一个矩阵，这里说的元素可以是数字. 矩阵的概念最早见于 1922 年，北京师范大学附属中学数学老师程廷熙在一篇介绍文章中将矩阵译为"纵横阵". 1925 年，科学名词审查会算学名词审查组在《科学》第十卷第四期刊登的审定名词表中，矩阵被翻译为"矩阵式"，方块矩阵翻译为"方阵式",而各类矩阵如"正交矩阵""伴随矩阵"中的"矩阵"则被翻译为"方阵". 1935 年,中国数学会审查后,"中华民国"教育部审定的《数学名词》(并"通令全国各院校一律遵用,以昭划一")中,"矩阵"作为译名首次出现. 1938 年,曹惠群在接受科学名词审查会委托就数学名词加以校订的《算学名词汇编》中,认为应当的译名是"长方阵". 中华人民共和国成立后编订的《数学名词》中,则将译名定为"(矩)阵". 1993 年,中国自然科学名词审定委员会公布的《数学名词》中,"矩阵"被定为正式译名,并沿用至今.

设方阵 A_{33},A_{33} 的每个元素依次取奇数平方 $1^2,3^2,\cdots,17^2$,求先用 Table[]命令生成该矩阵,再求各行元素之和 $s_i=\sum\limits_{j=1}^{3}A_{ij}$.

2. 矩阵的研究历史悠久,拉丁方阵和幻方在史前年代已有人研究. 作为解决线性方程的工具,矩阵也有不短的历史. 成书最迟在东汉前期的《九章算术》中,用分离系数法表示线性方程组,得到其增广矩阵. 在消元过程中,使用的把某行乘以某一非零实数、从某行中减去另一行等运算技巧,相当于矩阵的初等变换. 但那时并没有现今理解的矩阵概念,虽然它与现有的矩阵形式上相同,但在当时只是作为线性方程组的标准表示与处理方式. 矩阵的现代概念在 19 世纪逐渐形成. 1800 年,高斯和威廉·若尔当建立了高斯-若尔当消去法. 1844 年,德国数学家费迪南·艾森斯坦(F. Eisenstein)讨论了"变换"(矩阵)及其乘积. 1850 年,英国数学家詹姆斯·约瑟夫·西尔维斯特(J. J. Sylvester)首先使用矩阵一词. 英国数学家凯利是公认的矩阵论的奠基人.

设方阵 A_{33},A_{33} 的每个元素依次取奇数平方 $1^2,3^2,\cdots,17^2$,请先用 Table[]命令生成该矩阵,再在矩阵里添加一行,元素取值为 $19^2,21^2,23^2$.

3. 已知方阵 A_{33} 的每个元素刚好构成一个等比数列 $1,2,4,\cdots,256$,请用 Table[]命令生成该矩阵.

4. 已知方阵 A_{33} 的每个元素刚好构成一个等差数列 $1,4,7,\cdots,25$,请用 For[]命令编写循环语句生成该矩阵.

5. 已知方阵 A_{33} 的每个元素刚好构成一个等差数列 $1,4,7,\cdots,25$,请用 For[]命令编写循环语句将矩阵的元素进行倒排,即从大到小排列.

6. 已知方阵 A_{33} 的每个元素刚好构成一个质数数列 $2,3,5,\cdots,23$,请用质数命令 Prime[]生成该矩阵,然后用条件命令 If[]依次检查每个元素,如果元素值>15 就停止检查并输出循环次数.

7. 已知函数 $y=x^2+7x+6$,区间 $[-10,0]$,请用条件命令 If[]定义右段对称偶函数 $y_1(x)=y(-x)$,$x\in[0,10]$,并作图比较两个函数图形.

8. 已知分段函数 $y=\begin{cases}\cos x-1, & x<0 \\ x^3-x, & 0\leqslant x<2 \\ 6, & x\geqslant2\end{cases}$,区间 $[-6,6]$,请用条件命令 Which[]作出该函数图形.

9. Mathematica 求极值命令 FindMinimum[]、FindMaximum[]都是基于牛顿迭代法的. 牛顿迭代法又称为牛顿-拉夫逊(拉弗森)方法,它是牛顿在 17 世纪提出的一种在实数域和复数域上近似求解方程的方法. 多数方程不存在求根公式,因此求精确根非常困难,甚至不可能,从而寻找方程的近似根就显得特别重要. 牛顿迭代法是求方程根的重要方法之一,其最大优点是在方程 $f(x)=0$ 的单根附近具有平方收敛,而且该法还可以用来求方程的重根、复根,此时线性收敛,但是可通过一些方法变成超线性收敛.另外该方法广泛用于计算机编程中,其迭代公式为:$x_1=x_0-\dfrac{f(x_0)}{f'(x_0)}$,其中 x_0 为每次迭代寻根的初始点,x_1 为该次寻根的下一个迭代点.

　　已知超越函数 $y=x-\dfrac{1}{2}\sin2x-\dfrac{\pi}{6}$ 在区间 $[0,2]$ 上存在唯一的根 $x^*=0.984\,484$,给定初始点 $x_0=2$,请用循环命令 For[] 编写牛顿迭代法求根程序,并输出每次迭代的 x 值、函数值 y、x 值和方程根 x^* 的误差值 $x-x^*$,要求方程根误差不超过 10^{-6}.最后通过和二分法总迭代次数的比较,说明牛顿迭代法的优越性.

　　10.已知高次代数方程 $3x^5-22x^3+x=10$ 在区间 $[-4,4]$ 上存在 3 个根,其中原点附近的根 $x_0=-0.814\,563$,请用循环命令 For[] 编写二分法程序求原点附近的根,并输出二分法每次迭代的区间中点 x 值、中点的函数值 y、中点 x 值和方程根 x_0 的误差值 $x-x_0$,要求方程根误差不超过 10^{-6}、总迭代次数不超过 100 次.

7.9　综合实训

一、实训内容

输油管布置的最优化设计,指派问题 0-1 规划.

二、实训目的

培养数学建模思想和方法解决实际问题.

三、实训过程

1.数学建模

当需要从定量的角度分析和研究一个实际问题时,人们就要在深入调查研究、了解对象信息、作出简化假设、分析内在规律等工作的基础上,用数学的符号和语言作表述,也就是建立数学模型,然后用通过计算得到的结果来解释实际问题,并接受实际的检验.这个建立数学模型的全过程就称为数学建模(Mathematical Modeling).

数学模型(Mathematical Model)是一种模拟,是用数学符号、数学式子、程序、图形等对实际课题本质属性的抽象而又简洁的刻画,它或能解释某些客观现象,或能预测未来的发展规律,或能为控制某一现象的发展提供某种意义下的最优策略或较好策略.数学模型一般并非现实问题的直接翻版,它的建立常常既需要人们对现实问题深入细致的观察和分析,又需要人们灵活巧妙地利用各种数学知识.

2.实训案例

问题 1　输油管布置的最优化设计.

本题节选自全国大学生数学建模竞赛 2010 年 C 题.某油田计划在铁路线一侧建造两家炼油厂,同时在铁路线上增建一个车站,用来运送成品油.由于这种模式具有一定的普遍性,油田设计院希望建立管线建设费用最省的一般数学模型与方法.设计院目前需对一较为复杂的情形进行具体的设计. 两炼油厂的具体位置由图 7-36 所示, 其中 A 厂位于郊区(图中的 I 区域), B 厂位于城区(图中的 II 区域), 两个区域的分界线用图中的虚线表示. 图中各字母表示的距离(单位:千米)分别为 $a=5, b=8, c=15, l=20$.

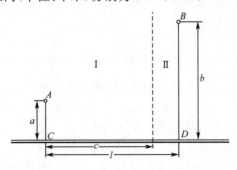

图 7-36

若所有管线的铺设费用均为每千米 7.2 万元. 铺设在城区的管线还需增加拆迁和工程补偿等附加费用, 为对此项附加费用进行估计, 聘请三家工程咨询公司(其中公司一具有甲级资质, 公司二和公司三具有乙级资质)进行了估算. 估算结果如表 7-7 所示.

表 7-7

工程咨询公司	公司一	公司二	公司三
附加费用(万元/千米)	21	24	20

请为设计院给出管线布置的最优方案及相应的费用.

解　(1)数学模型

根据题意, 我们可以分有共用管线和没有共用管线两种情况来建立数学模型.

模型 1　(没有共用管线):假设两炼油厂 A、B 运送成品油到车站 M 的过程中没有共用管线, 从 B 炼油厂出发的管线与城郊分界线的交点为 $Q(15, d)$, 如图 7-37 所示.

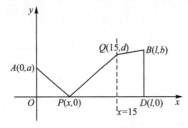

图 7-37

对城区管线费用中还需增加的拆迁和工程补偿等费用, 我们将给予甲级资质和乙级资质的工程咨询公司 2:1 的权重进行估算, 计算出:

$$f_{拆} = 21 \times 0.5 + 24 \times 0.25 + 20 \times 0.25 = 21.5(万元/千米)$$

则目标函数:

$$\min F = 7.2 \times s_{郊} + (7.2 + f_{拆}) \times s_{城} = 7.2 \times (PA + PQ) + (7.2 + 21.5) \times QB$$
$$= 7.2 \times [\sqrt{x^2 + 5^2} + \sqrt{(x-15)^2 + d^2}] + 28.7 \times \sqrt{5^2 + (8-d)^2}$$

约束条件:s.t. $\begin{cases} 0 \leqslant x \leqslant 15, \\ 0 \leqslant d \leqslant 8. \end{cases}$

模型 2 （有共用管线）：假设两炼油厂 A、B 运送成品油到 $P(x,y)$ 点汇合再利用共用管线运送到车站 M，从 B 炼油厂出发的管线与城郊分界线的交点为 $Q(15,d)$，如图 7-38 所示．

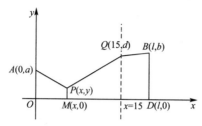

图 7-38

对城区管线费用中还需增加的拆迁和工程补偿等费用同上一模型．

则目标函数：

$$\min F = 7.2 \times s_{郊} + (7.2 + f_{拆}) \times s_{城}$$
$$= 7.2 \times (AP + PQ + PM) + (7.2 + 21.5) \times BQ$$
$$= 7.2 \times [\sqrt{x^2 + (y-5)^2} + \sqrt{(x-15)^2 + (y-d)^2} + y] +$$
$$28.7 \times \sqrt{5^2 + (8-d)^2}$$

约束条件：s. t. $\begin{cases} 0 \leqslant x \leqslant 15, \\ 0 < y \leqslant 5, \\ 0 \leqslant d \leqslant 8. \end{cases}$

（2）模型 1 求解

利用 Mathematica 软件计算，输入程序：

Clear[x, d]

f=7.2 * ($\sqrt{x^2 + 5^2} + \sqrt{(x-15)^2 + d^2}$)+28.7 * $\sqrt{5^2 + (8-d)^2}$;

NMinimize[{f, 0≤x≤15, 0≤d≤8}, {x, d}]

最后得出结果：$P(6.1483, 0)$，$Q(15, 7.19848)$，最小费用 F 为 284.537 万元．

（3）模型 2 求解

利用 Mathematica 软件计算，输入程序：

Clear[x, y, d]

f=7.2 * ($\sqrt{x^2 + (y-5)^2} + \sqrt{(x-15)^2 + (y-d)^2} + y$)+28.7 * $\sqrt{5^2 + (8-d)^2}$;

NMinimize[{f, 0≤x≤15, 0<y≤y, 0≤d≤8}, {x, y, d}]

最后得出结果：$P(5.4494, 1.8537)$，$Q(15, 7.36783)$，最小费用 F 为 282.697 万元．

说明：以上过程仅是数学建模的部分内容，一般来讲，完整的数学建模过程包括以下步骤：模型准备、模型假设、模型建立、模型求解、模型检验、模型应用与推广．

问题 2 指派问题 0-1 规划．

指派问题是非常经典的 0-1 规划．某班准备从 5 名游泳队员中选择 4 人组成接力队，参加学校的 4×100 m 混合泳接力比赛，5 名队员 4 种泳姿的百米平均成绩如表 7-8 所示，问应如何选拔队员组成接力队？

表 7-8

	甲	乙	丙	丁	戊
蝶泳	$1'06''8$	$57''2$	$1'18''$	$1'10''$	$1'07''4$
仰泳	$1'15''6$	$1'06''$	$1'07''8$	$1'14''2$	$1'11''$
蛙泳	$1'27''$	$1'06''4$	$1'24''6$	$1'09''6$	$1'23''8$
自由泳	$58''6$	$53''$	$59''4$	$57''2$	$1'02''4$

解 (1)数学模型

设甲、乙、丙、丁、戊分别记为 $i=1,2,3,4,5$,记蝶泳、仰泳、蛙泳、自由泳分别记为泳姿 $j=1,2,3,4$,记队员 i 的第 j 种泳姿的百米最好成绩为 c_{ij},单位统一为秒.

引入 0-1 变量 x_{ij},若选择队员 i 参加泳姿 j 的比赛,记 $x_{ij}=1$,否则记 $x_{ij}=0$.根据组成接力队的要求,x_{ij} 应该满足两个约束条件:

每人最多只能选 4 种泳姿之一,即对于 $i=1,2,3,4,5$,应有 $\sum\limits_{j=1}^{4} x_{ij} \leqslant 1$;

每种泳姿必须有 1 人而且只能 1 人入选,即对于 $j=1,2,3,4$,应有 $\sum\limits_{i=1}^{5} x_{ij} = 1$.

当队员 i 入选泳姿 j 时,$c_{ij}x_{ij}$ 表示他的成绩,否则 $c_{ij}x_{ij}=0$.于是接力队的总成绩可表示为 $z = \sum\limits_{j=1}^{4} \sum\limits_{i=1}^{5} c_{ij} \times x_{ij}$.

综上所述,指派问题的 0-1 规划数学模型为:

目标函数:$\min z = \sum\limits_{j=1}^{4} \sum\limits_{i=1}^{5} c_{ij} \times x_{ij}$

约束条件:s. t. $\begin{cases} \sum\limits_{j=1}^{4} x_{ij} \leqslant 1, i=1,2,3,4,5 \\ \sum\limits_{i=1}^{5} x_{ij} = 1, j=1,2,3,4 \\ x_{ij} = 0 \text{ 或 } 1 \end{cases}$

(2)模型求解

先把 5 名队员 4 种泳姿的百米平均成绩转换为数值,即统一为秒,如表 7-9 所示.

表 7-9

	甲	乙	丙	丁	戊
蝶泳	66.8	57.2	78	70	67.4
仰泳	75.6	66	67.8	74.2	71
蛙泳	87	66.4	84.6	69.6	83.8
自由泳	58.6	53	59.4	57.2	62.4

利用 Mathematica 软件计算,输入程序:

```
Clear[x, c]
```

c＝{{66.8, 57.2, 78, 70, 67.4},

{75.6, 66, 67.8, 74.2, 71},

{87, 66.4, 84.6, 69.6, 83.8},

{58.6, 53, 59.4, 57.2, 62.4}};

x＝Table[x[i, j],{i, 1, 4},{ j, 1, 5}];

NMinimize $[\{\sum\limits_{i=1}^{4}\sum\limits_{j=1}^{5}C[[i, j]] * x[i, j],$

$Table[\sum\limits_{i=1}^{4}x[i, j]\leqslant1,\{j, 1, 5\}],$

$Table[\sum\limits_{j=1}^{5}x[i, j]==1,\{ i, 1, 4\}],$

$Table [x[i, j]\geqslant0,\{i, 1, 4\},\{ j, 1, 5\}],$

$Table[x[i, j]\leqslant1,\{i, 1, 4\},\{j, 1, 5\}]$

, Flatten[X]∈ Integers

},

Flatten [X]

]

说明 1：Mathematica 可以求解 0-1 规划，但并没有提供专门的 0-1 变量，因此，需要先给出自变量范围 $x\in[0,1]$ 再取整 $x\in$ Integers，即只能取 0 或 1.

说明 2：压平命令 Flatten[ ]，用来压平嵌套列表，即把 2 个大括号的矩阵各行元素放在同一行里，也就是变为 1 个大括号的一维矩阵或数表.本题里 0-1 变量矩阵 X 为 4 行 5 列，而 NMinimize[ ] 命令的自变量格式要求为一个一维矩阵，因此，必须要用 Flatten[ ] 命令来压平处理.

输出：

{253.2, {x[1, 1]→0, x[1, 2]→1, x[1, 3]→0, x[1, 4]→0,

x[1, 5]→0, x[2, 1]→0, x[2, 2]→0, x[2, 3]→1, x[2, 4]→0,

x[2, 5]→0, x[3, 1]→0, x[3, 2]→0, x[3, 3]→0, x[3, 4]→1, x[3, 5]→0,

x[4, 1]→1, x[4, 2]→0, x[4, 3]→0, x[4, 4]→0, x[4, 5]→0}}

最后得出结果：接力队的总成绩最小值为 253.2 秒，组队的指派方案为 x[1,2]＝x[2,3]＝x[3,4]＝x[4,1]＝1，即让队员甲游自由泳、乙游蝶泳、丙游仰泳、丁游蛙泳.

说明：0-1 规划问题的最优值往往是唯一的，但最优解有可能不唯一，因此，当我们求出一个最优解后需要验证这个最优解的唯一性，以及选择哪个最优解更为合理.

提示：数据的导入导出最好采用 EXCEL 文件，不仅格式整齐、清晰明了，而且方便我们在求解后进一步加工数据.

习题 7-9

1. 全国大学生数学建模竞赛是全国高校规模最大的课外科技活动之一. 该竞赛每年 9 月(一般在上旬某个周末的星期五至下周星期一共 3 天,72 小时)举行,竞赛面向全国大专院校的学生,不分专业[但竞赛分本科、专科两组,本科组竞赛所有大学生均可参加,专科组竞赛只有专科生(包括高职、高专生)可以参加]. 全国大学生数学建模竞赛创办于 1992 年,每年一届,目前已成为全国高校规模最大的基础性学科竞赛,也是世界上规模最大的数学建模竞赛.

本题节选自全国大学生数学建模竞赛 2003 年 D 题——抢渡长江. 2002 年 5 月 1 日,武汉抢渡长江挑战赛的起点设在武昌汉阳门码头,终点设在汉阳南岸咀,江面宽约 1160 米. 据报载,当日的平均水温 16.8 ℃,江水的平均流速为 1.89 米/秒. 参赛的国内外选手共 186 人(其中专业人员将近一半),仅 34 人到达终点,第一名的成绩为 14 分 8 秒. 除了气象条件外,大部分选手由于路线选择错误,被滚滚的江水冲到下游,而未能准确到达终点.

假设在竞渡区域两岸为平行直线,它们之间的垂直距离为 1160 米,从武昌汉阳门的正对岸到汉阳南岸咀的距离为 1 000 米,见图 7-39.

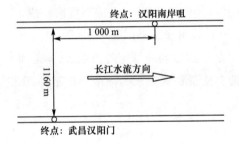

图 7-39

若流速沿离岸边距离的分布为(设从武昌汉阳门垂直向上为 y 轴正向):

$$v(y)=\begin{cases} 1.47 \text{ 米/秒}, & 0 \text{ 米} \leqslant y \leqslant 200 \text{ 米} \\ 2.11 \text{ 米/秒}, & 200 \text{ 米} < y < 960 \text{ 米} \\ 1.47 \text{ 米/秒}, & 960 \text{ 米} \leqslant y \leqslant 1 \text{ 160 米} \end{cases}$$

游泳者的速度大小(1.5 米/秒)全程保持不变,请通过数学建模来分析上述情况,试为他选择最佳游泳方向和路线,并估计他的最好成绩.

提示:假设不考虑其他因素对游泳者的影响. 因前 200 米与后 200 米江水流速同为常速 1.47 米/秒,所以游泳者在前 200 米与后 200 米处的运动偏角(即游泳方向与岸垂直方向的夹角)均设为 a;所用时间可均设为 t_1 秒,所游水平路程均为 x_1 米;江中 760 米一段流速为 2.11 米/秒,游泳者在中间一段的游泳运动偏角设为 b,所用时间可设为 t_2 秒,所游水平路程为 x_2 米. 如图 7-40 所示.

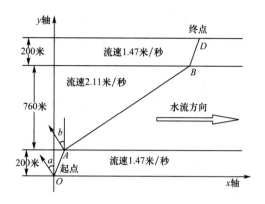

图 7-40

2.本题节选自全国大学生数学建模竞赛 2004 年 C 题——饮酒驾车.据报载,2003 年全国道路交通事故死亡人数为 10.437 2 万,其中因饮酒驾车造成的占有相当的比例.针对这种严重的道路交通情况,国家质量监督检验检疫局 2004 年 5 月 31 日发布了新的《车辆驾驶人员血液、呼气酒精含量阈值与检验》国家标准,新标准规定,车辆驾驶人员血液中的酒精含量大于或等于 20 毫克/百毫升,小于 80 毫克/百毫升为饮酒驾车(原标准是小于 100 毫克/百毫升),血液中的酒精含量大于或等于 80 毫克/百毫升为醉酒驾车(原标准是大于或等于 100 毫克/百毫升).

体重约 70 kg 的某人在短时间内喝下 2 瓶啤酒后,隔一定时间测量他的血液中酒精含量(毫克/百毫升),得到数据如表 7-10 所示.

表 7-10

时间(小时)	0.25	0.5	0.75	1	1.5	2	2.5	3	3.5	4	4.5	5
酒精含量	30	68	75	82	82	77	68	68	58	51	50	41
时间(小时)	6	7	8	9	10	11	12	13	14	15	16	
酒精含量	38	35	28	25	18	15	12	10	7	7	4	

根据医学分析,人在饮酒后体内血液中酒精含量 $y(t)$ 随时间 t 变化的规律,即数学模型为:

$$y(t) = a(e^{bt} - e^{ct})$$

$$a \approx 100, b \in [-1, 0], c \in [-3, 0]$$

请你参考上面给出的数据,确定饮酒后血液中酒精含量的数学模型,并讨论以下问题:

(1)在喝了 2 瓶啤酒或者半斤低度白酒后多长时间内驾车就会违反上述标准.

(2)怎样估计血液中的酒精含量在什么时间最高.

(3)根据你的模型论证:如果天天喝酒,是否还能开车?

提示:采用数据拟合的方法确定数学模型中的 3 个参数.

3.本题节选自全国大学生数学建模竞赛 2012 年 D 题——机器人避障问题.机器人从原点 $O(0,0)$ 出发,要到达目标终点 $A(400,400)$,中间必须绕过障碍物 B,如图 7-41 所示.

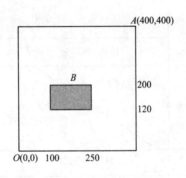

图 7-41

规定机器人的行走路径由直线段和圆弧组成,其中圆弧是机器人转弯路径.机器人不能折线转弯,转弯路径由与直线路径相切的一段圆弧组成,也可以由两个或多个相切的圆弧路径组成,但每个圆弧的半径最小为 10 个单位.为了不与障碍物发生碰撞,同时要求机器人行走线路与障碍物间的最近距离为 10 个单位,否则将发生碰撞,若碰撞发生,则机器人无法完成行走.

机器人直线行走的最大速度为 $v_0 = 5$ 个单位/秒.机器人转弯时,最大转弯速度为 $v = v(\rho) = \dfrac{v_0}{1 + e^{10 - 0.1\rho^2}}$,其中 ρ 是转弯半径.如果超过该速度,机器人将发生侧翻,无法完成行走.请建立机器人行走的数学模型回答以下问题:

(1)机器人从 $O(0,0)$ 出发,$O \to B \to A$ 的最短路径.

(2)机器人从 $O(0,0)$ 出发,到达 A 的最短时间路径.

注:要给出路径中每段直线段或圆弧的起点和终点坐标、圆弧的圆心坐标以及机器人行走的总距离和总时间.

4. Mathematica 可以求解整数规划,0-1 规划是特殊的整数规划.现有某疗养院营养师要为某类病人拟订本周蔬菜类菜单,当前可供选择的蔬菜品种、价格和营养成分含量,以及病人所需养分的最低数量见表 7-11 所示.病人每周需 14 份蔬菜,为了口味的原因,规定一周内的卷心菜不多于 2 份,胡萝卜不多于 3 份,其他蔬菜不多于 4 份且至少一份.在满足要求的前提下,制订费用最少的一周菜单方案.

表 7-11

蔬菜	养分	每份蔬菜所含养分数量					每份价格
		铁	磷	维生素 A	维生素 C	烟酸	(元)
A1	青豆	0.45	20	415	22	0.3	2.1
A2	胡萝卜	0.45	28	4 065	5	0.35	1.0
A3	花菜	0.65	40	850	43	0.6	1.8
A4	卷心菜	0.4	25	75	27	0.2	1.2
A5	芹菜	0.5	26	76	48	0.4	2.0
A6	土豆	0.5	75	235	8	0.6	1.2
每周最低需求		6	125	12 500	345	5	

用 x_i 表示 6 种蔬菜的份数,a_i 表示蔬菜单价,b_j 表示每周最低营养需求,c_{ij} 表示第 i

种蔬菜的第 j 种养分含量,请建立整数规划数学模型,为营养师制定最优的一周菜单方案.

5.运输问题是经典的整数规划,实际应用价值很大.已知某地区有三个化肥厂,估计各个化肥厂每年的化肥供应量分别为 A:7 万吨、B:8 万吨、C:4 万吨;同时有四个产粮区,各个产粮区的化肥需求量分别为甲:6 万吨、乙:6 万吨、丙:3 万吨、丁:3 万吨.给定各化肥厂到各产粮区的每吨运价如表 7-12 所示.

表 7-12

产粮区 化肥厂	甲	乙	丙	丁
A	5	8	7	3
B	4	9	10	7
C	8	4	2	9

请建立 0-1 规划数学模型,制定运输费用最低的调运方案.

提示:三个化肥厂的总供应量为 19 万吨,而四个产粮区得总需求量为 18 万吨,因此可知总供应量大于总需求量,供应会出现剩余,而各个产粮区的化肥需求量则是必须要满足的.

第8章

综合实训

项目 1　经营鱼塘

一、实训内容

某游乐场经营一个鱼塘,在钓鱼季节来临之际前将鱼放入鱼塘,鱼塘的平均深度为 6 m,若计划在钓鱼季节开始时每 3 m³ 投放一尾鱼,并在钓鱼季节结束时所剩的鱼是开始的 25%,如果一张钓鱼证可以钓 20 尾鱼,问可以卖出多少张钓鱼证?(现将鱼塘的平面图及相关数据放置在直角坐标系中如图 8-1 所示,且图形关于 x 轴对称)

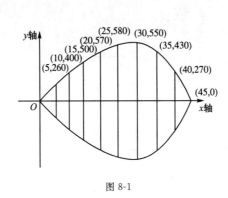

图 8-1

二、实训要求

要求学生每 2 人为一个小组,提交一份实训报告,报告内容包括模型假设、模型建立、数学软件求解模型、回答结果.

项目 2　梯子长度

一、实训内容

一幢楼房的后面是一个很大的花园.在花园中紧靠着楼房有一个温室,温室伸入花园宽 2 m,高 3 m,温室正上方是楼房的窗台(图 8-2).清洁工打扫窗台周围,他得用梯子越过温室,一头放在花园中,一头靠在楼房的墙上.因为温室是不能承受梯子压力的,所以梯子太短是不行的.现清洁工只有一架 7 m 长的梯子,你认为它能达到要求吗?能满足要求的梯子的最小长度为多少?

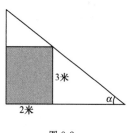

图 8-2

二、实训要求

要求学生每 2 人为一个小组,提交一份实训报告,报告内容包括模型假设、模型建立、数学软件求解模型、回答结果.

项目 3　热茶杯数

一、实训内容

在举行足球比赛时,球场一般设有小卖部.表 8-1 是某小卖部一个季度内各场比赛卖出热茶的杯数与比赛当天气温的对比表:

表 8-1

温度(℃)	热茶杯数
26	20
18	24
13	34
10	38
4	50
−1	64

(1)将上表中的数据制成散点图.
(2)你能从散点图中发现温度与热茶杯数近似成什么关系吗?
(3)如果近似成线性关系,请写出线性函数模型.
(4)如果某天的气温是 −5 ℃,预测这天小卖部卖出热茶的杯数.

二、实训要求

要求学生每 2 人为一个小组,提交一份实训报告,报告内容包括模型假设、模型建立、数学软件求解模型、回答结果.

<h1 style="text-align:center">参考答案</h1>

【技能训练1-1】

一、基础题

1. (1)$(-\infty,1)\bigcup(1,2)\bigcup(2,+\infty)$； (2)$[3,+\infty)$； (3)$(-\infty,+\infty)$；

   (4)$\left(-\infty,\dfrac{1}{2}\right)$； (5)$(-\infty,-1)$； (6)$[-9,5]$.

2. $f(-3)=-3,f(0)=2,f(1)=2$.

3. (1)非奇非偶； (2)偶函数； (3)奇函数； (4)奇函数； (5)奇函数；

   (6)奇函数.

4. (1)$y=\sqrt[3]{\dfrac{x+5}{2}}$； (2)$y=\mathrm{e}^{x-2}$； (3)$y=\log_3(x-1)$.

5. (1)$y=\cos^2 x$； (2)$y=\tan 2x$； (3)$y=\mathrm{e}^{\sin(x^2+1)}$.

6. (1)$y=\cos u,u=3x$； (2)$y=\sqrt{u},u=x^3+2$； (3)$y=\log_2 u,u=2x+1$.

二、应用题

1. (1)$[-6,0]\bigcup[2,6)$； (2)$[0,+\infty)$.

2. (1)D； (2)A； (3)B.

3. $S=\dfrac{2V_0}{r}+2\pi r^2$.

4. (1)$y_1=320+1.2x,y_2=400+0.8x$； (2)略；

   (3)当$x<200$时，y_1便宜；当$x>200$时，y_2便宜；当$x=200$时，y_1和y_2一样便宜.

5. 1.44%.

6. $y=\begin{cases}1.1 & 0<x\leqslant1\\2.2 & 1<x\leqslant2\\3.3 & 2<x\leqslant3\\4.4 & 3<x\leqslant4\\5.5 & 4<x\leqslant5\\6.6 & 5<x\leqslant6\\7.25 & 6<x\leqslant24\end{cases}$，图略.

【技能训练1-2】

应用题

1. $200,4$.

2. $R(q)=\begin{cases}130q, & 0\leqslant q\leqslant700\\9\,100+117q, & 700<q\leqslant1\,000\end{cases}$.

3. (1)$C(q)=2000+5q,\overline{C}(q)=\dfrac{2\,000}{q}+5$； (2)$3000,15$； (3)$R(q)=9q$；

   (4)$L(q)=4q-2\,000,q=500$.

4. 55 045.87.

5. 5.

6. 50 002.068.

7(1)47.64%; (2)0.375%.

8. 乙.

9. 一次性付清.

【综合技能训练1】

一、基础题

1. (1)$(1,2] \cup [4,+\infty)$; (2)$(-2,-1) \cup (-1,+\infty)$; (3)$[-1,5)$.

2. $f(x)=x^2-3x+4$.

3. (1)奇函数; (2)奇函数.

4(1)x; (2)$\dfrac{1}{x^2}+1$, $\dfrac{1}{1+x^2}$.

5. (1)$y=u^2, u=\ln v, v=\sin x$;   (2)$y=e^u, u=\tan v, v=3x+1$;

   (3)$y=\cos u, u=\sqrt{v}, v=2x+3$;   (4)$y=\ln u, u=\ln v, v=\ln x$;

   (5)$y=u^3, u=\arccos v, v=1-x^2$;   (6)$y=\ln u, u=x+\sqrt{1+x^2}$.

二、应用题

1. (1)$C(q)=1\,260\,000-20\,000p$;   (2)$R(q)=60\,000p-1\,000p^2$;

   (3)$L(q)=-1\,000p^2+80\,000p-1\,260\,000$.

2. 21 426.

3. 11 200;11 248.6.

4. 11 664.

5. A君.

6. 90 305.6.

7. 4 215.93.

【技能训练2-1】

一、基础题

1. (1)2; (2)0; (3)0.

2. (1)1; (2)2; (3)无定义; (4)3; (5)2; (6)2; (7)1; (8)不存在.

3. 不存在.

二、应用题

1. $\rho_n=\dfrac{\dfrac{A}{C}m^{n-1}}{(C+m)^{n-1}}$; $\lim\limits_{n\to\infty}\rho_n=0$,不能 100% 地清除污物.

2. $S_n=\dfrac{\sqrt{3}}{4^n}$; $\lim\limits_{n\to\infty}S_n=0$.

3. 略.

【技能训练 2-2】

一、基础题

1.(1)错； (2)错； (3)对； (4)对.

2.(1)是； (2)不是； (3)是； (4)是.

3. $x \to -1; x \to 1$.

二、应用题

1(1)100； (2)88.561； (3) $\lim\limits_{t \to +\infty} N = 0$.

2. $f(t) = \dfrac{750t}{5\,000 + 25t}$; $\lim\limits_{t \to +\infty} f(t) = 30$.

【技能训练 2-3】

基础题

(1)2； (2)0； (3)∞； (4) $-\dfrac{1}{2}$； (5) $\dfrac{1}{48}$； (6)2； (7)∞； (8)0； (9)0；

(10) $\dfrac{4}{3}$； (11) $\dfrac{1}{2}$； (12)2； (13)0； (14)e^2； (15)e^{-6}； (16)e^6；

(17)$e^{\frac{2}{3}}$； (18) $\dfrac{36}{5}$.

【技能训练 2-4】

基础题

1.图略 (1)连续； (2)不连续.

2.(1)$(-\infty,1) \bigcup (1,2) \bigcup (2,+\infty)$； (2)$(-\infty,1) \bigcup (1,+\infty)$；

(3)$(-\infty,2) \bigcup (2,3) \bigcup (3,+\infty)$； (4)$(-\infty,3) \bigcup (3,+\infty)$.

【技能训练 2-5】

应用题

1.2 593.74 万元； 2 718.28 万元.

2.45 元.

【综合技能训练 2】

一、基础题

1.(1) $\dfrac{2}{3}$； (2)-1； (3)$-\dfrac{3}{2}$； (4)∞； (5) $\dfrac{1}{5}$； (6) $\dfrac{3^{10}}{2^{30}}$； (7)0； (8)1；

(9) $\dfrac{1}{6}$； (10)$e^{\frac{3}{2}}$； (11)e^{-9}； (12)e^{-3}.

2.a 的取值任意;$b = 1$.

二、应用题

1.1 000 000.

2.(1)29.449； (2)29.4049； (3)29.4+4.9Δt； (4)29.4.

3.200.

【技能训练 3-1】

一、基础题

1. $f'(1) = -2$.

2. $-f'(x_0)$.

3. 6.

4. 切线方程 $y=3x-2$；法线方程 $y=-\dfrac{1}{3}x+\dfrac{4}{3}$.

5. 略.

二、应用题

1. (1)56.25；　(2)56.

2. (1)99.8；　(2)100；　(3)略.

【技能训练 3-2】

一、基础题

1. (1)$1-\dfrac{1}{3\cos^2 x}$；　(2)$2x-\dfrac{5}{2}\dfrac{1}{x^3\sqrt{x}}-\dfrac{3}{x^4}$；　(3)$\dfrac{1}{2\sqrt{x}}\tan x+\dfrac{\sqrt{x}}{\cos^2 x}$；

　　(4)$\dfrac{1-\ln x}{x^2}+e^x\arcsin x+\dfrac{e^x}{\sqrt{1-x^2}}$.

2. $y'(0)=-1,y'(2)=-\dfrac{1}{9}$.

3. (1)$-\dfrac{1}{3\sin^2\dfrac{x}{3}}$；　(2)$-\dfrac{x}{\sqrt{a^2-x^2}}$；　(3)$\dfrac{e^x}{1+e^{2x}}$；　(4)$\dfrac{3}{x}\sin^2(\ln x)\cos(\ln x)$.

4. (1)$\dfrac{x}{y}$；　(2)$-\dfrac{y^2 e^x}{1+ye^x}$；　(3)$\dfrac{\cos y-\cos(x+y)}{\cos(x+y)+x\sin y}$.

5. (1)$\dfrac{(-1)^{n+1}(n-1)!}{x^n}$；　(2)$\cos\left(x+\dfrac{k}{2}\pi\right)$.

6. (1)$\dfrac{\partial u}{\partial x}=\dfrac{1}{1+x^2},\dfrac{\partial u}{\partial y}=\dfrac{1}{1+y^2}$；　(2).

二、应用题

1. (1)$400x-0.02x^2$；　(2)$400-0.04x$；　(3)320.

2. (1)66,67.5；　(2)$300x-4x^2$,212,216；　(3)$-600.+264.x-5.5x^2$.

【技能训练 3-3】

一、基础题

1. 0.04,0.04.

2. 0.12,0.120601.

3. (1)$\left(-\dfrac{1}{x^2}+\dfrac{1}{\sqrt{x}}\right)\mathrm{d}x$；　(2)$\left(\arcsin 2x+\dfrac{2x}{\sqrt{1-4x^2}}\right)\mathrm{d}x$；

4. (1)$\dfrac{1}{3}x^3$；　(2)$-\dfrac{1}{\omega}\cos\omega x$；　(3)$\ln(x-1)$；　(4)$\dfrac{1}{2x+3}$.

5. (1)1.006；　(2)0.0174533.

二、应用题

6.005.

【综合技能训练3】

一、基础题

1.（1）$\dfrac{\Delta y}{\Delta x}$，4，$y=4x-4$，$y=-\dfrac{1}{4}x+\dfrac{9}{2}$； （2）$-4$； （3）$\arcsin x$，$-\dfrac{x}{\sqrt{1-x^2}}$.

2.（1）$2+\dfrac{1}{t^2}-\dfrac{1}{2t^{\frac{3}{2}}}$； （2）$2^x[\cos x(x+\ln 2)+x(\ln 2)\sin x]$； （3）$\dfrac{-1-t}{(-1+t)^2\sqrt{t}}$；

（4）$\dfrac{e^{\sqrt[3]{1+x}}}{3\sqrt[3]{(1+x)^2}}$； （5）$\dfrac{1}{x\sqrt{x^2-1}}$； （6）$-\dfrac{1}{\sqrt{x^2-1}}$.

3.（1）$\dfrac{3x^2-3y}{3x-5y^4}$； （2）$-\dfrac{1+y\sin(xy)}{x\sin(xy)}$.

4.（1）$\dfrac{6x^2}{(1+x^3)^2}\mathrm{d}x$； （2）$-2x\sin(2x^2)\mathrm{d}x$； （3）$\dfrac{1}{\sqrt{a^2+x^2}}\mathrm{d}x$.

5. -0.0499，-0.05.

二、应用题

1. 19 900，198.　2. 4.2，0.96.　3. 1.70.

【技能训练4-1】

一、基础题

1.（1）$(1,+\infty)$，增区间；$(-\infty,1)$，减区间；极小值 $f(1)=1$；

（2）$(-\infty,0)$，增区间；$(0,+\infty)$，减区间；极大值 $f(0)=\dfrac{1}{\sqrt{2\pi}}$；

（3）$(-\infty,-2)\bigcup(0,+\infty)$，增区间；$(-2,0)$，减区间；极大值 $f(-2)=\dfrac{4}{e^2}$；极小值 $f(0)=0$；

（4）提示：函数 $y=x-\ln(1+x)$ 的定义域 $D=(-1,+\infty)$；$(0,+\infty)$，增区间；$(-1,0)$，减区间；极小值 $f(0)=0$；

（5）$(-\infty,0)\bigcup(2,+\infty)$，增区间；$(0,2)$，减区间；极大值 $f(0)=7$；极小值 $f(2)=3$；

（6）$(-\infty,-1)\bigcup(0,1)$，增区间；$(-1,0)\bigcup(1,+\infty)$ 减区间；极大值 $f(-1)=2$；极大值 $f(1)=2$；极小值 $f(0)=1$.

2.（1）最小值 $f(0)=1$；最大值 $f(5)=e^5$； （2）最小值 $f(1)=1$；最大值 $f(-1)=3$；

（3）最小值 $f(\pm 1)=4$；最大值 $f(\pm 2)=13$； （4）最小值 $f(0)=0$；最大值 $f(9)=12$.

3.（1）$(1,+\infty)$凹区间；$(-\infty,1)$凸区间；拐点$(1,-7)$；

（2）$(-1,1)$凹区间；$(-\infty,-1)\bigcup(1,+\infty)$凸区间；拐点$(-1,\ln 2)$，拐点$(1,\ln 2)$；

（3）$(-\infty,-1)\bigcup(1,+\infty)$凹区间；$(-1,1)$凸区间；拐点$\left(-1,\dfrac{1}{\sqrt{2\pi e}}\right)$，拐点$\left(1,\dfrac{1}{\sqrt{2\pi e}}\right)$；

（4）$(-\infty,+\infty)$凹区间，无拐点.

二、应用题

1. $x = \dfrac{a}{6}$，$v\left(\dfrac{a}{6}\right) = \dfrac{2a^3}{27}$.

2. D 点在距离 A 点 15 km 的位置.

【技能训练 4-2】

一、基础题

1. $C(10) = 125$；$\overline{C}(10) = 12.5$；$MC\big|_{q=10} = 5$.

2. $R(50) = 9975$，$MR\big|_{q=50} = 199$，当产量为 50 时，生产下一个单位（第 51 件产品）的收益为 199.

3. (1) $C(0) = 13$；　(2) $L(380) = 1431$；　(3) 提示：写出提价后的利润表达式，利用数学软件求最大值. 应当提价，提价约 4.94 美元.

二、应用题

(1) $C(0)$ 为固定成本；　(2) 边际成本先减少后增加；　(3) 开始由于规模效应，边际成本在下降；而后由于盲目扩产，导致成本函数的非线性增长，边际成本上升；　(4) 边际成本为 0 的点；　(5) 不是.

【技能训练 4-3】

一、基础题

1. (1) $E(x) = -2x$；　(2) $E(2) = -4$.

2. (1) $E_d = -0.03p$；　(2) $E_d\big|_{p=100} = -3$，其经济意义：当价格 $p = 100$ 时，价格上升 1%，需求量将下降 3%.

3. (1) $MC\big|_{p=4} = -8$，经济意义：当价格 $p = 4$ 时，价格每上升一个单位，需求量将下降 8 个单位；

(2) 当价格上涨 1% 时，需求量增加 $\dfrac{32}{59}$%；

(3) 增加，增加 $\dfrac{27}{59}$%；　(4) 减少，减少 $\dfrac{11}{13}$%.

二、应用题

1. 新的标价为 1.3 元.

2. 销售量增加 15%～35%，收益将会增加 5%～25%.

【技能训练 4-4】

一、基础题

(1) $\ln 2$；　(2) 1；　(3) π；　(4) $\cos a$；　(5) $\dfrac{1}{\sqrt{a}}$；　(6) 2；　(7) 0；　(8) $\dfrac{1}{2}$.

二、讨论题

(1) 1；　(2) 1；　(3) $\dfrac{1}{3}$；　(4) 2.

【综合技能训练 4】

一、基础题

1. $(-\infty, 0) \cup \left(\dfrac{4}{5}, +\infty\right)$ 增区间;$\left(0, \dfrac{4}{5}\right)$ 减区间;极大值 $f(0) = 0$,极小值 $f\left(\dfrac{4}{5}\right)$

$= -\dfrac{6}{5}\sqrt[3]{\dfrac{16}{25}}$.

2. $(-\infty, 0)$ 凹区间;$(0, +\infty)$ 凸区间,拐点 $(0, 0)$.

3. (1) 2;　(2) 16;　(3) 1;　(4) $\dfrac{1}{3}$.

二、应用题

1. (1) $MC\Big|_{q=100} = 10$ 当产量为 100 时,再多生产一个单位的产品,成本增加 10 元;

(2) $MR\Big|_{q=100} = 200$ 当销售量为 100 时,再多销售一个单位的产品,收益增加 200 元;

(3) $ML\Big|_{q=100} = 190$ 当销售量为 100 时,再多销售一个单位的产品,利润增加 190 元.

2. (1) $E_d = \dfrac{2p^2}{p^2 - 50}$;

(2) $E_d|_{p=3} = -\dfrac{18}{41}$ 当价格 $p = 3$ 时,价格上涨 1%,需求量将下降 $\dfrac{18}{41}\%$;

(3) $E_r|_{p=2} = \dfrac{19}{23}$,收益增加,增加 $\dfrac{19}{23}\%$;

(4) $E_r|_{p=6} = -\dfrac{29}{7}$,收益减少,减少 $\dfrac{29}{7}\%$.

【技能训练 5-1】

一、基础题

1. (1) 该产品产量从 a 增加到 b 时所引起成本的改变量;　(2) $\dfrac{1}{2}$;　(3) 0.

2. (1) $\displaystyle\int_0^1 x^2 \, \mathrm{d}x > \int_0^1 x^3 \, \mathrm{d}x$;　(2) $\dfrac{1}{2}\pi R^2$.

二、应用题

1. $\displaystyle\int_2^5 (300 + 100t) \, \mathrm{d}t$;　2. $\displaystyle\int_0^7 (20 - 10\mathrm{e}^{-0.1t}) \, \mathrm{d}t$.

【技能训练 5-2】

一、基础题

1. (1) $f(x)\mathrm{d}x$;　(2) $F(x) + C$;　(3) 1.

2. (1) D;　(2) D.

二、应用题

1. $y = x^3 - 3$.

2. 3 600 km.

【技能训练 5-3】

一、基础题

1. (1) $\frac{2}{5}x^{\frac{5}{2}}-\frac{4}{3}x^{\frac{3}{2}}+C$;　(2) $\frac{4}{7}x^{\frac{7}{4}}+C$;　(3) $\frac{1}{3}x^3+\frac{3}{2}x^2+9x+C$;

(4) $e^x+\frac{1}{x}+C$;　(5) $-x+\frac{1}{3}x^3+\arctan x+C$.

2. (1) $e-\frac{1}{2}$;　(2) $\frac{4}{7}$;　(3) $\frac{\pi}{2}$.

二、应用题

(1) $11q-\frac{1}{2}q^2$;　(2) $2+3q+\frac{1}{2}q^2$;　(3) $-2+8q-q^2$.

【技能训练 5-4】

一、基础题

1. (1) $-\sqrt{1-2x}+C$;　(2) $\frac{1}{2}\ln(1+x^2)+C$;　(3) $\frac{2}{9}(3+x^3)^{\frac{3}{2}}+C$;　(4) $-e^{\frac{1}{x}}+C$;

(5) $\frac{1}{6}\arctan\frac{3x}{2}+C$;　(6) $e^{\sin x}+C$;　(7) $\frac{1}{2}x-\frac{1}{4}\sin 2x+C$;　(8) $f(\ln x)+C$;

(9) $-3\sqrt[3]{x}+\frac{3}{2}\sqrt[3]{x^2}+3\ln(1+\sqrt[3]{x})+C$;　(10) $\sqrt{x^2-1}-\arctan\sqrt{x^2-1}+C$;

(11) $-\frac{1}{2}x\sqrt{1-x^2}+\frac{1}{2}\arcsin x+C$;　(12) $-\frac{\sqrt{1+x^2}}{x}+C$.

2. (1) $\frac{1}{2}(e^6-1)$;　(2) $\frac{3}{2}$;　(3) $2+\ln 4-\ln 9$;　(4) $\sqrt{e}-1$;　(5) $e-\frac{1}{e}$.

二、应用题

2. 96 373 × 10^{46}

【技能训练 5-5】

一、基础题

1. (1) $\cos x+x\sin x+C$;　(2) $-x-\frac{1}{9}x^3+x\ln x+\frac{1}{3}x^3\ln x+C$;　(3) $e^{-x}(-1-x)$
$+C$;

(4) $\frac{1}{2}e^x(\cos x+\sin x)+C$.

2. (1) $\frac{-2}{e}+1$;　(2) $\frac{1}{4}(1+e^2)$;　(3) 1;　(4) 2.

二、应用题

$Q(P)=1\,000+1\,000(1+P)e^{-P}$.

【综合技能训练 5】

一、基础题

1. (1) $\frac{1}{x}+C$;　(2) $e^{-x}+C$;　(3) $\frac{x}{(3x^2-1)}$;　(4) 半径为 1 的 $\frac{1}{4}$ 个圆;　(5) $f(a)$;

(6) -1.

2. (1)C； (2)C； (3)A； (4)C； (5)B.

3. (1)$4x-2x^2+\dfrac{x^3}{3}+C$； (2)$x-\dfrac{1}{2}x^2+\dfrac{1}{4}x^4-3x^{-\frac{1}{3}}+C$； (3)$-x^2+\dfrac{x^3}{3}+C$；

(4)$2x+\dfrac{x^2}{2}+\ln x+C$； (5)$\dfrac{1}{3}\sin(3x+4)+C$； (6)$-2\cos\dfrac{1}{2}x+C$；

(7)$-\dfrac{1}{2}e^{-x^2}+C$； (8)$-\dfrac{1}{3}\cos^3 x+C$； (9)$\ln(e^x-3)+C$； (10)$2e^{\sqrt{x}}+C$；

(11)$6\sqrt[6]{x}-3\sqrt[3]{x}+2\sqrt{x}-6\ln(1+\sqrt[6]{x})+C$； (12)$\dfrac{1}{2}\ln x-\dfrac{1}{2}\ln(2+\sqrt{4-x^2})+C$；

(13)$-\dfrac{\sqrt{x^2-9}}{x}+\ln(x+\sqrt{x^2-9})+C$； (14)$e^{10x}\left(\dfrac{x}{10}-\dfrac{1}{100}\right)+C$；

(15)$\dfrac{x}{2}-\dfrac{x^2}{4}-\dfrac{1}{2}\ln(x+1)+\dfrac{1}{2}x^2\ln(x+1)+C$； (16)$(2-x^2)\cos x+2x\sin x+C$.

4. (1)$\dfrac{5}{6}$； (2)$\ln 2$； (3)$\dfrac{1}{2}(e-1)$； (4)1； (5)$\dfrac{11}{6}$.

二、应用题

1. $y=\ln x+1$.

2. $s(t)=t+t^2+\dfrac{t^3}{12}$.

3. $C(x)=20+10x+x^2$.

4. 153.

【技能训练 6-1】

一、基础题

1. (1)$\dfrac{14}{3}$； (2)$\dfrac{4}{3}$； (3)$\dfrac{3}{2}-\ln 2$.

2. (1)$\dfrac{15\pi}{2}$； (2)$\dfrac{\pi^2}{4}$.

3. $\displaystyle\int_1^2 \dfrac{\sqrt{1+x^4}}{x^2}\,dx$.

二、应用题

1. $a=-2$ 或 $a=4$.

2. $\dfrac{353}{15}\pi$.

【技能训练 6-2】

应用题

1. $W\approx 573.88$(万元).

2. $\dfrac{1\,300}{3}$.

3. (1)900； (2)700.

【综合技能训练6】

一、基础题

1. (1) $e + \dfrac{1}{e} - 2$；　(2) $b - a$；　(3) $2\pi + \dfrac{4}{3}$，$6\pi - \dfrac{4}{3}$；　(4) $4\dfrac{1}{2}$.

2. (1) $\dfrac{4}{3}\pi ab^2$；　(2) $\dfrac{3}{10}\pi$.

3. $\dfrac{1}{4}(e^2 + 1)$.

二、应用题

1. (1) $F(q) = q^2 - 30q + 8$；　(2) $q = 25$ 时利润最大，最大利润为 617 元；

　　(3) 减少 100 元.

2. (1) 460 万元，2 000 万元；　(2) $C(x) = 10 + 4x + 0.125x^2$，$R(x) = 80x - 0.5x^2$.

3. (1) 4 百台；　(2) 0.5 万元.

4. $R(q) = 100qe^{-\frac{q}{10}}$.

5. (1) $\dfrac{1}{3}$；　(2) 相对合理；　(3) 50%.

习题 7-1

1. 3.1416，$2.34 * 10^{-4}$%

2. 3.14159，$8.49 * 10^{-6}$%

3. 4.014504293

4. 5.3939863

5. 5285.1610901277771012

6. -17.0

7. -3.12628

8. 165324.637114

9. -1163.55

10. 0.563182

习题 7-2

1.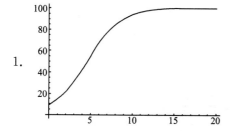

2.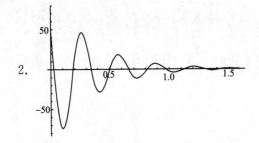

3.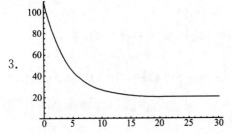

4. 1

5. $7 + \dfrac{8}{x} + 18x$

6. 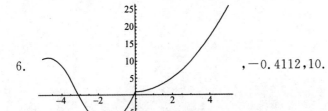 $,-0.4112,10.$

7. 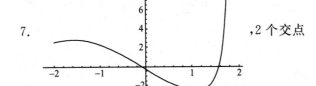 $,2$ 个交点

8. 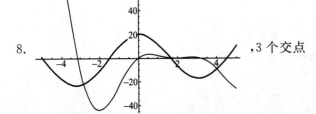 $,3$ 个交点

9.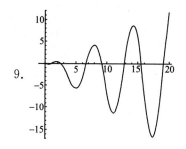

$y=(e^{0.2x}+2.2\cos(3.3x))$

10.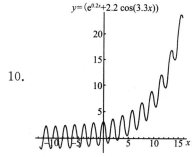

习题 7-3

1. $\{\{x\to-284\},\{x\to250\}\}$

2. $\{\{x\to2.97158\}\}$

3. $\{\{x\to-10.0422\},\{x\to0\},\{x\to0.0164557\},\{x\to3.0257\}\}$

4. $\{\{x\to-1.62979\},\{x\to2.58603\},\{x\to3.71939\}\}$

5. $\{x\to\{-0.759621,\ 0.,\ 0.759621\}\}$

6. $\{\{x\to-1.2266,y\to14.2818\},\{x\to1.15723,y\to13.1501\}\}$

7. $\{\{x\to22.11437519,y\to-1.521945529\},\{x\to242874.6764,y\to2.999588265\}\}$

8. $\{x\to\{0.242049,\ 8.76545\}\}$

9. $\{x\to3.64458,\ y\to-0.0790648\}$

10. $\left(x\leqslant-\sqrt{3}\&\&\left(y==-\dfrac{\sqrt{-3+x^2}}{\sqrt{2}}\,||\,y==\dfrac{\sqrt{-3+x^2}}{\sqrt{2}}\right)\right)||$
$\left(x\geqslant\sqrt{3}\&\&\left(y==-\dfrac{\sqrt{-3+x^2}}{\sqrt{2}}\,||\,y==\dfrac{\sqrt{-3+x^2}}{\sqrt{2}}\right)\right)$

习题 7-4

1. $-\dfrac{7}{3}$

2. 403.4287935

3. -2.30117

4. -293.574

5. $\left\{\left\{y'[x]\to-\dfrac{-12x^2+y[x]^2}{2(-4+xy[x])}\right\}\right\}$

6.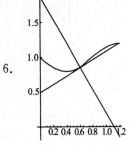

7. $-e^{2x}\left(-\dfrac{1}{4}+\dfrac{x}{2}\right)+3x+\dfrac{x^2}{2}$

8. 9.42478

9. 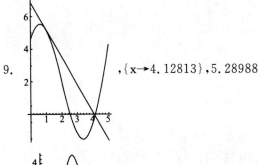 $,\{x\rightarrow4.12813\},5.28988$

10. 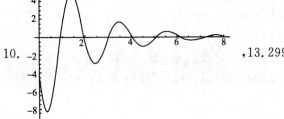 $,13.2998$

习题 7-5

1. 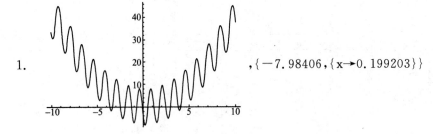 $,\{-7.98406,\{x\rightarrow0.199203\}\}$

2. 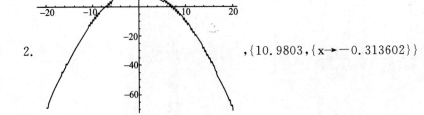 $,\{10.9803,\{x\rightarrow-0.313602\}\}$

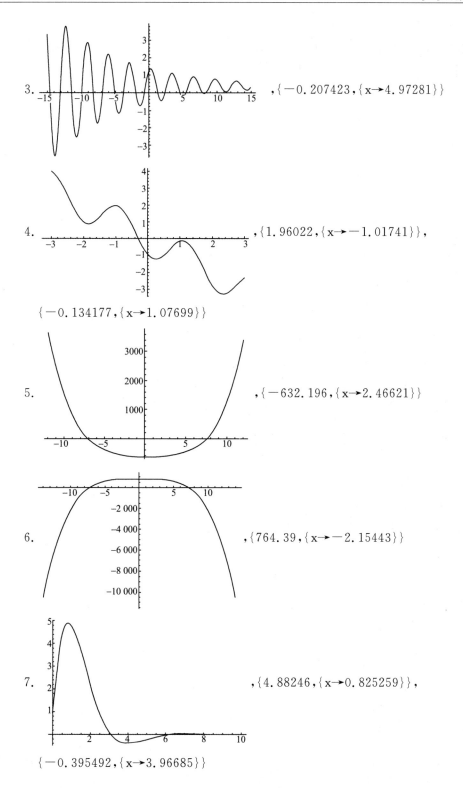

3. $,\{-0.207423,\{x\to 4.97281\}\}$

4. $,\{1.96022,\{x\to -1.01741\}\},$

$\{-0.134177,\{x\to 1.07699\}\}$

5. $,\{-632.196,\{x\to 2.46621\}\}$

6. $,\{764.39,\{x\to -2.15443\}\}$

7. $,\{4.88246,\{x\to 0.825259\}\},$

$\{-0.395492,\{x\to 3.96685\}\}$

8. 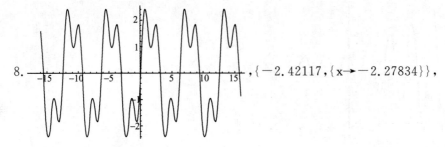 $,\{-2.42117,\{\mathrm{x}\rightarrow-2.27834\}\},$

$\{2.42117,\{\mathrm{x}\rightarrow 0.863253\}\}$

9. 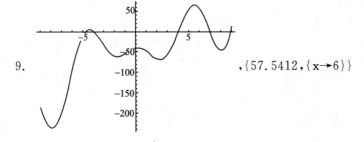 $,\{57.5412,\{\mathrm{x}\rightarrow 6\}\}$

10. 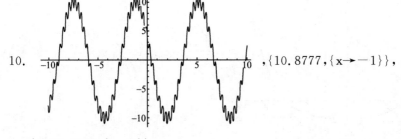 $,\{10.8777,\{\mathrm{x}\rightarrow-1\}\},$

$\{-10.9014,\{\mathrm{x}\rightarrow 2\}\}$

习题 7-6

1. $0.66+0.488333\mathrm{x}+0.1075\mathrm{x}^2-0.0358333\mathrm{x}^3$,

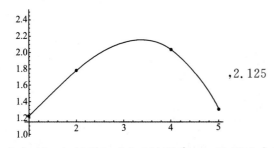 $,2.125$

2. $1.49-1.13017\mathrm{x}+1.12425\mathrm{x}^2-0.284833\mathrm{x}^3+0.02075\mathrm{x}^4$,

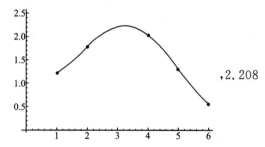

,2. 208

3. InterpolatingFunction $[\{\{1., 6.\}\}, <\quad>]$

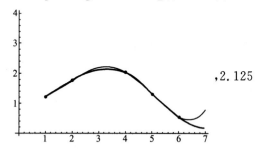

,2. 125

4. $20.+3.40958x-2.58997x^2+0.480387x^3$,

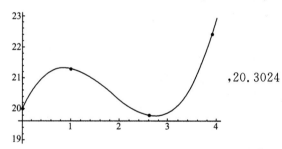

,20. 3024

5. $1.662+0.769048x-0.0117857x^2-0.0208333x^3$,

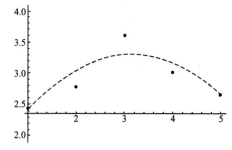

6. $1.662+0.769048x-0.0117857x^2-0.0208333x^3$,

$1.312+1.26071x-0.199286x^2$

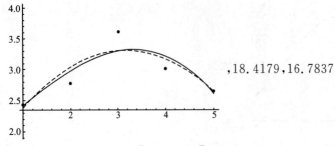

$,18.4179,16.7837$

7. $9.92311+1.01228\text{Sin}[2.51367\text{x}],$

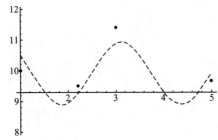

8. $-2.18132\times10^{11}+3.29433\times10^{8}\text{x}-165842.\text{x}^{2}+27.8293\text{x}^{3},$

$3.08272\times10^{9}-3.10376\times10^{6}\text{x}+781.232\text{x}^{2}$

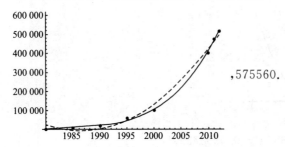

$,575560.$

9. $-9.66411\times10^{7}+48285.1\text{x},8.06429\times10^{9}-8.07812\times10^{6}\text{x}+2023.\text{x}^{2},$

$,556729.,587074.$

10. $-6.18752\times10^{6}+3092.3\text{x},5.34325\times10^{8}-535133.\text{x}+133.987\text{x}^{2},$

$,37289.1,39299.,-0.00743585$

习题 7-7

1. $\{\{h \text{ Function}[\{t\}, \dfrac{5. \times 2.71828^{1.5t}}{24. + 2.71828^{1.5t}}]\}\}$,

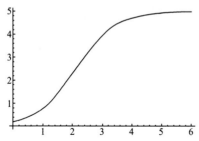

2. $\{\{y \to \text{Function}[\{t\}, \dfrac{2}{5}\sqrt{\dfrac{13}{155}} e^{-5t/2} \text{Sin}[\dfrac{5}{2}\sqrt{\dfrac{155}{13}} t]]\}\}$,

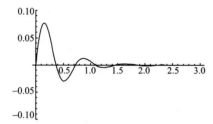

3. $\{\{T \to \text{Function}[\{t\}, e^{-0.1t}(80. + 20. e^{0.1t})]\}\}$,

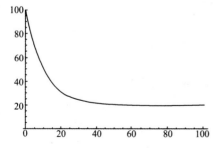

4. $\{\{y \to \text{Function}[\{x\}, \dfrac{1}{25} e^{-5x}(-49 + 49e^{5x} + 5e^{5x}x)]\}\}$

5. $\{\{y \to \text{Function}[\{x\}, \dfrac{27e^{10} - 117e^{10x} + 80e^{10+x} - 80e^{1+10x}}{90e^{10}}]\}\}$

6. $\{\{y \to \text{Function}[\{x\}, \dfrac{1}{28}\left(21 + 42x - 21e^{x/2}\text{Cos}\left[\dfrac{\sqrt{7}x}{2}\right] - \sqrt{7} e^{x/2}\text{Sin}\left[\dfrac{\sqrt{7}x}{2}\right]\right)]\}\}$,

$\{-80.6454\}$

7. $\{\{y \to \text{Function}[\{x\}, \dfrac{1}{2} e^{-x^2}(1 + e^{x^2} - \sqrt{\pi}\text{Erfi}[x])]\}\}$,

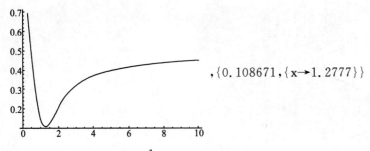

$,\{0.108671,\{x\rightarrow1.2777\}\}$

8. $\{\{y\rightarrow\text{Function}[\{x\}, \frac{1}{18}(-1+e^{6x}-6x)],$

$z\rightarrow\text{Function}[\{x\}, \frac{1}{49}e^{-7x}(36e^7+6e^{7x}+7e^{7x}x)]\}\}$,

9. $\{\{y\rightarrow\text{InterpolatingFunction}[\{\{0. ,6.\}\},<>]\}\}$,

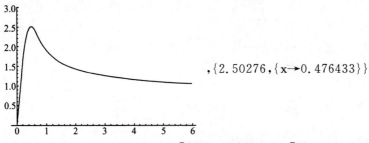

$,\{2.50276,\{x\rightarrow0.476433\}\}$

10. $\{\{y\rightarrow\text{InterpolatingFunction}[\{\{0. , 8.\}\},<>]\}\}$,

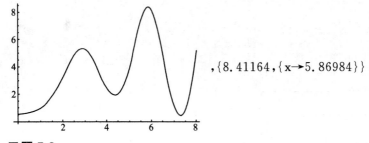

$,\{8.41164,\{x\rightarrow5.86984\}\}$

习题 7-8

1. $\begin{pmatrix} 1 & 9 & 25 \\ 49 & 81 & 121 \\ 169 & 225 & 289 \end{pmatrix}$, $\{35, 251, 683\}$

2. $\begin{pmatrix} 1 & 9 & 25 \\ 49 & 81 & 121 \\ 169 & 225 & 289 \end{pmatrix}$, $\begin{pmatrix} 1 & 9 & 25 \\ 49 & 81 & 121 \\ 169 & 225 & 289 \\ 361 & 441 & 529 \end{pmatrix}$

3. $\begin{pmatrix} 1 & 2 & 4 \\ 8 & 16 & 32 \\ 64 & 128 & 256 \end{pmatrix}$

4. $\begin{bmatrix} 1 & 4 & 7 \\ 10 & 13 & 16 \\ 19 & 22 & 25 \end{bmatrix}$

5. $\begin{bmatrix} 25 & 22 & 19 \\ 16 & 13 & 10 \\ 7 & 4 & 1 \end{bmatrix}$

6. $\{\{2,3,5\},\{7,11,13\},\{17,19,23\}\}$,循环次数＝7

7.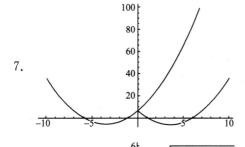

8.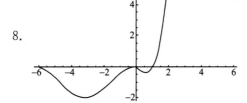

9. $\begin{bmatrix} 次数 & x\,值 & y\,值 & x-x0\ 误差值 \\ 1 & 2 & 1.8548 & 1.01552 \\ 2 & 0.878354 & -0.136629 & -0.10613 \\ 3 & 0.993668 & 0.0128218 & 0.00918389 \\ 4 & 0.984539 & 0.0000764071 & 0.0000554133 \\ 5 & 0.984484 & 2.79384\times10^{-9} & 3.58472\times10^{-7} \end{bmatrix}$

10. 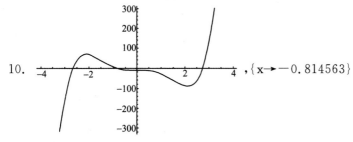 ，$\{x \to -0.814563\}$

习题 7-9

1. $\{904.023,\{a \to 0.629303, b \to 0.489782\}\}$

2. $114.435(-e-2.00788\ t+e-0.18551\ t)$，

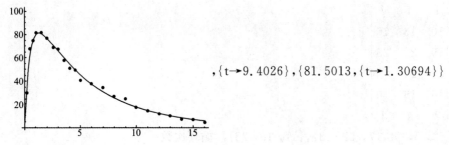

,{t→9.4026},{81.5013,{t→1.30694}}}

3. 最短路径 589.716,

最短时间 {118.474,{r→11.4155，x→105.156，xb5→88.573，xb6→93.1494，
y→192.852，yb5→200.307，yb6→211.286}}}

4. {20.7,{x[1]→1，x[2]→3，x[3]→2，x[4]→2，x[5]→3，x[6]→3}}

5. {84.,{x[1,1]→0，x[1,2]→4，x[1,3]→0，x[1,4]→3，x[2,1]→6，x[2,2]→1，
    x[2,3]→0，x[2,4]→0，x[3,1]→0，x[3,2]→1，x[3,3]→3，x[3,4]→0}}

参考文献

［1］ 曹令秋.经济数学［M］.北京:北京师范大学出版集团,2015

［2］ 康永强,李宏远.经济数学与数学文化［M］.北京:清华大学出版社,2011

［3］ 宣明.应用高等数学(工科类)［M］.北京:国防工业出版社,2014

［4］ 李凤香,程敬松.新编经济应用高等数学［M］.大连:大连理工大学出版社,2009

［5］ 毛建生,沈荣泸.应用高等数学及应用(上册)［M］.北京:北京大学出版社,2014

［6］ 孔亚仙.应用高等数学(上册)［M］.浙江:浙江科学技术出版社,2009

［7］ 于德明.应用高等数学(上册)［M］.浙江:浙江科学技术出版社,2005

［8］ 颜文勇,柯善军.高等应用数学［M］.北京:高等教育出版社,2010